"十三五"江苏省高等学校重点教材
（编号：2018-1-058）

工业和信息化普通高等教育"十三五"规划教材立项项目
21世纪高等教育计算机规划教材

面向对象程序设计及C++（附微课视频 第3版）

Object-Oriented Programming and C++

■ 朱立华 俞琼 郭剑 主编

人民邮电出版社
北京

图书在版编目（CIP）数据

面向对象程序设计及C++ ：附微课视频 / 朱立华，俞琼，郭剑主编. -- 3版. -- 北京 ：人民邮电出版社，2020.2
21世纪高等教育计算机规划教材
ISBN 978-7-115-52692-2

Ⅰ. ①面… Ⅱ. ①朱… ②俞… ③郭… Ⅲ. ①C++语言－程序设计－高等学校－教材 Ⅳ. ①TP312.8

中国版本图书馆CIP数据核字(2019)第296335号

内 容 提 要

本书是为已经掌握 C 语言知识，需要学习 C++语言的读者编写的一本 C++语言入门教材。

全书共分为 8 章。第 1 章通过与面向过程的程序设计方法的简单对比，初步介绍面向对象程序设计方法；第 2 章介绍 C++语言在支持面向过程的程序设计方面对 C 语言的改进及扩充；第 3 章～第 6 章以面向对象程序设计的封装性、继承性和多态性这三大主要特征为主线组织内容，系统而全面地介绍了面向对象程序设计的基本概念和方法，是本书最核心的内容；第 7 章简单介绍了函数模板和类模板的定义及使用；第 8 章介绍了输入/输出控制及文件的读写。

本书注重可读性、启发性和实用性。每章开头的“学习目标”以及每节的“本节要点”都给读者明确的学习要求和内容提示；每一道例题都精心设计并配微视频讲解演示，扫描二维码即可随时学习；对部分例题和内容提出思考题，以启发学生深入学习和理解。本书提供电子课件、全部例题源代码以及习题源代码等配套资源。

本书的配套教材包含了主教材中思考题的解析、每章的习题解答、补充习题与答案以及 8 个配套的实验与指导，建议与本书配合使用。

本书可作为高等院校计算机及相关专业程序设计课程的教材，也可作为编程爱好者自学 C++语言的参考书。

◆ 主　　编　朱立华　俞　琼　郭　剑
责任编辑　武恩玉
责任印制　陈　犇

◆ 人民邮电出版社出版发行　　北京市丰台区成寿寺路 11 号
邮编　100164　　电子邮件　315@ptpress.com.cn
网址　http://www.ptpress.com.cn
保定市中画美凯印刷有限公司印刷

◆ 开本：787×1092　1/16
印张：14.75　　2020 年 2 月第 3 版
字数：370 千字　　2024 年12月河北第12次印刷

定价：45.00 元

读者服务热线：(010)81055256　印装质量热线：(010)81055316
反盗版热线：(010)81055315
广告经营许可证：京东市监广登字 20170147 号

前　言

目前，许多高等院校在 C 语言课程结束之后开设 C++语言课程，同时，也有很多读者希望在掌握 C 语言之后继续学习 C++语言，尤其希望掌握 C++面向对象的程序设计方法，本书的第 3 次改版正是顺应了这些需求。本书作者长期从事程序设计语言的教学和科研工作，具有丰富的教学经验和独到见解，对 C++语言有着深刻的认识和透彻的把握。

C++语言是 C 语言的超集，既支持面向过程的程序设计，又支持面向对象的程序设计，但后者是其主要特色和应用。为了更好地体现 C++语言是 C 语言的超集，本书第 1 章比较了这两种不同的程序设计方法，给出了 C++语言中面向对象的相关概念及主要特征。第 2 章详细讲解了 C++语言在支持面向过程的程序设计方面对 C 语言的兼容、改进及扩充，便于读者用 C++语言实现结构化程序设计，更好地发挥 C++语言的优势。

面向对象的程序设计是本书的重点。第 3 章～第 8 章围绕面向对象程序设计的概念与方法展开。第 3 章与第 4 章的侧重点是封装性问题。第 3 章是面向对象程序设计的基础，详细介绍了类、对象、构造函数与析构函数、this 指针等知识。第 4 章讲解了类与对象的进阶知识，包括对象成员、静态成员、常对象、常成员、友元等。第 5 章关注继承性，包括派生类的定义、派生类的构造函数与析构函数的定义及调用顺序，解决由继承引起的多种二义性问题，以及虚基类、赋值兼容等内容。第 6 章展示多态性，阐述静态多态性与动态多态性的概念及实现方法：静态多态性通过函数重载实现，重点介绍了运算符的重载这一特殊的函数重载方式；动态多态性通过公有继承、虚函数、基类指针或引用来实现。第 7 章模板的知识可用于面向过程和面向对象编程，主要包括函数模板和类模板内容，如何从模板特化为具体的函数和类是重点。第 8 章介绍了 C++语言的流类库、格式控制方法、文件操作方法等，这一章解决了数据的永久存储问题，为开发大型程序和实用系统提供了数据支持的基础。第 3 章～第 8 章的章末都给出了一个程序实例——学生信息管理系统，侧重于每章知识的综合运用，体现一例贯穿的特色。

本书继续保持了前两版教材的优点，具体如下。

（1）每个新知识点的引出都以前面已有知识作为基础，提出新的问题并自然地切入。

（2）每个实例程序的关键语句及运行结果都有详细注解，方便读者阅读和理解。

（3）注重编程风格、命名及源代码的书写格式规范等。

（4）一例贯穿。第 3 章～第 8 章最后的程序实例都是学生信息管理系统，各章实现的方法不同，侧重体现本章知识的综合运用；各章的不同例题之间前后相关，用比较和层层深入的方式推出新例题。

（5）半数例题给出相应的思考题，拓展读者思维，利于深入思考。

本书较之前版本所做改进如下。

（1）所有例题均配有二维码，提供视频讲解演示，适应随时学习、线上线下联动的新学习模式。

（2）遵循教学规律，优化调整目录结构和内容的布局。

（3）一级目录和二级目录下增加“学习目标”和“本节要点”，开篇就清晰地列出本章目标，二级目录下的本节要点预告了本节内容，使读者对所学内容了然于胸。

（4）版面更丰富、更清晰。源代码的每行前面增加行号标识，便于在正文中描述时准确定位；输入/输出的形式从字体和底纹上加以区分；例题的特别说明、分析、提示都各有不同标记；例题对应的思考题也以灰色框的形式与普通文本加以区分，以引起读者注意。

下表给出了学时安排建议，各院校可根据实际情况合理取舍教学内容及分配学时。

章	讲授学时数	上机学时数
第1章	2	0
第2章	4	2
第3章	4	2
第4章	4	2
第5章	4	2
第6章	4	2
第7章	2	2
第8章	4	2
合计	28	14

本书的所有程序都已在Visual Studio 2010集成开发环境下调试通过，电子教案等教学辅助资料放在人邮教育（http://www.ryjiaoyu.com）社区下载区中。本书的配套教材《面向对象程序设计及C++实验指导（第3版）》（ISBN 978-7-115-52941-1）不仅包含实验部分，还包括主教材思考题的解析、主教材课后习题答案与解析，并提供每章补充习题及答案。

本书第2章、第6章、第8章由朱立华编写；第1章、第3章、第4章由俞琼编写；第5章、第7章由郭剑编写；全书由朱立华、俞琼统稿。南京邮电大学的张伟教授、杨庚教授以及浙江大学的何钦铭教授，西华大学的陈红红老师等兄弟学校的同行为本书的改版提出了很多宝贵的意见和建议，在此表示深深的感谢。

由于编者水平有限，书中难免存在一些缺点和错误，恳请读者批评指正。

编者

2019年9月

目 录

第 1 章 面向对象程序设计及 C++语言概述

控制复杂性是计算机编程的本质。

Controlling complexity is the essence of computer programming.

——Brian Kernigan，第一本 C 语言教程的合著人

学习目标：

- 了解面向对象程序设计方法
- 理解主要概念：类、对象、封装、继承、多态
- 了解 C++语言特性
- 熟悉 VS2010 集成开发环境

面向对象程序设计（Object-Oriented Programming，OOP）是目前主流的程序设计方法之一。与传统的面向过程程序设计将函数作为程序基本单元不同的是，它将对象作为程序的基本单元。对象是类的实例，在类中封装了数据与对数据的操作（也称作方法），以提高软件的重用性、灵活性和扩展性，在大型项目设计中广为应用。

1.1 面向过程与面向对象

本节要点：

- 认识面向过程与面向对象
- 理解概念：类、对象

在面向对象程序设计方法出现之前，在软件开发过程中，人们广泛使用的是面向过程的程序设计方法。该方法以功能为基础，将数据与对数据的操作相分离，其优点是结构清晰、模块化强，但缺点是代码的可重用性差、不利于代码的维护和扩充。因此，面向过程的程序设计方法较适合于小型的程序和算法设计。

面向对象程序设计方法既吸取了面向过程方法的优点，又考虑了现实世界与面向对象空间的映射关系，该方法的提出和运用是软件开发史上的一个里程碑。面向对象程序设计方法将数据与对数据的操作统一为一个整体，数据本身对外界常常是隐藏的。该方法具有的封装性、继承性和多态性，为提高代码的可重用性、可扩充性和可维护性提供了有力的技术保障。

1.1.1 面向过程的程序设计

面向过程程序设计思想的核心是**功能分解**，通常采用自顶向下、逐步求精的方法进行。如将一个大规模的、复杂系统的设计任务按功能逐步分解为若干小规模的、易于控制和处理的子任务，这些子任务都是可以独立编程的子程序模块。每个子程序功能单一，调用方便。比如在 C 语言中，用函数来实现各子程序模块，最后在 main( )函数中，通过合理的流程控制，将这些函数有机地组织成完整的程序。

面向过程的程序设计具有直观、条理性强、结构清晰的特点。但是，面向过程的程序设计方法以功能为核心，将数据和对数据的操作分离，功能要求一旦发生改变，就可能需要重新定义数据结构，从而需要重新编写很多代码。因为一旦数据结构发生改变，与之相关的所有操作都需要改变，实现这些操作的函数代码也就随之而变。有的时候，即使功能类似，但由于用于不同的数据结构之上，代码也需要重新编写而无法复用。因此，面向过程的程序设计存在代码可重用性和可维护性差的缺点，不适用于大型程序的开发和维护。

面向过程的程序设计范型是“**程序=算法+数据结构**”，数据与对数据操作的分离导致软件维护（包括软件的测试、调试和升级）困难。随着软件业的繁荣，面向对象的程序设计方法应运而生，它很好地解决了以上问题。

1.1.2 面向对象的程序设计

与面向过程的程序设计不同，面向对象的程序设计将数据以及对数据的操作以**类**（**Class**）的形式**封装**（**Encapsulate**）为一个整体，以类的**对象**（**Object**）作为程序的基本单元，通过向对象发送**消息**（**Message**），进而由对象启动相关的操作（方法）完成各种功能。同时，不同代码对类内数据的访问权限不同，这种机制增强了数据的安全性和软件的可靠性。

类与对象是抽象与具体的关系。以类的对象作为程序的基本元素，符合人们习惯的思维方式，也符合现实世界的组成和运作规律。现实世界就是由一个个具体对象组成的。比如人类、书、笔、桌子都是一个抽象的名词。谈到这些名词的时候，它们只是一个抽象的认识，只有具体到某个实体，比如你的同学王小明、你正在翻看的《面向对象程序设计及 C++》课本、你手中的签字笔、你面前的课桌等才是现实生活真正起作用的个体。这些个体都有自己的一些特性和相关的活动，并且同一类的个体拥有共同的抽象类名。

比如定义一个 Person 类来表示人类，这是一个抽象的概念，需要说明该类的特征以表述这个 Person 类与其他类的不同。我们先来尝试找出人类拥有的共同特性：想想当你要去求职的时候，你会怎么介绍自己？姓名、性别、年龄、生日、专业、爱好，等等。当你介绍完，一个鲜活的形象就树立起来了。你会发现，身边的每个人都有这些属性。那么我们就可以把这些属性用相应的变量来描述：name、sex、age、birthday、specialty、hobby，等等。在面向对象程序设计中，属性就是要表述的数据，在类中称为**数据成员**（**Data Member**），表示这一类对象共同拥有的静态特性。人类有哪些对于这些数据的操作呢？比如，王小明长大了一岁，年龄需要修改，随着年龄的增长，爱好发生改变了，学习了新的技能，利用自己的专长找到一份自己喜爱的工作，等等。对应就有了 modify_Age( )、modify_Hobby( )、study( )、job_Hunting( )等函数来实现这些操作。这些对数据的操作称为**成员函数**（**Member Function**），表示这一类对象共同拥有的动态特性。

下面根据这个已定义的 Person 类来说明一个具体的同学：赵焱、男、18 岁、2002 年 1 月 29 日出生、信息安全专业、爱好小提琴，同时这个人也具备相应的年龄增长、爱好变化、学习、求职等行为，即成员函数。当然，我们也可以根据这个 Person 类再定义另一个同学：刘佳、女、19 岁、2000 年 10 月 20 日出生、软件工程专业、爱好摄影等。

实际上，类就是一种类型，与 C 语言中的基本数据类型不同的是，该类型不仅有数据成员，还包含对数据成员操作的成员函数。而类与对象的关系类似于 C 语言中类型与变量的关系，显然每一个对象都有一个对象名，各个对象都拥有自己独有的数据成员值。

1.2　面向对象的基本概念及特征

本节要点：

- 了解面向对象中类与对象的基本概念
- 了解面向对象的基本特征：封装性、继承性、多态性

除了用类来定义对象完成各种功能以外，还可以在已有类的基础上，再增加一些其他属性和行为，派生出新的类，即利用**继承**（**Inheritance**）机制形成父类与子类的类层次关系；也可以在定义一个新类时，将已有类的对象作为新类的数据成员，形成类的**组合关系**。此外，同样的信息，可能因发起对象不同而产生不同的效果，这就是**多态性**（**Polymorphism**）。

因此，面向对象程序设计中最突出的特征是**封装性**、**继承性**和**多态性**，最重要的概念是**类**和**对象**，面向对象的程序设计就是围绕**类的定义**和**类的使用**展开的。

1.2.1　类与对象

在前面的描述中，一个类的所有数据成员以及成员函数是一个被封装的整体。从使用的角度看，类只是一个抽象的概念，只有生成具体的对象才有意义。当需要访问对象的数据成员时，通常只能通过类提供的公有成员函数来进行，即通过这个封装体对外公开的**接口**（**Interface**），间接地操作数据成员，而不能直接操作被封装的数据成员。这就是面向对象程序设计的封装性，这种特性增强了代码的安全性。

对象是类的一个具体的个体，也称为类的一个实例。而**类**则是对具有相同属性和操作的一组对象的抽象，为属于该类的全部对象提供了统一的抽象描述。例如，学生是一个类，赵焱、刘佳则是学生类的两个对象。

在面向对象的程序设计方法中，类实质上就是一种类型，这种类型与一般类型不同：类包括数据成员和成员函数，体现的是在面向对象的程序设计中以数据为中心，将数据与对数据的操作捆绑在一起的思想。

与类是一种类型相对应，对象实际上属于类类型的一个变量，这种变量与一般变量不同：对象由一组具体的属性（即数据成员）的值来标识，可以执行类所定义的行为（即成员函数），数据成员是描述对象的静态特性的数据项，成员函数是描述对象动态特性的操作。

由此可见，**每个对象都具有以下特征**。

（1）对象必须属于某一个类，必须有一个区别于同类型其他对象的对象名。

（2）对象可以有自己的属性值，即每个对象的数据成员由特定的值来标识该对象的静态特性。

（3）对象还可以有一组由类规定的操作，每一个操作决定对象的一种动态行为，通过“**对象名.成员函数名（实际参数表）**”的形式实施这种行为，同类对象的行为是一致的。

由于对象属于类，对象可以有什么样的数据成员来表达其静态特性，可以执行怎样的成员函数以实现其动态特性，实际上都取决于类的设计，因此在面向对象的程序设计中，最富挑战性和创造性的工作就是类的设计。同时，面向对象编程也是以类的设计为基础的，只有设计好了类，才能通过类的对象展现面向对象程序设计的魅力。

1.2.2 封装性

封装，顾名思义，就是将某事物包装起来，使外界不了解它的详细内情。封装性使得面向对象程序设计具有面向过程程序设计无法比拟的安全性和可靠性。

封装在生活中无处不在。例如，我们日常使用的智能手机，作为用户，我们无需知道手机内部的构造和主板上芯片的功能，手机壳完美地封装了手机，也提供给用户合理的操作接口来使用手机：通过触摸屏完成各项用户需求；摄像头捕获各种影像；充电接口完成动力输入；调音开关设置适宜的音量；话筒输入语音信息，等等。这些接口是手机对象与用户交互的媒介，用户只要知道这些接口的功能并且会使用就可以了，至于手机里面有哪些元器件，用户的操作会导致内部的元器件状态如何改变，这些元器件是如何参与工作等细节对用户是隐藏的，手机壳将这些都封装在里面。这样的封装可以保证智能手机方便使用、元器件受到保护，且对部分核心制造技术还可以保密。

在面向对象的程序设计中，封装主要是针对对象而言的，对象就是一个数据和操作的封装体，但也不是全封闭的，为了更好地应用面向对象技术，对象中的成员还设计了访问属性的限定：private（私有属性）、protected（保护属性）、public（公有属性）。对象的 private 或 protected 成员被封装和信息隐藏，而对象的 public 属性成员呈现为对外接口，但具体实现细节（即成员函数的实现代码）都对外隐藏。

由于封装的单位是对象，而对象总是属于某一个类。因此，在封装之前，需要仔细做好数据抽象和功能抽象的工作，明确一个类中有哪些数据成员和成员函数，哪些成员需要隐藏信息，哪些成员应该对外公开，以便在封装时决定提供哪些对外接口。

封装机制使对象将非 public 成员以及接口函数实现的内部细节隐藏起来，并能管理自己的内部状态。外部只能从对象表示的具体概念、对象提供的服务和对象提供的外部接口来认识对象，通过向对象发送消息来激活对象的自身动作，实现一定的功能。

1.2.3 继承性

继承是面向对象的程序设计提高代码重用性的重要措施。继承表现了特殊类与一般类之间的上下分层关系，这种机制为程序员提供了一种组织、构造和重用类的手段。继承使一个类（称为**基类**或**父类**）的数据成员和成员函数能被另一个类（称为**派生类**或**子类**）重用。在派生类中，只需**增加**一些基类中没有的数据成员和成员函数，或是对基类的某些成员进行**改造**，就可以避免公共代码的重复编写，减少代码和数据冗余。

例如，图 1-1 描述了类的继承关系。如果已经定义了学生类，其中，有表示就读学校、姓名、学号、成绩等的数据成员，还有表示上课、考试的成员函数。现在，定义一个大学生类，根据大学生的特点再增加专业、学分这两个数据成员，增加毕业设计等成员函数，就可以直接使用学生类中已有的所有成员。这样，在定义大学生类时，需要编写的代码相对较少，缩短了开发周期。如果没有继承机制，每次的程序开发都要从“零”开始，系统的开发和维护开销都很大。

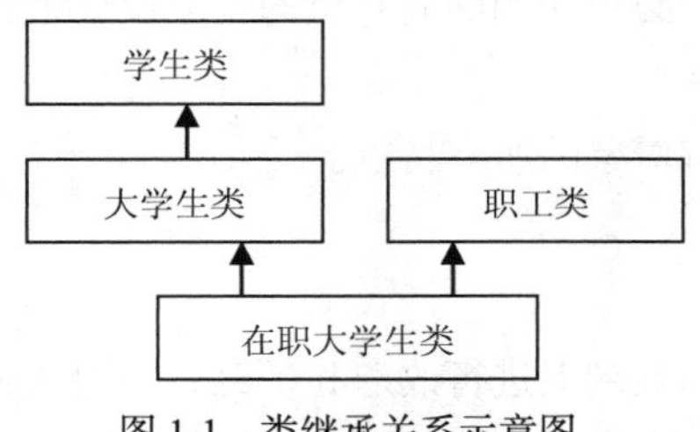

图 1-1　类继承关系示意图

从图 1-1 中可以看到，类的继承可以多次进行，从一般的学生类到它的子类大学生类，再到更下一层的在职大学生类，越往下层越具体。最下层的在职大学生类不仅继承了直接基类大学生类和职工类的所有特性，还继承了间接基类学生类的特性。

1.2.4　多态性

多态性是面向对象程序设计的一个重要特征，是指一种行为对应多种不同的实现方法。引用 Charlie Calverts 对多态的描述：多态性是允许你将父对象设置成为一个或更多的与它的子对象相等的技术，赋值之后，父对象就可以根据当前赋值给它的子对象的特性以不同的方式运作（摘自《Delphi4 编程技术内幕》）。

简单地说，多态性就是发出同样一条指令，由于接受指令的主体不同，会做出不同的反应。比如，学期结束需要对各门功课进行考核，课程不同，会根据课程性质的不同设计不同的考核方式，如英语会有听力考试、口语考试、笔试多种形式，编程语言考试会用机考，数据库原理会用大作业，体育课会考查跑步、跳远、投掷，等等，都是在考试这样一个指令下，具体操作因课程不同而不同。

因此，多态性的意义在于用同一个接口实现不同的操作，这样，直接使用类来进行程序开发就很方便。

1.3　C++语言概述

本节要点：

- 了解 C++语言的发展过程
- 了解 C++与 C 的关系

C++语言的研发始于 1980 年，贝尔实验室的 Bjarne Stroustrup 对 C 语言进行改进和扩充，增加了对面向对象程序设计的支持。最初的成果称为“带类的 C”，1983 年正式取名为 C++，在经历了 3 次修订后，于 1994 年制定了 ANSI C++标准的草案，以后又经过不断完善，成为目前的

C++语言，并仍在不断地发展。C++语言是同时支持面向过程程序设计和面向对象程序设计的混合型语言，是目前应用广泛的高级程序设计语言之一。

1.3.1 C++语言对面向对象程序设计的支持

进行面向对象的程序设计，必须使用面向对象的程序设计语言。面向对象的程序设计语言应该具有以下几个特点。

（1）支持对象的概念并拥有对象的所有特点。

（2）实现类的抽象与封装。

（3）提供类的继承机制。

C++语言是在传统 C 语言的基础上进行改造和扩充，并引入了面向对象的概念和方法，支持面向对象的程序设计，具体表现在以下 3 个方面。

1. 支持封装性

C++语言允许使用类和对象。类是支持封装的工具，对象是封装的实体，是封装的具体实现。类的成员具有不同的访问权限，类的私有成员仅由该类体内的成员函数访问，因此私有成员具有信息隐藏性，在类体外不可见。类的公有成员是类体与外界的接口，类体外的函数可以访问类的公有成员。类中还有一种保护成员，它兼有公有成员和私有成员的部分特性，多用于类继承机制中。

2. 支持继承性

C++语言支持面向对象程序设计中的继承，它同时支持单一继承和多重继承。继承性给 C++语言的编程带来了方便，提高了代码的可重用性，增强了程序的可扩展性，提高了软件的开发效率。继承是两个类之间的关系，基类和派生类是继承中的重要概念。派生类继承了基类的所有成员，并且可以增添自己特有的新成员，改造从基类继承来的成员。继承实现了抽象和共享机制。

3. 支持多态性

多态性是在继承性基础上的面向对象程序设计的重要特性之一。不同编程语言支持多态性的方式有所不同。C++语言同时支持静态多态性和动态多态性，主要表现在以下两个方面：通过**静态联编**实现的静态多态性和通过**动态联编**实现的动态多态性。

1.3.2 C++语言与 C 语言的关系

C++语言由 C 语言发展而来，兼容 C 语言，并对 C 语言做了改进和扩充。它们之间的关系可以用**继承**和**改进**来概括。

1. C++语言继承了 C 语言

C 语言是 C++语言的一个子集。C 语言的词法、语法等绝大多数都可以直接用到 C++语言中。例如，C 语言中的类型、运算符和表达式在 C++语言中都可以使用；C 语言的语句也是 C++语言的语句；C 语言中的函数定义及调用在 C++语言中也合法；C 语言的预处理命令也可用于 C++语言；C 语言中的构造类型，如数组、结构体和联合体类型在 C++语言中也可以使用，但是 C++语言提供了更简洁灵活的用法；C 语言的指针在 C++语言中一样运用，但是 C++语言在动态内存空间的管理上引入了更方便的方式，C++语言通过增加“引用”大大减少了不安全指针的使用；C 语言中关于作用域的规则、存储类别的规定在 C++语言中也都适用。

由于 C++语言继承了 C 语言，所以 C++语言保持了 C 语言简练明了的风格，也保留了 C 语言面向过程的特性。在使用 C++语言进行面向过程的程序设计时，可以有多种方案，可以完全使用 C 语言风格，但是使用 C++语言风格更为方便。掌握 C 语言的读者学习用 C++语言进行面向过程的程序设计相当容易，只要重点学习 C++语言对 C 语言的改进部分即可。

2. C++语言改进了 C 语言

C++语言虽然保留了 C 语言的风格和特点，但也针对 C 语言的某些不足做了改进。下面简单列举 C++语言对 C 语言的一些改进内容，更详细的介绍见本书第 2 章。

（1）C++语言提供了与 C 语言不同的 I/O 流类库，方便了输入/输出操作。

（2）C++语言引入了名字空间，避免出现同名的问题。

（3）C++语言新增加了专用于处理逻辑值的 bool 类型，增加了 string 类型方便字符串的处理。允许定义无名联合、无名枚举类型，并且有新的用法。对结构体类型进行了扩充，结构体中可以有成员函数。

（4）C++语言允许函数的形式参数带有默认值，方便了函数调用。

（5）C++语言引进了函数重载和运算符重载机制，方便了编程。

（6）C++语言引进了“引用”的概念，可以通过变量的别名直接操作变量本身，而不必通过指向变量的指针间接操作变量，这样大大减少了指针的使用，提高了程序的安全性。

（7）C++语言提供了对异常的检查、处理机制，增强了程序的健壮性。

（8）C++语言利用指针使用 new 和 delete 运算符代替函数更方便地分配与释放动态内存空间。

1.3.3　其他面向对象的程序设计语言

高级语言层出不穷，面向对象的程序设计语言作为高级语言的一种，研发开始于 20 世纪 60 年代，先后出现了 Simula、Smalltalk、Object-C、Eiffel、Ada、C++、Java 和 Python 等面向对象的程序设计语言，每种语言各有其优势和应用领域。

20 世纪 60 年代开发的 Simula 67 语言被誉为面向对象程序设计语言的鼻祖，因为它提出了对象、类、继承的概念和面向对象的术语，面向对象程序设计的许多原始思想都来源于 Simula 语言。

Smalltalk 语言是从 20 世纪 70 年代开始开发的，它完整体现了来自 Simula 以及其他早期原型语言中面向对象的概念，历经了 Smalltalk-72、Smalltalk-76 和 Smalltalk-80 几个版本，现在一般用 Smalltalk-80。

Object-C 语言是 1983 年左右开发的，它在 C 语言的基础上进行了扩充，通过新引入的构造和运算符来完成类定义和消息传递，其语法更像 Smalltalk 语言。

Eiffel 语言从理论上讲是较好的面向对象的程序设计语言，它除了封装和继承外，还集成了几个强有力的面向对象的特征，如参数化多态性、对方法实施前置条件和后置断言等。

Ada 语言的开发工作始于 1975 年，最初设计是为了构建长周期的、高度可靠的软件系统。Ada 语法严谨、书写优美、可读性强，它提供了一系列功能来定义相关的数据类型（type）、对象（object）和操作（operation）的程序包（package）。Ada 有 Ada 83 和 Ada 95 两个主要版本，Ada 一度被美国国防部强制指定为军用武器系统的唯一开发语言。

Java 语言是由 SUN 公司在 20 世纪 90 年代初开发的一种面向对象的程序设计语言，其优点是简单、面向对象、不依赖于硬件结构、可移植性强、安全性高、能最大限度地利用网络，因此被广泛用于网络编程。

Python 最初被设计用于编写自动化脚本（Shell），随着版本的不断更新和语言新功能的添加，它越来越多被用于独立的、大型项目的开发。

1.3.4 C++程序开发环境

用 C++语言开发程序，必须遵循一定的步骤与方法。有功能强大的 IDE 的支持，会使 C++程序的开发工作变得更轻松。

集成环境中提供了编辑器、编译器、链接器、库等基本部件，使得源程序从编辑到最后的运行均可在集成环境中完成。目前，常用的 C++集成环境有 Microsoft Visual Studio、C++ Builder、GCC、Visual Studio Code 等，本书的源程序都是在 Microsoft Visual Studio 2010（以下简称 VS 2010）环境下开发调试的。

1. 编辑器

编辑器给用户提供了创建和编辑 C++源代码的交互式环境。除了常用的编辑功能外，还可以用不同的颜色来体现不同的 C++语言元素，自动识别 C++语言中的基本词汇，根据其类别分配颜色。这种分色处理提高了代码的可读性，且在输入这些单词出错时，可以提供清楚的指示，所以不建议在平常使用的办公类文本编辑器中编写源代码。

2. 编译器

编译器将源代码转换为目标代码，并检测和报告编译过程中的错误。编译器可以检测各种因无效或无法识别的程序代码造成的语法类错误，也可以检测结构性错误，比如部分代码会永远不被执行。编译器输出的目标代码存储在称为目标文件的文件中，该文件的扩展名是.obj。

3. 链接器

链接器组合那些由编译器根据源代码文件生成的各种模块，再从作为 C++组成部分的程序库中添加所需的代码，并将这些代码整合为可执行的程序，在链接过程中也会检测并报告错误。例如，程序中缺少了组成部分，或者引用了不存在的库等问题。链接成功生成的代码为可执行文件，该文件的扩展名是.exe。

4. 库

库是 C++中预先编写的例程集合，如计算平方根及计算三角函数这样的数值函数、字符串处理等。通过提供标准代码单元，支持并扩展 C++语言。最常见的操作就是将这些代码合并到用户自己的程序中，节省用户编写并测试这些代码所需的时间，提高了效率。

本章小结

本章介绍了面向对象程序设计、C++语言的一些基本概念。重点内容概括如下。

（1）面向过程与面向对象是两种不同的程序设计方法。面向过程以功能为中心，数据与对数据的操作相分离，给代码维护和重用带来困难；面向对象将数据及对数据的操作一起作为类的成员定义，类的对象是封装的实体，面向对象所具有的封装性、继承性和多态性使代码更安全、维护更方便、更便于重用。

（2）面向对象程序设计中涉及的几个重要概念和特性：类、对象、封装、继承和多态。类与对象是抽象与具体的关系，面向对象的程序设计体现为对类的设计和对类的使用。类与对象具有封装与信息隐藏的特性，只有公有数据成员、公有成员函数的原型对外公开。类与类之间可以通过单一继承或多重继承方式形成类间的层次关系，代码可重用。同一个函数名可以对应不同的操作，这是面向对象的多态性，方便用户使用。

（3）几种主要的面向对象的程序设计语言。重点分析了 C++语言与 C 语言的关系。C++语言是在 C 语言的基础上发展起来的，是 C 语言的超集，同时支持面向过程和面向对象。C++语言在支持面向过程方面相比 C 语言有很大的改进和扩展，支持面向对象主要表现为具有封装性、继承性和多态性。

（4）C++程序的开发环境。

习　题　1

一、单选题

1. 下列各种高级语言中，不是面向对象的程序设计语言的是________。
   A. C++　　B. Java　　C. C　　D. Python
2. 下列关于类与对象关系的描述中，不正确的是________。
   A. 类是具有相同属性和行为的一类对象的抽象
   B. 对象是类的具体实体
   C. 类与对象在内存中均占有内存单元
   D. 对象根据类来创建
3. 下列哪一个不是面向对象方法的特征？________
   A. 开放性　　B. 封装性　　C. 继承性　　D. 多态性
4. 下列关于对象的描述中，不正确的是________。
   A. 对象是类类型的变量
   B. 对象是类的实例
   C. 对象就是 C 语言中的结构体变量
   D. 对象是属性和行为的封装体

二、问答题

1. 简述 C++语言与 C 语言的关系。
2. 简述面向对象方法所具有的 3 个特征。
3. 如何理解面向对象的程序设计体现为类的设计和类的使用这两大过程？

第2章

C++语言对C语言的改进及扩展

只有两种编程语言，一种是经常被骂的，另一种是没人使用的。

There are only two kinds of programming languages: those people always bitch about and those nobody use.

——本贾尼·斯特劳斯特卢普（Bjarne Stroustrup）

C++语言之父

学习目标：

- 学习C++输入/输出控制的新方法、新增bool类型、类型转换新方式等
- 了解名字空间的意义、定义及访问方法
- 学会使用string类型来方便地处理字符串
- 掌握函数中新增加的默认参数用法、函数重载的定义及调用
- 理解引用的实质，掌握其作为形式参数的用法，了解引用返回值
- 了解利用指针通过new和delete进行动态空间管理的新方式
- 了解异常的抛出、捕获和处理的过程

C++语言同时支持面向过程和面向对象的程序设计。本章主要介绍C++语言在支持面向过程的程序设计方面相比C语言的一些改进和扩展，内容主要包括输入/输出控制、注释方式、名字空间、形式参数可带有默认值、函数重载、引用、动态内存空间管理、异常处理等。本章内容也是进一步学习后续章节的基础。

2.1 输入/输出控制——I/O流

本节要点：

- C++程序用I/O流控制输入/输出
- C++程序新的文件包含指令
- C++新增专门表达逻辑判断结果的类型——bool类型

作为面向过程的程序设计语言，函数仍然是构成C++源程序的基本单位，有且必须只有一个main( )函数作为整个程序的入口。C++程序能完全兼容C程序，但是在输入输出控制、注释方式、变量定义时机、强制类型转换、逻辑值的表达等方面有所改进及扩展。

任何程序都有输出，也可能会有输入。C++程序控制输入/输出，除了兼容使用 C 语言中的 scanf 和 printf 进行格式化输入/输出之外，更常用的方法是通过 **I/O 流**来实现输入/输出。

先看一个简单的例子，分别给出 C 语言风格的代码和 C++语言风格的代码，注意两种代码的异同。

例 2-1　从键盘输入两个整数，如果第一个整数大于第二个整数，则输出二者之差，否则输出二者之和。判断第一个整数是否大于第二个整数用函数 larger 实现。

先给出 C 语言风格的代码。

```
1   /*li02_01.c: C语言风格的代码*/
2   #include <stdio.h>
3   int larger (int x , int y) ;        /*函数原型声明*/
4   int main( )
5   {
6       int x , y;                      /*从键盘输入 x 和 y*/
7       int t;                          /*t 存储调用函数结果*/
8       printf ("please input x,y: \n");
9       scanf("%d%d", &x , &y);
10      t = larger(x , y);              /*t 获得了判断的结果,1 表示 x 大于 y*/
11      if (t)                          /*第一个数大，则求差值*/
12         printf("%d-%d=%d\n", x , y , x-y);  /*输出差值*/
13      else                            /*否则求和值*/
14         printf("%d+%d=%d\n", x , y , x+y);  /*输出和值*/
15      return 0;
16  }
17  /*函数功能：判断 x 是否大于 y
18  函数参数： 两个整型形参
19  函数返回值：返回值类型为整型，x 大于 y 则返回 1，否则返回 0
20  */
21  int larger(int x , int y)           /*函数返回值类型为整型*/
22  {
23      if ( x > y )                    /*如果 x 大于 y 则返回 1*/
24         return 1 ;
25      return 0 ;                      /*如果 x 小于等于 y 则返回 0*/
26  }
```

例 2-1 讲解_C

第一次运行程序：

```
please input x,y:
3 2 <回车>
3-2=1
```

第二次运行程序：

```
please input x,y:
2 3<回车>
2+3=5
```

实现同样功能的 C++风格代码如下（C++程序的 main 中增加了一条输出布尔值的语句）。

```
1   //li02_01.cpp: C++语言风格的代码
2   #include <iostream>
3   using namespace std;
4   bool larger (int x , int y) ; //函数原型声明
5   int main( )
6   {
7       int x , y;                 //从键盘输入 x 和 y
8       bool t;                    //t 存储调用函数结果
9       cout << "please input x,y: \n";
10      cin >> x >> y;
```

例 2-1 讲解_C++

```
11      t = larger(x , y);           //t 获得了判断的结果
12      cout << t << "  " << boolalpha << t << "  "
13         << noboolalpha << t << endl;   //此行新增,输出布尔值
14      if (t)                       //第一个数大则求差值
15        cout << x << "-" << y << "=" << x-y << endl;      //输出差值
16      else                         //否则求和值
17        cout << x << "+" << y << "=" << x+y << endl;      //输出和值
18      return 0;
19   }
20   /*函数功能：判断 x 是否大于 y
21   函数参数： 两个整型形参
22   函数返回值：返回值类型为布尔型，x 大于 y 则返回 true，否则返回 false
23   */
24   bool larger(int x , int y)      //函数返回值类型为布尔型
25   {
26      if ( x > y )                 //如果 x 大于 y 则返回 true
27        return true;
28      return false;                //如果 x 小于等于 y 则返回 false
29   }
```

第一次运行程序：

```
please input x,y:
3 2  <回车>      //斜体字表示从键盘输入内容
1  true  1
3-2=1
```

第二次运行程序：

```
please input x,y:
2  3<回车>
0  false  0
2+3=5
```

以上两种不同语言风格的源代码的主要区别见表 2-1。

表 2-1　例 2-1 C 语言风格与 C++语言风格源代码的区别

区别	C 语言风格源代码	C++语言风格源代码
文件包含	#include <stdio.h>	#include <iostream> using namespace std;
输入变量	scanf("%d%d", &x , &y);	cin >> x >> y;
输出提示信息	printf("please input x,y: \n");	cout << "please input x,y: \n";
输出运算结果	printf("%d-%d=%d\n",x, y , x-y);	cout<<x<< "-" <<y<<"=" <<x-y<< endl;
表示逻辑的类型和值	无专门的逻辑类型，用整型表示 1 代表真值，0 代表假	新增专门的逻辑类型 bool 型 true 表示真，false 表示假

通过例 2-1 两种风格代码的比较，对照表 2-1，观察 C++源程序相对于 C 源程序的一些变化之处。例 2-1 主要体现在以下 3 个方面。

1. 输入/输出的控制

在 C++中，将数据从一个对象到另一个对象的流动抽象为"流"。流在使用前要建立，使用后要被删除，本书第 8 章将会详细介绍流的概念，这里先掌握使用方法。

在 C++中，数据的输入和输出是通过 I/O 流来实现的。cin 和 cout 是系统预定义的流类对象，无需编程人员再定义。cin 用来处理标准输入，即键盘输入；cout 用来处理标准输出，即屏幕输出。

完成输入，不仅要用 **cin** 和**流对象**，还要配合使用系统预定义的**提取符**“>>”。C++中的一般输入方式为：**cin>>变量名 1>>变量名 2…;**。例 2-1 第 10 行用“cin >> x >> y”;要求输入两个整型变量 x 和 y 的值。

输入时提取符后面**只能跟变量**，不能是其他表达式。对应地，用户从键盘输入时，两个数据间默认要用空白符（空格、回车、Tab 键）分隔，因此这种方式不能输入带空格的字符串，需要改用 cin.getline 或其他方式输入。

完成输出，不仅要用 **cout** 和**流对象**，还要配合使用系统预定义的**插入符“<<”**。C++中的一般输出方式为：**cout<<表达式 1<<表达式 2…;**。从表达式 1 开始的各表达式值依次送显示器输出。例 2-1 第 9 行、第 12 行、第 13 行、第 15 行和第 17 行用此方式输出了提示信息、布尔变量的值、运算结果表达式等。

一般情况下，控制输出用系统默认格式就可以了，如果需要控制输出格式，可以利用有关格式控制的成员函数或操纵符，例如，第 12 行中的 boolalpha 和第 13 行中的 noboolalpha 操纵符，具体见本书第 8 章相关知识。

2. 文件包含

在程序中要想直接使用 cin 和 cout 进行输入/输出控制，必须做正确的文件包含。

C++源程序中需要用“**#include <iostream>**”及“**using namespace std**”；进行文件包含，才能正确使用 cin 和 cout 进行输入/输出控制。

代码第 3 行使用了标准名字空间 std，文件 **iostream** 来自于该名字空间。关于名字空间的知识将在本书 2.2 节介绍。

3. 新增加逻辑类型——bool 型

例 2-1 中函数 larger()的返回值类型为 bool 类型。

bool 类型是 C++语言新增加的逻辑类型，该类型有两个常量：常量 true 表示逻辑真，常量 false 表示逻辑假。所有的关系运算、逻辑运算都产生 bool 类型的结果。

而在 C 语言中，不存在真正意义上的逻辑类型，逻辑值是借助于 int 型的值来表示的。逻辑表达式或关系表达式以 1 表示逻辑真，以 0 表示逻辑假。运算对象则以 0 表示假，以非 0 表示真。

为了更方便地处理逻辑值，在 C++中仍然可以使用整型、指针等其他类型的运算对象，0 对应 false 值，非 0 对应 true 值。

在默认情况下，bool 表达式的值为 true 时输出 1，值为 false 时输出 0，可以使用 C++标准库中提供的 boolalpha 操纵符使其输出为 true 或 false，可以用 noboolalpha 操纵符使输出恢复为 1 或 0。第 12 行～第 13 行的输出语句依次输出了 bool 类型变量 t 默认形式的值，再分别输出逻辑常量和整型常量，参考运行结果进行观察。

最后，强调一下注释的使用。注释用于增强程序的可读性。C++语言支持两种注释方式，“/*…*/”可以注释由一行或若干行构成的一段，以“//”开始的注释只对单行有效。

注释一般不建议嵌套使用，以免影响可读性。如果进行注释嵌套，则要遵循以下 4 条原则。

（1）/*…*/方式的注释不能互相嵌套。

（2）//方式的注释可以嵌套。

（3）//方式下可以嵌套/*…*/注释。

（4）/*…*/方式下可以嵌套//注释。

通过例 2-1，先了解 C++程序区别于 C 程序的 3 个方面，还有很多区别接下来会陆续介绍。

2.2 名字空间的定义及使用

本节要点：

- 标准名字空间 std
- 名字空间的定义
- 使用名字空间中的内容的 3 种方式

例 2-1 中的第 3 行"using namespace std;"使用了 C++的标准名字空间 std。

C++语言提供的名字空间 std 涵盖标准 C++的所有定义和声明，包含 C++所有的标准库。例 2-1 包含了头文件 iostream，在 iostream 文件中定义的所有变量、函数等都位于名字空间 std 中，使用"using namespace std;"，程序员可以直接使用 iostream 中定义的所有变量和函数。本书大部分程序使用名字空间 std。

C++语言提供名字空间（namespace）防止命名冲突，用户可以根据程序的需要**自行定义和使用**名字空间。

1. 名字空间的定义

定义名字空间的语法如下。

```
namespace 名字空间名称 { … ; }
```

对于该定义，做以下几点说明。

（1）定义名字空间以关键字 namespace 开头，名字空间名称必须是合法的用户自定义标识符。

（2）以一对花括号括起该名字空间的开始和结束处，右大括号后面不加分号。

（3）名字空间大括号内可以出现任何实体的声明或定义。

2. 使用名字空间中的内容

有 3 种方式使用名字空间中的内容。

方式 1：

```
名字空间名称::局部内容名
```

其中的"::"称为**域解析符**或**作用域运算符**，用来指明该局部内容来自哪一个名字空间，从而避免命名冲突。

方式 2：在使用该内容之前采用以下语句进行声明。

```
using namespace 名字空间名称;
```

这样声明过以后，可以直接使用该名字空间中的所有内容，不需要在内容前面附加名字空间名称和域解析符。

方式 3：

```
using 名字空间名称::局部内容名;
```

这样声明以后，可以直接使用该名字空间中这一局部内容名，而该名字空间中的其余内容在使用时，仍要附加名字空间名称和域解析符。

下面通过例 2-2 学习名字空间的定义以及名字空间中内容的使用方式。

例 2-2　关于名字空间的主要用法示例。关注每行的注释内容。

```
1   //li02_02.cpp：名字空间使用示例
2   #include <iostream>
3   using namespace std;
4   namespace one                    //定义一个名字空间 one
5   {
6       const int M=200;             //有 1 个常量 M
7       int inf=10;                  //有 1 个变量 inf
8   }                                //后面不加分号
9   namespace two                    //定义一个名字空间 two
10  {
11      int x;                       //有 1 个变量 x
12      int inf=-100 ;               //有 1 个变量 inf
13  }                                //后面不加分号
14  using namespace one ;            //方式 2：using 声明使用一个完整的名字空间 one
15  int main()
16  {
17      using two::x ;               //方式 3：using 声明仅使用 two 中的内容 x
18      x=-100 ;                     //直接访问，相当于 two::x=-100;
19      cout<<inf<<endl;             //这里是 one::inf，方式 2 声明过 one 空间
20      cout<<M<<endl;               //这里是 one::M，方式 2 声明过 one 空间
21      two::inf*=2;                 //使用方式 1：名字空间名称:: 局部内容名
22      cout<<two::inf<<endl;        //同样是 two 中的内容，但是访问方式不一样
23      cout<<x<<endl ;              //已用 using 声明了 two 中的内容 x，直接访问
24      return 0;
25  }
```

例 2-2 讲解

运行结果：

```
10
200
-200
-100
```

注意

iostream 这样的标准 C++头文件不以“.h”作为文件扩展名，这点与 C 标准库头文件必须以“.h”作为文件扩展名是不同的。

2.3　新增字符串的处理——string 类型

本节要点：

- C++新增 string 类型处理字符串
- 需要用“#include <string>”包含头文件 string
- 利用 string 类型可以进行赋值、复制等各种串操作

C 语言中没有专门的字符串类型，一般借助于字符串指针和 char 类型数组来处理字符串。C++语言则新增加了 string 类型来处理字符串。使用 string 类型必须包含头文件 string。有了 string 类型，程序员不再需要关心内存如何分配，也无需处理复杂的'\0'结束字符，这些操作将由系统自动完成。利用 string 类型，可以很方便地实现字符串变量的定义、赋值、读写、求串长、联结、修

改、比较、查找等常用功能。

例 2-3 string 类型各种用法示例，注意各行的注释。

```
1   //li02_03.cpp: string类型应用示例
2   #include <iostream>
3   #include <string>
4   using namespace std;
5   int main( )
6   {
7       string  s1;                    //定义空串 s1
8       string  s2 = "Student";        //定义串 s2 初值为 Student
9       string  s3 = s2;               //定义串 s3 初值为串 s2 的值
10      string  s4 ( 8 , 'A' );        //定义串 s4 初值为由 8 个 A 组成的串 AAAAAAAA
11      cin >> s1;                     //读入字符串 s1，遇到空格、Tab 键、回车即结束
12                                     //若要读入带空格的串，用 getline(cin,s1);替换该行
13      cout << s1 << endl << s2 << endl << s3 << endl << s4 << endl;
14      s4 = s1 ;                      //对 string 类型串变量 s4 赋值，右边可以是一
15                                     // 个 string 串、C 风格的串或一个 char 字符
16      cout << "s4=" << s4 << " length is:" << s4.length() << endl;
17                                     //string 串名.length()用于求其串长
18      s2 = s3 + ' ' + s4 ;           //+号实现串联结，左边为一个 string 类的串
19              //右边可以是一个 string 串、C 风格的字符串或一个 char 字符
20      cout << "s2=" << s2 << endl;   //输出结果为 s2=Student Zhu
21      s3.insert(7 , "&Teacher");     //向串 s3 的 7 下标处插入串"&Teacher"
22      cout << "s3=" << s3 << endl;   //输出结果为 s3=Student&Teacher
23      s3.replace(2 , 4 , "ar");      //利用 replace 函数将从 string 串 s3 的 2
24                                     //下标开始的长度为 4 的子串替换成 ar
25      cout << "s3=" << s3 << endl;   //输出结果为 s3=Start&Teacher
26      s1 = s3.substr(6 , 7);         //利用 substr 函数取出串 s3 的从 6 下标开
27                                     //始的长度为 7 的子串并赋值给 s1 串
28      cout << "s1=" << s1 << endl;   //输出结果为 s1=Teacher
29      int pos = s3.find(s1);         //在串 s3 中查找 s1 串是否存在，若存在则
30                                     //返回 s1 串的第 1 个字符在 s3 中的下标
31      cout << "pos=" << pos << endl;
32      s3.erase(5 , 8);               //删除串 s3 的从 5 下标开始的长度为 8 的子串
33      cout<<"s3="<<s3<<endl;
34      bool f = s1 > s4;              //关系运算符可用于比较 string 串的大小
35      cout << f << "  " << boolalpha << f << endl;
36  return 0;
37  }
```

例 2-3 讲解

运行此程序，若用户从键盘输入 *Zhu <回车>*，则对应输出结果如下。

```
Zhu
Student
Student
AAAAAAAA
s4=Zhu length is:3
s2=Student Zhu
s3=Student&Teaplease input x,y:
cher
s3=Start&
s1=Teacher
pos=6
s3=Start
0
```

分析：在例 2-3 中，string 类型提供了强大的串操作功能。在某些场合可能需要将 string 类型

的串转换成 C 语言风格的字符串，这时可以用 **string 型的串名.c_str()**函数转换。

string 是一个类名，类的相关知识将在第 3 章介绍，本章依例 2-3 学会字符串的常用操作即可。

2.4　函数相关的改进

本节要点：

- 用域解析符：：扩大全局变量的作用域
- 函数的形式参数可带有默认值
- 函数重载在定义和匹配调用时的方法与原则

作为面向过程的程序设计语言，函数是构成 C 程序的最基本单位。与 C 语言相比，C++语言在函数方面有不少的改进和扩展，对函数有了一些新的要求，并提供了更为灵活的用法。本节将继续介绍 C++函数中的 3 个新特色：全局变量在同名局部变量所在区域如何访问、函数的形式参数允许自带默认值、定义相同函数名的不同版本——函数重载。

2.4.1　域解析符：：扩大全局变量的作用域

在 C 语言中我们已经学习过，**全局变量**是在函数之外定义的变量，而**局部变量**是在函数内部（也可以是语句块内）定义的变量，包括形式参数。

在 C++语言中，全局变量和局部变量还是按定义位置区分。局部变量的作用域仍然为其所在的函数内。

在 C 语言中，全局变量的作用域从定义点开始到程序结束，但在同名局部变量的作用域内，该全局变量不可见，因此全局变量并不具有真正意义上的全局作用范围。

在 C++语言中，在同名局部变量的作用域内，可以在全局变量前加上**域解析符“：：”**来访问被隐藏的同名全局变量。

这样，域解析符解决了同名局部变量与全局变量的重名问题，提供了一种在同名局部变量的作用域内访问全局变量的方法，扩大了全局变量的作用域，使其真正全局。

例 2-4　用域解析符：：扩大全局变量的作用域示例。

```
1   //li02_04.cpp: C++中的全局变量与局部变量示例
2   #include <iostream>
3   using namespace std;
4   int sum = 5050;             //定义全局变量 sum
5   int main()
6   {
7       int arr[3] = {15 , 31 , 34};
8       int sum = 0;            //定义同名局部变量 sum
9       for (int i = 0 ; i < 3 ; i++)
10          sum+=arr[i];        //和在局部变量 sum 中
11      cout << "局部 sum=" << sum << endl;
12      ::sum += sum;           //左边全局，右边局部
13      cout << "全局 sum=" << ::sum << endl;//输出全局
14      return 0;
15  }
```

例 2-4 讲解

运行结果：

```
局部 sum=80
全局 sum=5130
```

对于该运行结果，大家注意每行代码的注释。在 main 函数内定义了一个局部变量 sum，因此在 main 函数中直接以 sum 变量名访问的就是局部变量，全局变量 sum 在 main 函数内要想发挥作用，只需要在 sum 之前添加**域解析符**::即可。

添加域解析符的方式只适合于全局变量，局部变量之前不可以用域解析符。

例 2-4 的思考题：

① 在程序的第 10 行之后增加一条语句：“ **cout << i;** ”，重新编译链接程序，有什么现象？请解释原因。

② 将程序中的第 8 行注释掉，即删除局部变量 sum 的定义语句，其余代码不变，程序运行结果是什么？请解释原因。

③ 恢复第 8 行，即保留局部变量 sum 的定义语句，然后将第 3 行注释掉，即删除全局变量 sum 的定义，重新编译程序，会有怎样的提示？请解释原因。

2.4.2 形式参数可带有默认值

在 C 语言中调用一个函数时，实际参数（也可简称为实参）个数必须与形式参数（也可简称为形参）个数相同，这是因为如果没有对应的实际参数，形式参数将无法获得确定的值。

在 C++语言中，允许在函数原型声明中为一个或多个形式参数指定默认参数值。这样，在调用该函数时，允许不为具有默认参数值的形式参数提供实际参数，形式参数直接使用默认参数值；如果提供了实际参数，则仍遵循参数单向值传递的规则，用实际参数来初始化形式参数。因此，在 C++语言中，实际参数的个数小于或等于形式参数个数。

例 2-5 形式参数带有默认值的函数原型声明、定义及多种调用方式示例。

```
1   //li02_05.cpp：形式参数带默认参数值的函数示例
2   #include <iostream>
3   using namespace std;
4   void Fun ( int i , int j = 5 , int k = 10) ;
5               //形参 j 和 k 分别指定了默认参数值 5 和 10
6   int  main( )
7   {
8       Fun ( 20 );    //形式参数 j 和 k 分别用默认参数值 5 和 10
9       Fun ( 20 , 30 );     //形式参数 k 使用默认参数值 10
10      Fun ( 20 , 30 , 40 ); //都使用实际参数初始化形参
11      return 0;
12  }
13  void Fun( int i , int j , int k )        //首部不再指定默认参数值
14  {
15      cout << i << "  " << j << "  " << k << endl ;
16  }
```

例 2-5 讲解

运行结果：

```
20   5  10
20  30  10
20  30  40
```

运行结果的理解请结合第 8 行～第 10 行的注释部分。

通过例 2-5，对形式参数带默认参数值的函数再做以下**几点说明**。

（1）默认参数值如果在原型中已经给定，则在下面的函数定义首部不能再提供默认参数值。如果定义在先的函数没有另外的原型声明，则默认参数值应该在函数定义首部给出。

（2）**默认参数值给定的顺序一定是从右到左**，即具有默认值的参数是从右边开始的。在例 2-5 中，最右边的两个形式参数指定了默认值，如果原型声明改为“void Fun(int i,int j,int k=10);”或“void Fun(int i=1,int j=5,int k=10);”也是正确的。但是如果原型声明改为“void Fun(int i,int j=5,int k);”“void Fun(int i=1,int j,int k=10);”或“void Fun(int i=1,int j,int k);”都是错误的。

（3）在函数调用时，**实际参数提供的顺序应该是从左到右**，实际参数的最小个数应等于不具有默认参数值的形式参数个数。若实际参数个数小于形式参数，则未提供实际参数的形式参数使用其指定的默认参数值。

（4）如果指定了默认参数值的形式参数在调用时又得到了实际参数，则实际参数值优先。在调用时只有不提供对应的实际参数时，形式参数才使用默认参数值。

例 2–5 的思考题：

① 将第 4 行改为“void Fun(int i,int j,int k) ;”，同时将第 13 行改为“void Fun(int i,int j=5,int k=10)”，编译链接程序有什么现象？分析其原因。

② 恢复第 4 行和第 13 行，将第 10 行分别改为“Fun();”和“Fun(20, ,40);”，观察编译结果。

③ 还原第 10 行，将第 4 行修改为“void Fun(int i,int j=5,int k);”，观察编译结果。

2.4.3 函数重载

在 C 语言程序中的同一作用域范围内，函数名必须是唯一的。这就要求，完成同一或相似功能的函数，必须定义不同的名称。这就增加了用户的记忆负担，使用起来很不方便。例如，在同一程序中分别编写函数求解 int、float 和 double 型数据的平方，在 C 语言中只能定义成如下 3 个不同名函数。

```
int SquareOfInt ( int x ) ;                    //求整数的平方
float SquareOfFloat ( float x ) ;              //求浮点数的平方
double SquareOfDouble ( double x ) ;           //求双精度数的平方
```

这 3 个函数的功能完全一样，函数体内的代码也完全一样。为求某个数的平方，在主调函数中必须根据实际参数的具体类型确定调用哪一个函数名的函数，这给使用带来了不便。

在 C++语言中，对于功能完全相同或类似，只是在**形式参数的个数、类型、顺序**方面有区别的不同函数，可以用相同的函数名来命名，这种情形被称为被**重载**（Overload）。实际调用时，编译器通过匹配实际参数与形式参数来确定具体调用的函数。检测最匹配函数的规则很复杂，但是实际参数与形式参数个数、类型、顺序完全一致总是最匹配的。

例 2-6 求平方问题的重载示例。

```
1   //li02_06.cpp：重载函数示例
2   #include <iostream>
3   using namespace std;
4   int square ( int x )
5   {                        //重载函数第 1 版本，int 型参数
6      return x * x ;
7   }
8   float square ( float x )
9   {                        //重载函数第 2 版本，float 型参数
```

例 2-6 讲解

```
10      return x * x ;
11   }
12   double square ( double x = 1.5 )
13   {                          //重载函数第 3 版本，double 型参数
14      return x * x ;
15   }
16   int main( )
17   {
18     cout << "square()=" << square ( ) << endl;     //调用第 3 版本函数
19     cout << "square(10)=" << square ( 10 ) << endl;//调用第 1 版本函数
20     cout << "square(2.5f)=" << square ( 2.5f ) << endl;//调用第 2 版本函数
21     cout << "square(1.1)=" << square ( 1.1 ) << endl;   //调用第 3 版本函数
22     return 0;
23   }
```

运行结果：

```
square()=2.25
square(10)=100
square(2.5f)=6.25
square(1.1)=1.21
```

例 2-6 的思考题：

① 将第 4 行的“int square (int x) ”修改为“int square (int x = 100) ”，其余代码不变，重新编译链接程序，会有什么现象？请解释原因。

② 将第 4 行的“int square (int x) ” 修改为“int square (int x , int y = 1) ”，同时第 6 行代码修改为“{ return x * x + y * y; }”，重新运行程序，会有怎样的结果？请解释原因。

关于函数的重载，再做以下几点**说明**。

（1）重载函数必须具有相同的函数名，但是在形式参数的个数、类型、顺序的某一个或几个方面必须有所区别，返回值类型不是区分重载函数的要素。

例如，void Fun (int)与 void Fun ( )是正确的重载函数，因为二者的形式参数个数不一样。

void Fun (int)与 void Fun (double)是正确的重载函数，因为二者的形式参数类型不一样。

void Fun (int , double)与 void Fun (double , int)是正确的重载函数，因为二者虽然都有两个形参，都是 int 与 double 型的参数，但是形参的顺序不一样。

void Fun (int)与 void Fun (double , char)是正确的重载函数，因为二者的形式参数个数和类型都不一样。

void Fun (int)与 int Fun (int)是错误的重载函数，因为二者的形式参数表完全一样，仅仅是返回值类型不同，不符合重载函数的要求。

（2）重载的函数与带默认值的函数一起使用时，有可能引起二义性，要分析清楚再使用。例如，在例 2-6 的程序 li02_06.cpp 的第 16 行 main 函数之前，再增加如下函数。

```
int square ( int x , int y = 100 )
{
    return x * x + y * y ;
}
```

这时调用 square(10)将会发生歧义，因为这一调用既适合 int square (int x)，也适合 int square(int x , int y = 100)，编译程序无法确定调用哪一个函数。

（3）在函数调用时，如果给出的实际参数和形式参数类型不相符，C++编译器会自动做类型转换工作。如果转换成功，则程序继续运行，否则，有可能产生不可识别的错误，编译器会报错

“Ambiguous call to overloaded function”。因此在调用时，最好保证实际参数的个数、类型、顺序与某一版本的重载函数的形参完全一致，以避免不必要的错误。

2.5　引用的定义与应用

本节要点：
- 引用的基本概念及初始化
- 引用作为形式参数的几种用法
- 引用与指针的比较
- 引用作为返回值的用法

引用（Reference）是 C++语言新增加的概念，在声明时通过“**&**”来标记，用来为变量起别名，它主要用作形式参数以及作为函数的返回值，在程序中发挥着强大而又灵活的作用。

2.5.1　引用的概念及使用

引用就是给一个已有的变量起别名，声明一个引用的格式如下。

```
数据类型  & 引用名 = 一个已定义的变量名;
```

（1）在以上声明引用的格式中，“&”不是取地址运算符，而是声明引用的一个特殊标记，与定义指针变量时的“*”号作用类似。引用名需为一个合法的用户自定义标识符。

（2）在声明一个引用的同时，如果不是作为函数的参数或返回值，就必须对它进行初始化，以明确该引用是哪一个变量的别名，以后在程序中不可改变这种别名关系。

（3）引用被声明以后就像普通变量一样使用，使用时无需再带“&”符号，直接用引用名访问。

（4）因为引用只是某一个变量的别名，所以系统并不为引用另外分配内存空间，它与所代表的变量占用同一段内存空间。

（5）并不是任何类型的数据都可以有引用，不能建立 void 类型引用、引用的引用、指向引用的指针、引用数组。示例如下。

```
int  x = 10 , a[10];
int  &&r = x ;          //错误，不能建立引用的引用
int  &*p = x ;          //错误，不能建立指向引用的指针
int  &ra[10] = a ;      //错误，不能建立引用数组
void  & r = x ;         //错误，不能建立 void 类型引用
```

例 2-7　引用的声明及访问。

```
1    //li02_07.cpp：引用的声明及访问示例
2    #include <iostream>
3    using namespace std;
4    int x = 5 , y = 10 ;
5    int &r = x ;              //声明一个引用 r 作为变量 x 的别名
6    void print( )             //定义一个专门用于输出的函数
7    {
8        cout << "x=" << x << " y=" << y << " r=" << r << endl ;
9        cout << "Address of x " << &x << endl;    //输出变量 x 的内存地址
```

例 2-7 讲解

```
10      cout << "Address of y " << &y << endl; //输出变量 y 的内存地址
11      cout << "Address of r " << &r << endl; //输出引用 r 的内存地址
12  }
13  int main ( )
14  {
15      print ( ) ;              //第 1 次调用输出函数
16      r = y ;    //相当于 x = y，将 y 的值赋给 x，而不是将 r 改变为变量 y 的别名
17      print ( ) ;              //第 2 次调用输出函数,x、y、r 的值相同
18      y = 100 ;                //对 y 重新赋值
19      x = y - 10 ;             // x 和 r 同时改变
20      print ( ) ;              //第 3 次调用输出函数
21      return 0;
22  }
```

运行结果：

```
x=5 y=10 r=5
Address of x 00F69000
Address of y 00F69004
Address of r 00F69000
x=10 y=10 r=10
Address of x 00F69000
Address of y 00F69004
Address of r 00F69000
x=90 y=100 r=90
Address of x 00F69000
Address of y 00F69004
Address of r 00F69000
```

此程序的运行结果表明，引用一旦成为某个变量的别名后，在程序运行过程中不可改变这种指代关系，对引用赋值只是引起了引用所代表的变量的值的改变，并不会使引用成为另一个变量的别名。引用和其代表的变量，二者的地址和值始终都是相同的，从而证明了系统不会为引用另外分配存储空间。

2.5.2 引用作为形式参数

在例 2-7 中引用 r 作为变量 x 的别名。但是，该例中如果不定义引用，同样不会影响程序的运行效果，因此这里使用引用没有太大价值。

在 C++语言中，引用最主要的用途是作为函数的形式参数，使其在函数调用时成为实际参数变量在被调函数中的别名。这样，就可以通过对引用的访问和修改，达到对实际参数变量进行操作的效果。根据 C++语言的规定，主调用函数中定义的实际参数变量在被调用函数中不可以直接访问，因为被调用函数不是实际参数变量的作用域了，引用参数使得实际参数变量的作用域“扩大”到原先无法进入的被调函数中。

例 2-8 通过引用参数修改对应实际参数变量的值。

```
1   //li02_08.cpp：用引用参数修改对应实际参数变量的值
2   #include <iostream>
3   using namespace std;
4   void swap ( int &x , int &y )
5   {                       //引用参数成为对应实际参数变量的别名
6       int t = x ;     //通过 3 条赋值语句交换 x 和 y 的值
7       x = y ;
8       y = t ;
9   }
10  int main( )
```

例 2-8 讲解

```
11  {
12      int a = 3 , b = 5 , c = 10 , d = 20 ;
13      cout << "a=" << a << "  b=" << b << endl;    //输出交换前的 a、b 值
14      swap ( a , b ) ;                             //调用函数，参数传递
15                  //相当于执行了 int &x=a; int &y=b;，使引用参数获得了初值
16      cout << "a=" << a << "  b=" << b << endl;    //输出交换后的 a、b 值
17      cout << "c=" << c << "  d=" << d << endl;    //输出交换前的 c、d 值
18      swap ( c , d ) ;                             //调用函数，参数传递
19                  //相当于执行了 int &x=c; int &y=d;，使引用参数获得了初值
20      cout << "c=" << c << "  d=" << d << endl;    //输出交换后的 c、d 值
21      return 0;
22  }
```

运行结果：

```
a=3  b=5
a=5  b=3
c=10  d=20
c=20  d=10
```

分析：例 2-8 通过将形式参数设为引用参数，克服了不能通过值形式参数改变对应实际参数变量值的缺憾。因为对于值形式参数，函数调用之初，系统为其另外分配内存空间，然后将实际参数的值复制到形式参数所在空间，完成单向值传递的功能。这时，在被调函数中对形式参数的改变无法影响到对应实际参数。而引用形式参数在函数被调用时，系统不为其另外分配内存空间，它们是对应实际参数变量的别名，与实际参数变量共享内存空间，对引用的任何操作实际上就是对对应的实际参数变量的操作。

因此在例 2-8 中，swap 函数第一次被调用时，系统并没有为引用形式参数 x、y 另外分配内存空间，它们与对应的实际参数变量 a、b 共享内存空间，从而 x 和 y 值的互换实质上就是对应实际参数变量 a、b 值的互换。注意，与引用形式参数对应的实际参数只能是变量，而不能是常量或表达式。显然，第二次调用就实现了实际参数变量 c、d 值的互换。

在大部分情况下，使用引用形式参数是为了方便改变对应实际参数变量的值，但是在无需改变对应实际参数变量值时，用引用参数仍然比用值形式参数更高效，因为无需另外分配空间和进行传值操作。为了防止在函数中修改引用参数导致实际参数的变化，可以在引用参数之前增加 const 修饰符使其成为**常引用**，一旦修改常引用形式参数，编译器就会报错，这从语法上保证了实际参数的安全性。

引用形式参数与值形式参数在函数体中的表现方式完全相同，但是它们对实际参数的要求和影响效果不一样，下面通过例 2-9 来体会这些区别。

例 2-9 值形式参数、引用参数、常引用参数的使用示例。

```
1   //li02_09.cpp：3 种参数的使用示例
2   #include <iostream>
3   using namespace std;
4   int Fun (const int &x , int &y , int z)
5   {
6   //  x++ ;//此句若作为函数的语句，则报错：“不能给常量赋值”
7       y++ ;  //通过修改 y 改变第 2 个实际参数变量的值
8       z++ ;  //对 z 的修改不会影响对应的实际参数变量值
9       return y ;
10  }
11  int main()
12  {
```

例 2-9 讲解

```
13      int a = 1 , b = 2 , c = 3 , d = 0 ;
14      cout << "a=" << a << " b=" << b << " c=" << c << " d=" << d << endl;
15      d = Fun ( a , b , c ) ;     //实际参数 a 和 c 都不能被修改，b 被修改了
16      cout << "a=" << a << " b=" << b << " c=" << c << " d=" << d << endl;
17      return 0 ;
18  }
```

运行结果：

```
a=1 b=2 c=3 d=0
a=1 b=3 c=3 d=3
```

分析：在例 2-9 中，第 1 个形式参数是常引用，第 3 个形式参数是值形式参数，从运行结果来看，二者都体现为只能接受实际参数的值而不能引起对实际参数值的修改，但是二者存在如下 3 个区别。

（1）常引用参数在函数中不可以修改，但是值形式参数可以修改。在例 2-9 中，如果将语句“x++”;作为函数中的语句，则编译时会报错。

```
error C3892: “x”: 不能给常量赋值
```

（2）用常引用效率更高，因为无需另外分配内存空间，没有复制值所需的时间开销。

（3）与常引用形式参数对应的实际参数只能是变量，而与值形式参数对应的实际参数是表达式（常量、变量是表达式的特殊形式），形式更灵活多样。

因为例 2-9 的第 2 个形式参数是引用参数，在函数中自增 1，所以与之对应的实际参数 b 的值也增加了 1，本次调用，引用形参 y 就是实参变量 b 的别名。

3 种形式参数选用建议：当实际参数需要通过改变形式参数而得到改变时，使用普通的引用形式参数与其对应；当实际参数无需通过改变形式参数得到改变时，究竟是用值形式参数还是常引用参数与其对应，需要在效率及实际参数形式上综合考虑。

2.5.3 引用与指针的比较

引用与指针都能实现修改其他变量值的作用，因此有一种观点认为“引用是能自动间接引用的一种指针”，即无需使用指针运算符（也称间接运算符）“*”就可以得到或修改一个变量的值。而指针一定要使用指针运算符“*”来得到或修改指针所指向的变量的值。使用引用可以简化程序，因而引用是 C++程序员的利器之一。

例 2-8 实现两个变量值的互换，swap 函数的形式参数也可以设为指针，请注意表 2-2 中两种不同的函数定义及对应的调用。

表 2-2　　swap 函数用引用形式参数和用指针形式参数的不同定义及调用

区别点	引用形式参数	指针形式参数

函数定义	void swap(int &x,int &y)
	{　int　t=x;
	　x=y;
	　y=t;
	}
		void swap(int *x,int *y)
		{　int　t=*x;
		　*x=*y;
		　*y=t ;
		}

函数调用	swap(a,b);	swap(&a,&b);
形式参数占用空间的情况	x 和 y 不另外占用空间，与实际参数 a 和 b 共享内存空间	x 和 y 另外占用空间，获得实际参数 a 和 b 的地址

从表 2-2 可以看到，用指针形式参数实现，无论是函数内部的语句还是调用形式，都不如以引用作为形式参数简洁直观，而且效率低，因为系统要给指针形式参数分配内存空间以存放实际参数地址，复制地址值也有时间开销。图 2-1 所示为调用以引用作为形式参数的函数和以指针作为形式参数的函数时不同的内存占用情况。

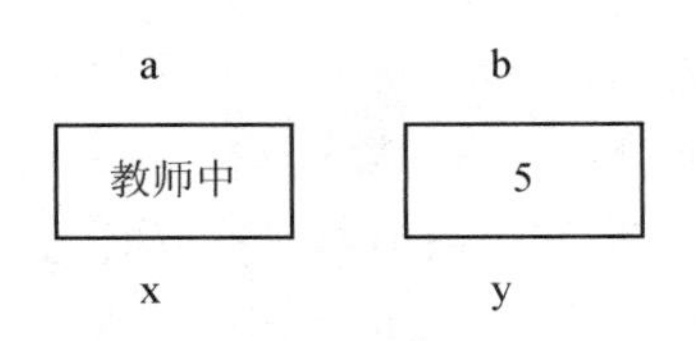

调用 swap(a,b)　实现 a、b 值互换，x 和 y 是引用参数，是实际参数变量的别名，与实际参数共享内存

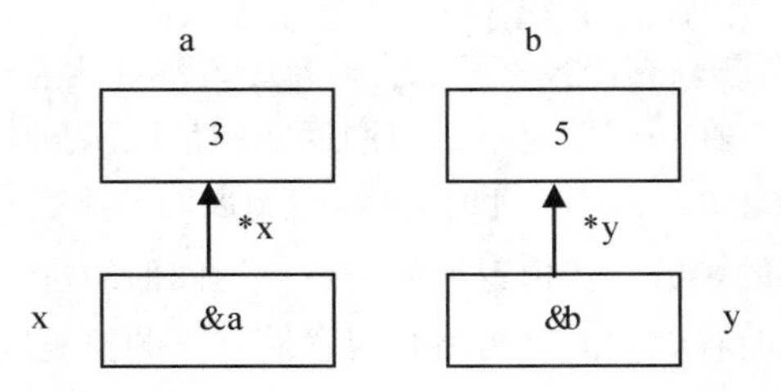

调用 swap(&a,&b) 实现 a、b 值互换，x 和 y 是指针参数，需另外的空间存放实际参数地址

图 2-1　引用形式参数与指针形式参数不同的内存占用情形

从图 2-1 可以看出，引用形式参数要优于指针形式参数。实际上，这也正是 C++引入引用的原因，由于指针过于灵活，且极易出错，非高手不能驾驭。因此，C++语言引入引用，以替代指针的绝大多数应用场合。

2.5.4　引用作为返回值

在 C 语言中，函数只能返回特定类型的值，该值被主调函数使用。在 C++中，对于函数返回的内容，除了可以返回值以外，还可以返回一个引用。

引用返回函数的原型声明形式如下。

```
类型名& 函数名（形式参数表）；
```

在形式上与值返回函数相比，就是在返回值类型后面多了一个引用标记“&”。调用时，除了可以作为**独立的函数语句**、**表达式中的某一个运算对象**之外，还可以**作为左值**调用（即将函数的调用放在赋值号左边，当变量使用），这是引用作为返回值的函数的一个特别用法。

例如，程序 li02_09.cpp 将函数 Fun 定义为一个值返回函数，如果将函数定义的首部改写成 int & Fun(const int &x,int &y,int z)，则主函数中以下 3 种调用都正确。

```
Fun(a,b,c);            //作为独立的函数调用语句使用，这时返回的引用的值被忽略
d=Fun(a,b,c)*2;        //作为表达式中的一个运算对象使用，用其返回的引用的值
Fun(a,b,c)=20;         //这是引用返回的函数特有的调用方式，相当于语句 b=20;
```

在上面第 3 种方式的调用中，“Fun(a,b,c)=20”相当于“b=20”，因为函数返回语句是“return y;”，而引用形参 y 又是实际参数变量 b 的别名。函数调用作左值时，真正起作用的是返回的引用所代表的实际参数变量 b，体现为对变量 b 的赋值。

对于引用作为返回值的函数，有以下几个特别的要求。

（1）return 后面只能是变量（引用也理解为一种特殊的变量），而不能是常量或表达式，因为只有变量才能作为左值使用。

（2）return 后面变量的内存空间在本次函数调用结束后应当仍然存在，因此自动局部变量不能作为引用返回。在例 2-9 中，如果将“return y”修改为“return z”，则编译会有一个警告“warning

C4172: 返回局部变量或临时变量的地址”，因为值形式参数 z 的内存空间随着 Fun 函数运行结束也被系统收回，这时如果一定要运行，将会出现意想不到的结果。

（3）return 后面返回的不能是常引用，因为常引用是为了保护对应的实际参数变量不被修改，但是引用返回的函数作为左值必定要引起变量的修改。在例 2-9 中，如果将“return y”修改为“return x”，则编译会出现一个错误提示：

```
error C2440: “return”：无法从“const int”转换为“int &”
```

所以，在一般情况下，引用返回的是该函数中的一个引用形式参数。

在 li02_09.cpp 中，即使是将引用返回的函数在调用时不作为左值使用，例如，d=Fun(a,b,c)，引用返回的函数与传值返回的函数，返回值的机理也是不一样的。以传值返回，先将 y 的值复制到一个临时存储空间，再将临时存储空间的值复制到变量 d 中；而以引用返回时，则将 y 的值直接复制到变量 d 中。二者的区别如图 2-2 所示。

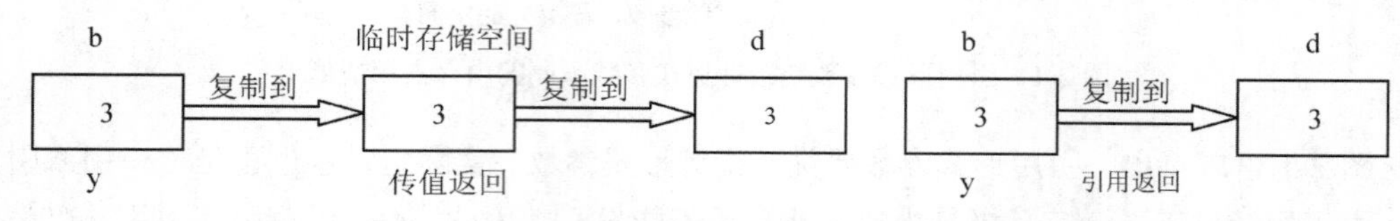

图 2-2　传值返回与引用返回作为右值时不同的工作原理

函数返回引用在后续的面向对象程序设计中还将涉及，届时会更深入地介绍。

2.6　动态内存空间管理

本节要点：

- 指针与动态内存管理
- 用 new 申请动态内存空间
- 用 delete 释放动态内存空间
- 新增的强制类型转换

指针是专门用于存放内存地址的特殊变量，其值只能通过赋值而不能读入。指针除了可以获得已有地址值（如变量的地址、数组中的地址）或地址常量 NULL 以外，还可以向系统申请动态内存空间，获得这一段空间的首地址。这样，通过指针就可以访问和使用申请的这段内存空间。

在 C 语言中，用 malloc、calloc 函数申请动态空间，用 free 释放动态空间；而在 C++语言中，利用 new 和 delete 实现了更简单方便的动态内存空间管理。

2.6.1　用 new 申请动态内存空间

在 C 语言中，如果要利用指针在程序运行时申请动态内存空间，则可以使用 stdlib.h 中定义的 malloc 或 calloc 两个库函数。

在 C++语言中，新增加的关键字 new 是一个运算符而不是一个库函数。使用 new 运算符可以更简单地申请动态存储空间。

表 2-3 列出了 C 和 C++语言利用指针申请动态空间的不同方式。

设有符号常量定义“const int N=3; const int M=2;”，以及变量定义“int *ptr, **q, i, j;”。

表 2-3　　　　　　　　　　　利用指针申请动态空间的不同方式对比

申请内容	C 语言中（C++也支持）	C++语言新增加	动态变量名
申请 1 个 int 型动态变量	ptr=(int *) malloc(sizeof(int));	ptr=new　int ;	*ptr
申请 N 个元素的动态一维数组	ptr=(int *) malloc(N*sizeof(int));	ptr=new　int[N];	ptr[i]，其中 0<= i <N

申请 N 行 M 列的动态二维数组	q=(int **)
	malloc(N*sizeof(int *));
	for (i=0;i<N;i++)
	q[i]=(int *)
	malloc(M*sizeof(int));
		q=new int *[N];
		for (i=0;i<N;i++)
		q[i]=new int[M];
			q[i][j]，其中
			0 <= i <N
			0 <=j <M

用 malloc 或 new 申请的动态内存空间中存放的是随机值，要使动态内存空间中有确定的值，就必须为*ptr、ptr[i]、q[i][j]赋值或读入。

特别说明：语句“ptr=**(int *)**malloc(sizeof(int));”涉及了强制类型转换，这是 C 语言风格的强制类型转换。C++中新增加了另一种形式的强制类型转换。因此，C++支持如下**两种强制类型转换方式**。

```
方式 1:（目标类型名）待转换类型的表达式;              //兼容 C 风格
方式 2: 目标类型名（待转换类型的表达式）;              //C++新增风格
```

方式 1 中的目标类型名一定要用一对括号括起来，待转换表达式一般也建议加圆括号；而方式 2 中的目标类型名不要用一对括号括起，待转换表达式一定要加圆括号，该形式看起来类似于函数调用。

例如，int (2.53) 与(int) 2.53 等效，结果都为 2，分别是方式 2 和方式 1 形式的转换，在 C++中习惯用方式 2。

通过表 2-3 的对比，不难看出，在 C++中，通过新增加的 **new 运算符**申请动态空间形式更简洁，归纳一下，具体有两种形式。

```
new 数据类型名;             //申请单个某数据类型的动态空间，得到首地址值
new 数据类型名[整型值]      //申请连续的空间以实现动态一维数组，得到首地址值
```

可见，利用 new 申请动态内存空间更为简单方便，在 C++语言中通常采用这种方式。需要强调的是，用 new 申请空间可能会因为内存不足等原因申请空间失败而返回 NULL 值，所以申请空间后需要检查，只有指针不等于 NULL 时，才可以访问动态空间。

有一种形式容易与申请数组空间混淆，例如，“**ptr=new int(10);**”语句等效于以下两条语句：“**ptr=new int; *ptr=10;**”，表示在申请 1 个 int 大小的内存空间的同时，向该空间赋初值 10。

2.6.2　用 delete 释放动态内存空间

动态空间使用结束后，一定要及时释放这部分动态空间，否则会产生内存垃圾，影响程序正常运行，还有可能导致死机。

在 C 语言中，利用指针释放动态内存空间，可以使用 stdlib.h 中定义的库函数 free。

在 C++语言中，新增加的关键字 delete 是一个运算符而不是一个库函数，用来释放通过 new 申请的动态内存空间。

表 2-4 展示了用 new/delete 申请/释放动态内存空间的用法。

仍然设有符号常量定义“const int N=3; const int M=2;”，以及变量定义“int *ptr, **q, i;”。

表 2-4　用 new/delete 申请/释放动态内存空间

申请/释放内容	用 new 申请动态空间	用 delete 释放空间
申请/释放 1 个 int 型动态变量	ptr=new int ;	delete ptr;
申请/释放 N 个元素的动态一维数组	ptr=new int [N];	delete [ ] ptr;

申请/释放 N 行 M 列的动态二维数组	q=new int *[N];
	for (i=0;i<N;i++)
	q[i]=new int[M];
		for (i=0;i<N;i++)
		delete [ ] q[i];
		delete [ ] q;

可见，用 delete 运算符释放动态内存空间有两种具体形式。

```
(1) delete 指针变量名;          //释放单个动态空间
(2) delete [ ] 指针变量名;      //释放动态一维数组空间
```

在表 2-4 中，如果通过 ptr 指针申请的动态一维数组空间用 detete ptr 释放，编译器不会报错，但是这样做很危险，因为 detete ptr 只能释放由 ptr 指针指向的当前一个 int 型大小的动态内存空间，其后连续的其他 N-1 个 int 型动态内存空间将无法释放，这会导致内存泄露。

特别提醒： 在使用 new、delete 时，不要将它们与存储管理函数 malloc、calloc、free 混合使用，建议在 C++程序中不使用 C 语言的存储管理函数，因为这些函数与 new、delete、new [ ]、delete[ ]不同，它们不能兼容 C++语言中的一些重要技术，如第 3 章要学到的对象构造与析构。

下面通过一个例子来说明用 new 和 delete 管理动态空间的方法。

例 2-10　生成 N 个 0～99 的随机整数，统计其中奇数的个数。用动态一维数组存放 N 个随机数，用一个动态整型变量存放统计结果。

```
1   //li02_10.cpp：动态空间管理示例
2   #include <iostream>
3   #include <iomanip>
4   #include <cmath>
5   #include <ctime>
6   using namespace std;
7   const int N = 30 ;
8   int main( )
9   {
10      int *p , *sum , i;            //定义两个指针变量
11      sum = new int( 0 );           //申请一个 int 型动态变量，*sum 初始化为 0
12      p = new int [N];              //申请动态一维 int 型数组 p
13      if ( p == NULL )              //判断是否成功申请
14      {
15          cout << "allocation failure.\n";
16          return 0;
17      }
18      srand( time( NULL ));         //包含了文件 ctime 和 cmath
19      for (i = 0 ; i < N ; i++ )
20      {
21        p[i] = rand( ) % 100;       //生成随机数作为数组的元素值
```

例 2-10 讲解

```
22          if ( p[i] % 2 )                     //判断是否为奇数
23              (*sum) ++;                      //如果 p[i]是奇数，则*sum 值加 1
24        }
25        for (i = 0 ; i < N ; i++ )            //循环控制下标，输出所有元素
26        {
27            cout << setw(4) << p[i];          //setw 格式控制，包含 iomanip 文件
28            if ( (i + 1) % 10 == 0 )          //每 10 个一行
29                cout << endl;
30        }
31        cout << "the number of odd is:" << *sum << endl ; //输出奇数个数
32        delete []p;                           //释放动态一维数组空间
33        delete sum;                           //释放动态变量*sum 的空间
34        return 0;
35    }
```

程序某一次的运行结果如下。（每次运行结果都不同）

```
42  43  86  68  11  57  26  40  77   2
29  95  90   2   6  35  81  57  40  10
57  30  31  59  37  53  42  16  44  61
the number of odd is:15
```

例 2–10 的思考题：

① 将第 11 行的“sum=new int(0) ”修改为“sum=new int”，其余代码不变，重新编译链接运行程序，会有什么现象？请解释原因。

② 将第 11 行的代码恢复成“sum=new int(0) ”，同时将第 23 行代码“(*sum)++ ”修改为“*sum++”，其余代码不变，重新编译链接运行程序，会有什么现象？解释原因。

2.7　异常处理

本节要点：

- 什么是异常
- 什么是异常处理
- 异常处理的步骤

异常处理是 C++语言的一种工具，这种工具能够对程序中某些事先可以预测的错误进行测试和处理。C++语言使用 throw 和 try-catch 语句来支持异常处理。

2.7.1　异常和异常处理

编程者都希望自己编写出来的程序没有错误，运行后能够得到期望的结果。但是，在实际编程中，即使是非常有经验的程序员，也难免出现这样或那样的错误，关键是要有处理各种错误的机制。异常处理可以帮助编程者妥善处理某些错误。

1. 异常

程序中的错误可分为语法错误和运行错误两大类。语法错误又包括编译错误和链接错误，这类错误在编译链接时根据出现的错误信息可以纠正。

运行错误是编译链接通过后，程序在运行时出现的错误。这类错误通常包括不可预料的逻辑

错误和可以预料的运行异常。逻辑错误常常是由于设计不当引起的，例如，误将赋值号用作关系运算符、排序算法有误导致在边界情况下不能完成排序任务等。运行异常是由系统运行环境造成的，事先可预料，如数组下标越界、内存空间不足、文件无法正常打开、0 作为除数等，这类错误通过增加一些预防代码是可以避免的。

异常指的是不同，即与期望的结果不同，它是一种错误，但又不是通常意义上的错误。异常这种差错可以被定义、被发现和处理。例如，某个月份值为 13，虽然运行时程序并不出错，但是可以认为这是一种异常，并应予以处理。

2. 异常处理

C++语言提供了如下的异常处理方法。

在执行某个函数时检查出了异常，通常不在本函数中处理，而是通过 throw 抛出异常的机制，将异常传送给调用它的函数（称为上级函数），它的上级函数通过 catch 捕捉到这个异常信息后进行处理。如果上一级的函数也不处理异常，则只好再传给更上一级函数处理。如果没有任何一级函数处理该异常，则该异常可能会终止程序的执行。

不在同一个函数中发现和处理异常可以使底层函数专心于实现功能，而不必关心如何处理异常。将异常交给上层函数处理，减轻了底层函数的负担，提高了程序的运行效率。

2.7.2 异常处理的步骤

在 C++语言中，异常处理通过以下 3 步来实现。

（1）检查异常（使用 try 语句块）。

（2）抛出异常（使用 throw 语句块）。

（3）捕捉异常（使用 catch 语句块）。

其中第（1）、第（3）两步在上级函数中处理；第（2）步在可能出现异常的当前函数中处理。

例 2-11 C++异常处理过程示例。

```
1   //li02_11.cpp: C++的异常处理过程示例
2   #include <iostream>
3   using namespace std;
4   int divide(int x,int y)
5   {
6       if ( y == 0 ) throw y; //如果分母为零，则抛出异常
7       return x / y;
8   }
9   int main()
10  {
11      int a = 10 , b = 5 , c = 0 ;
12      try                     //检查是否出现异常
13      {
14          cout << "a/b=" << divide (a , b) << endl ;
15          cout << "b/a=" << divide (b , a) << endl;
16          cout << "a/c=" << divide (a , c) << endl;
17          cout << "c/b=" << divide (c , b) << endl;
18      }
19      catch ( int )           //捕获异常并做出处理，即输出一条提示信息
20      {
21          cout << "except of divide zero" << endl;
22      }
23      cout << "calculate finished" << endl;    //catch 块的后续语句
24      return 0;
```

例 2-11 讲解

```
25  }
```

运行结果：

```
a/b=2
b/a=0
except of divide zero
calculate finished
```

该程序表明 C++语言中异常处理的语法结构由 throw 语句和语句块 try-catch 构成。

通过例 2-11，总结异常处理的实现过程：

（1）throw 语句的功能是**抛出异常**，其格式如下。

```
throw <表达式>; 或 throw ;
```

通常使用第一种形式，该语句写在可能出现异常的函数体内。

（2）try-catch 语句块可以用来检测、捕获并处理异常，其格式如下。

```
try
{
    <被进行异常检查的语句>
}
catch （<异常信息类型>或<变量>）
{
    <异常处理语句>
}
```

try-catch 语句块必须一起出现在调用可能出现异常的函数的上级函数中，如例 2-11 中的 main 函数，并且一定是 try 块在先，catch 块在后。

try 和 catch 块之间不能有任何其他语句。如果二者之间有其他语句，就会被系统认为“try 块没有 catch 处理程序”以及“没有与 catch 处理程序关联的 try 块”，从而导致编译出错。

只能有一个 try 块，而对应的 catch 块可以有多个，表示与不同的异常信息相匹配。

需要检测异常的函数调用必须放在 try 块中，检测到异常后如何处理的语句必须放在 catch 块中。li02_11.cpp 程序中 try-catch 块的定义体现了这个要求。

（3）C++语言中异常处理的完整过程。程序顺序执行 try 块中的语句。如果在执行 try 块内的各条语句中都没有发生异常，则跳过 catch 块，转到执行 catch 块后面的语句；如果在执行 try 块内的某一条语句时发生异常，则由 throw 抛出异常信息。例如，程序 li02_11.cpp 执行到语句“cout<<"a/c="<<divide(a,c)<<endl;” 时，由 throw 发出异常信息 y（int 型的），这时程序离开了当前函数 divide，转到调用它的上级函数 main 中。由 throw 抛出的异常信息提供给 main 中的 catch 块，系统寻找与之匹配的 catch 子句。在例 2-11 中，由于被抛出的异常信息是 int 型的，而 catch 子句括号内指定的类型也是 int 型，所以二者正好匹配。这时执行 catch 子句内的语句，输出“except of divisou zero”信息。异常处理完毕后，程序继续执行 catch 子句后面的语句，即输出“calculate finished”。该程序在执行到 try 块的第 3 条语句时出现了异常，则处理完该异常后，try 块后面的其余语句（即第 4 条语句“cout<<"c/b="<<divide(c, b)<<endl;”）不再执行，而是转去执行 catch 块后面的语句。

在面向对象的程序设计中，经常需要使用 C++语言的异常处理来提高程序的健壮性，如何正确使用 C++语言的异常处理工具，请参阅相关资料。

例 2–11 的思考题：

① 删除代码的第 12 行以及第 19 行～第 22 行，也就是不用 try-catch 进行异常处理，重新编译链接运行程序，会有什么现象？请解释原因。

② 代码恢复原样，然后将第 16 行代码中的“divide(a,c) ”修改为“divide(a,c+1) ”，其余代码不变，重新运行程序，会有什么现象?

本章小结

本章介绍了 C++语言在面向过程的程序设计方面，相比 C 语言有了哪些方面的改进和扩展，提供了哪些新的功能。本章主要内容如下。

（1）用 C++语言编写的源程序扩展名为.cpp，在程序的开头有文件包含命令“#include <iostream>”以及使用 C++标准名字空间的语句“using namespace std;”。这是因为 C++语言在 iostream 中提供的输入/输出流可以更加方便地完成输入/输出。C++提供了自定义名字空间的方法，并且可以用 3 种不同的方式访问自定义名字空间中的内容。在 C++源程序中，可以使用/*…*/和//两种方式进行注释。

（2）C++语言除了支持 C 语言的强制类型转换方法外，还提供了类似函数调用方式的强制类型转换；为了更直观地表达逻辑值，增加了 bool 类型，有 true 和 false 两个常量表示逻辑真和逻辑假；提供了 string 类型，使得字符串的运算和处理更加方便简单。

（3）函数仍然是 C++语言面向过程程序设计的最基本单位，与 C 语言相比，有一些新的改进和功能：全局变量可以通过域解析符：：使其在同名局部变量的作用域内可见；函数的形式参数可以带有默认参数值；C++语言通过函数重载，将一些功能相同或类似而只是形式参数有所区别的一组函数，以相同函数名命名，调用时根据实际参数与形式参数的匹配情况，由系统自行确定调用函数，这种机制减轻了用户的记忆负担，方便了用户的使用。

（4）引用是 C++语言新增加的概念，是变量的别名，因此不另外为引用分配内存空间，使用时与一般的变量一样。将引用作为形式参数可以方便直观地改变对应实际参数变量的值，而且效率更高；而引用返回值使得函数调用结果可以作为左值；常引用参数则保护对应实参变量不被修改，同时又避免了为形式参数另外分配空间和复制值，提高了时间与空间效率。

（5）C++语言提供了更加方便的动态内存空间管理，用 new 和 delete 这两个运算符可以非常方便地申请、释放单个或若干个连续的动态内存空间。

（6）C++语言提供了处理异常的有效机制，通过 throw 抛出异常，通过 try-catch 块检测、捕捉并处理异常，从一定程度上保证了程序的健壮性。

本章内容是利用 C++语言进行面向过程程序设计的基础，了解和掌握 C++语言与 C 语言在面向过程程序设计方面的区别有利于提高 C++语言的编程能力，这些知识也是学习 C++面向对象程序设计的基础。

习 题 2

一、单选题

1. VS 2010 环境下，下列语句中错误的是________。

   A. int　n = 5;　　　　int y[n];

B. const int n = 5;　　int y[n];

C. int　n = 5;　　int *py = new int[n];

D. const int n = 5;　　int *py = new int[n];

2. 以下设置默认值的函数原型声明中，错误的是________。

A. int add(int x = 3 , int y = 4 ,int z = 5);

B. int add(int x , int y = 4 , int z);

C. int add(int x , int y = 4 , int z = 5);

D. int add(int x , int y , int z = 5);

3. 下列不正确的重载函数是________。

A. int print(int x);和 void print(float x);

B. int disp(int x);和 char *disp(int y);

C. int show(int x , char * s);和 int show (char * s , int x);

D. int view(int x , int y);和 int view(int x);

4. 下列语句中，错误的是________。

A. int *p = new int(10);　　B. int *p = new int[10];

C. int *p = new int;　　D. int *p = new int[40](0);

5. 假设已有定义 int x=1,y=2,&r=x;，则语句 r=y;执行后，x、y 和 r 的值依次为________。

A. 1 2 1　　B. 1 2 2　　C. 2 2 2　　D. 2 1 2

二、填空题

1. 用 C++风格的输入/输出流处理输入/输出时，必须包含的 std 名字空间中的头文件是________。

2. 在 C++语言的异常处理机制中，________语句块用于抛出异常；________语句块用于检测异常；________语句块用于捕捉和处理异常。

3. C++语言特有的引用实际是某变量的________，系统不为其另外分配空间。引用与________作为形式参数时都能达到修改对应实参变量的目的，但是引用更加直观清晰。返回某类型引用的函数，调用该函数可以放在赋值号的_____作为_____使用，这是其他类型的函数不具有的特性。

4. 在动态内存空间管理方面，C++语言用运算符________取代了 C 语言中的 malloc 申请动态内存空间，用运算符________取代了 C 语言中的 free 释放动态内存空间。

5. 函数重载要求几个函数的________必须相同，而在形式参数表中体现出差别，具体而言，在形式参数的个数、________、顺序的一个或几个方面体现出区别，而________不作为区分重载函数的依据。

三、问答题

1. C++中的同名全局变量通过何种方式可以在同名局部变量所在的函数内进行访问?

2. 在程序中，如果只用 new 分配动态内存空间，而忘记用 delete 来释放，会产生什么样的后果？使用 new 和 delete 动态申请和释放内存空间，有什么好处？

3. 引用形式参数能方便地修改实参变量，是不是意味着指针形参从此不需要了？而 const 引用形式参数既能保护对应实参变量不被修改，又提高了效率，是不是意味着值形式参数从此不需要了？

四、读程序写结果

1. 当从键盘上输入“*23.56 10 90<回车>*”时，写出下面程序的运行结果。

```
//answer2_4_1.cpp
#include <iostream>
using namespace std;
int main()
{
    int a , b , c;
    char ch;
    cin >> a >> ch >> b >> c;
    cout << a << endl << ch << endl << b << endl << c;
    return 0;
}
```

2. 写出下面程序的运行结果。

```
//answer2_4_2.cpp
#include <iostream>
using namespace std;
int main()
{
    int arr[4] = {1 , 2 , 3 , 4}, i ;
    int *a = arr;
    int *&p = a;   //p是一个指针引用，是指针a的别名
    p++;
    *p = 100;
    cout << *a << "\t" << *p << endl;
    for ( i = 0 ;i < 4 ; i++ )
      cout << arr[i] << "\t" ;
    cout << endl ;
    int b = 10 ;
    p = &b ;
    cout << *a << "\t" << *p << endl ;
    for ( i = 0 ; i < 4 ; i++)
      cout << arr[i] << "\t" ;
    cout << endl ;
    return 0;
}
```

3. 写出下面程序的运行结果。

```
//answer2_4_3.cpp
#include <iostream>
using namespace std;
int i = 0;
int main( )
{
    int i = 5;
    {
        int i = 7;
        cout << "::i=" << ::i << endl ;
        cout << "i=" << i << endl ;
        ::i = 1 ;
        cout << "::i=" << ::i << endl ;
    }
    cout << "i=" << i << endl ;
    cout << "please input x,y:
::i=" << ::i << endl ;
    i += ::i ;
    ::i = 100;
    cout << "i=" << i << endl ;
    cout << "::i=" << ::i << endl ;
    return 0 ;
}
```

4. 写出下面程序的运行结果。

```
//answer2_4_4.cpp
#include<iostream>
using namespace std;
void f(double x = 50.6 , int y = 10 , char z = 'A');
int main( )
{
    double a = 216.34 ;
    int b = 2 ;
    char c = 'E' ;
   f( ) ;
    f(a);
f(a , b);
    f(a , b , c);
    return 0;
}
void f(double x , int y , char  z)
{
    cout << "x=" << x << '\t' << "y=" << y << '\t';
    cout << "z=" << z << endl;
}
```

5. 写出下面程序的运行结果。

```
//answer2_4_5.cpp
#include <iostream>
using namespace std;
int & s(const int &a , int &b)
{
    b += a ;
    return b ;
}
int main()
{
    int x = 500 , y = 1000 , z = 0 ;
    cout << x << '\t' << y << '\t' << z << '\n' ;
    s(x , y) ;
    cout << x << '\t' << y << '\t' << z << '\n' ;
    z=s(x , y) ;
    cout << x << '\t' << y << '\t' << z << '\n' ;
    s(x , y) = 200 ;
    cout << x << '\t' << y << '\t' << z << '\n' ;
    return 0;
}
```

6. 写出下面程序的运行结果。

```
//answer2_4_6.cpp
#include <iostream>
using namespace std;
void fun(int x , int &y)
{
    x += y ;
    y += x ;
}
int main( )
{
    int x = 5 , y = 10 ;
    fun( x , y );
    fun( y , x );
    cout << "x=" << x << ",y=" << y << endl;
    return 0;
}
```

五、编程题

1. 将下面 C 语言风格的程序改写成 C++语言风格的程序。

```
//answer2_5_1.c
#include <stdio.h>
add(int a , int b ) ;
int main( )
{
    int x , y , sum ;
    printf( "Please input x and y:\n" ) ;
    scanf( "%d%d" , &x , &y ) ;      /*输入变量 x 和 y 的值*/
    sum = add( x , y ) ;             /*调用求和函数，结果存于 sum 中*/
    printf( please input x,y: "%d+%d=%d\n" , x , y , sum ) ;
                                     /*显示计算结果*/
    return 0 ;
}
add(int a , int b)                   /*求和函数*/
{
    return a+b ;
}
```

2. 编写程序：实现输入一个圆半径的值，输出其面积和周长。

3. 用 new 运算符为一个包含 20 个整数的数组分配内存，输入若干个值到数组中，分别统计其中正数和负数的个数，输出结果，再用 delete 运算符释放动态内存空间。

4. 编写程序：从键盘上输入一个学生的姓名（建议用字符数组）、年龄（合理的年龄为 16～25）、五级制 C++语言考试分数（合理范围为 0～5），调用函数 float checkAgeScore(int age,float score)。该函数主要完成两件事：通过检查两个形式参数的范围是否合理，抛出相应的异常信息；如果无异常，则返回对应的百分制成绩。在主函数中定义 try-catch 块检测、捕获并处理异常。最后输出该学生的姓名、年龄、百分制成绩。

第3章 类与对象的基本知识

你自己的代码如果超过6个月不看，再看的时候也一样像是别人写的。

Any code of your own that you haven't looked at for six or more months might as well have been written by someone else."

——伊格尔森定律（Eagleson's Law）

学习目标：

- 了解C++语言中面向对象方面的应用
- 理解并掌握类与对象的概念
- 掌握类与对象的定义与使用方法
- 理解类的第一大特性——封装性

类是面向对象程序设计的核心，是实现类型抽象的工具，是通过抽象数据的方式来实现的一种数据类型。类和对象是密切相关的，类是对某一类对象的抽象，而对象是某一种类的实例。换句话说，没有脱离对象的类，也没有不依赖于类的对象。利用类可以实现对象的抽象、数据和操作的封装以及信息的隐藏，因此，面向对象程序设计的首要任务是类的设计，其次是通过对象来使用类。

3.1 类的定义

本节要点：

- 认识什么是类
- 认识并理解构成类的数据成员与成员函数
- 掌握类的定义方法
- 学会定义内联函数
- 掌握类成员函数的实现方法

现实世界是由一个个具体对象组成的，而基本数据类型的变量只能表现具体对象的某一方面，并不能充分模拟现实世界，这就需要将这些具体对象进行抽象，抽象出来的概念就是类。因此，类是一种复杂的数据类型，它是将不同类型的数据和与这些数据相关的操作封装在一起的集合体。

3.1.1 什么是类

对于客观物体而言，不同物体有其属于自己而不同于其他物体的特征，而同一类物体又会有自己异于本类其他物体的特征。为此，我们把具体物体的特征提炼出两种不同的特性，一种是描述物体相对静止的特征，如名称、颜色、数量等，称之为**类的静态属性**，可以用不同的数据来表现这些静态属性；另一种是描述物体运动的特性，即与静态属性相关的操作，如计算、查找、排序等，这种动态的操作称为**类的动态属性**，可以用函数来描述这些操作的执行过程。在完成对同一类物体的抽象后，就构成了一种复杂的数据类型——类。在类中，我们将表征静态属性的数据和与这些数据相关的操作封装在一起构成一个相对封闭的集合体：其中用来描述这一类物体所共同拥有的代表静态属性的数据，称为**数据成员**，说明这一类对象共同拥有的动态特征的行为（即描述相关操作的函数），称为**成员函数**。

如此封装的好处是大大降低了操作对象的复杂程度，使用类对象的人完全不必知道对象内部的具体细节，只需了解其外部接口，即可自如地通过对象完成各种操作。因此经过封装，类具有更高的抽象性，类中的数据也拥有了隐藏性。

在设计一个类时，要周密考虑如何进行封装，把不必要让外界知道的部分隐藏起来，也就是说，把一个类的内部实现和外部行为分隔开来。类的设计者需要用准确的数据类型来描述类的静态特征，并用各种功能函数来说明该类如何进行对数据的操作。这样面向对象程序设计的第一要务就是定义一个合理的类。

3.1.2 类的定义格式

C++中引入一个新关键字 class 来描述类这个概念。类的定义格式一般分为**说明部分**和**实现部分**。说明部分用来声明该类中的成员，包含数据成员的声明和成员函数的声明。数据成员可以是基本数据类型、数组、指针或其他类的对象，因此，类类型在可以包括的数据方面拥有非常大的灵活性；实现部分用来对成员函数进行具体的定义。概括来说，声明部分告诉使用者类中“有什么”和“做什么”，而实现部分则是告诉使用者“怎么做”。

在 C++语言中，定义类的一般格式如下。

```
class 类名
{
  [private:]
    私有数据成员和成员函数
  [protected:]
    保护数据成员和成员函数
  [public:]
    公有数据成员和成员函数
};
```

以一个只有数据成员的类型 CDate 为例，来看类定义的架构。

```
class CDate
{
  public:
    int Date_Year;      //日期中的年份
    int Date_Month;     //日期中的月份
    int Date_Day;       //日期中的某一天
};
```

类名 CDate 跟在关键字 class 后面，3 个数据成员在大括号内声明，数据成员的声明用我们已经熟悉的声明语句，整个类的定义以分号结束，**注意这个分号一定不能少**。所有类成员的名称都是该类的局部变量，在类外使用相同的名称不会引起重名问题。这样简单的类型定义和 C 语言中的结构体非常相似，但是多了成员访问属性的说明。

public 是类的访问控制关键字，被称为**访问权限修饰符**或**访问控制修饰符**，将数据成员指定为 public（**公有属性**），意味着类对象在作用域内的任何位置都可以访问它们。还可以将类成员指定为 private（**私有属性**）和 protected（**保护属性**），这些关键字决定后面类成员的访问属性，访问属性又称为访问权限。类的封装和信息隐藏功能就是通过对类的成员设置访问属性进行控制的。C++中如果省略访问属性的说明，则成员的**默认属性**是 private。此处 3 个数据成员都是公有属性，这意味着对外是公开的，允许类外对它们进行直接访问，即没有被隐藏。

类的数据成员和成员函数可以根据需要声明为任意一种访问属性，声明时，访问属性出现的顺序和次数也是任意的，不受任何限制。

3.1.3　定义类的对象

定义类的对象与定义基本数据类型的变量方法完全相同，类与对象的关系可以用基本数据类型和基本数据类型变量之间的关系来类比。类类型是抽象的概念，对象是具体的实例。只有定义了对象，系统才会给对象分配相应的存储空间，定义对象的常用格式如下。

```
类名    对象名 1[, 对象名 2, …, 对象名 n];
```

这种形式用于先定义类再定义其对象，是最常用的形式。可以用下面的语句来声明 CDate 类的对象。

```
CDate  date1;                         //定义一个日期对象 date1
CDate  date2;                         //定义一个日期对象 date2
```

如图 3-1 所示，date1 和 date2 这两个对象都有各自的数据成员。

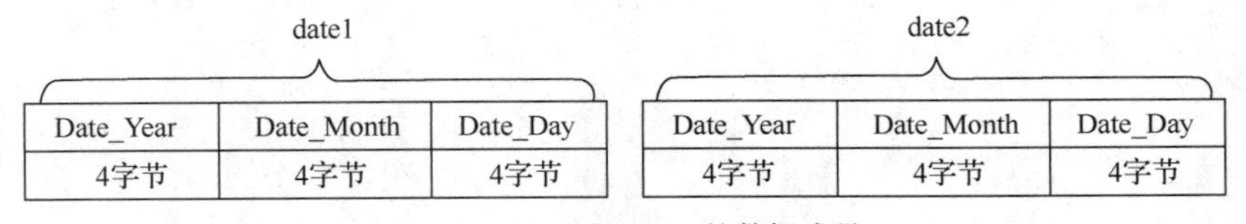

图 3-1　date1 和 date2 的数据成员

date1、date2 分别表示一个具体的日期对象，各自包括 3 个数据成员，但此时对象都没有被初始化，需要进一步学习访问这些数据成员的方法，以赋予对象具体值。

3.1.4　访问类的数据成员

类的数据成员只有在类定义对象以后才有存储空间，此时的访问才有意义，访问对象的成员可以使用成员运算符“.”，其一般格式如下。

```
对象名.成员
```

成员运算符“.”之前必须是能解释为类对象的内容，成员运算符“.”之后的成员包括数据成员和成员函数。在类定义内部，所有成员之间可以互相直接访问；但是在类的外部，只能以上述格式访问类的公有成员。主函数 main( )也在类的外部，所以，在主函数中定义的类对象，在操作时只能访问类中的公有成员。

为验证成员的访问特性，以例 3-1 来实现对类对象中公有数据成员的访问。

例 3-1 类对象公有数据成员的访问。本程序包含两个文件，一个是类定义头文件 li03_01.h，一个是主函数 li03_01_main.cpp。

头文件 li03_01.h 的代码如下。

```
1    //li03_01.h：CDate 类的定义
2    class CDate
3    {
4      public:
5        int Date_Year;
6        int Date_Month;
7        int Date_Day;
8    };
```

例 3-1 讲解

主函数 li03_01_main.cpp 的代码如下。

```
1    //li03_01_main.cpp：用“.”运算符访问数据成员
2    #include<iostream>
3    #include" li03_01.h"
4    using namespace std;
5    
6    int main()
7    {
8       CDate date1;                          //定义 CDate 类对象 date1、date2
9       CDate date2;
10      int age=0;                            //定义年龄，初始值为 0
11      date1.Date_Year = 2019;               //给 date1 的公有数据成员赋值
12      date1.Date_Month = 3;
13      date1.Date_Day = 9;
14      date2.Date_Year = 1999;               //给 date2 的公有数据成员赋值
15      date2.Date_Month = 3;
16      date2.Date_Day = 9;
17      age = date1.Date_Year - date2.Date_Year;               //计算年龄
18      cout << "He is " << age << " years old." << endl;     //输出生日
19      cout << "His birthday is "
20           << date2.Date_Year << '-'
21           << date2.Date_Month << '-'
22           << date2.Date_Day << endl;
23      cout << "date1 occupies " << sizeof(date1) << " bytes.";
24      cout << endl;
25      return 0;
26   }
```

在 VS 2010 编译环境中，当输入 main()的代码时，只要输入类对象名后的“.”操作符，编译器就会自动给出数据成员名称列表进行提示，双击该成员名即可完成选择输入。将鼠标光标悬停在代码的任何变量上方都会显示该变量的类型。

在例 3-1 中，date1、date2 是 main()中定义的局部变量，遵循作用域的相关规则。通过“.”运算符完成对类对象成员的赋值，计算并输出年龄 age，运行得到如下的输出结果。

```
He is 20 years old.
His birthday is 1999-3-9
date1 occupies 12 bytes.
```

最后一行表明 date1 对象占用了 12 字节的内存空间，例 3-1 验证了类对象成员的内存构成以及访问对象数据成员的方法。

例 3–1 的思考题：

数据成员都有自己的访问属性，例 3-1 中数据成员的访问属性均为 public，如果将其中的部分属性改为 private，试试看，在 main()中还能否用“. ”操作符直接访问。

3.1.5　类成员函数的两种实现方式

例 3-1 仅对 CDate 类定义了数据成员，在封装体中并没有与这些数据成员相关的操作，具体编程中怎样来设计一个完整的新类型？设计新类型可以是以数据为中心，也可以是以行为为中心。通常，若以数据为中心，则首先分析类的内部数据结构，根据类类型的数据特征分析得出可以提供的服务和接口；而以行为为中心的设计首先关注类应该提供什么样的服务和接口，再根据服务和接口的需要找寻支撑服务的相关静态特征。因此，在设计一个新的类型时，要充分分析所定义的新类将要提供的服务和功能，以及支撑这些功能和服务的数据基础，再进行适当整合，完成类的定义。

下面仍旧以日期为例，介绍如何定义一个完整新类型。在平常的生活中会遇到要设置一个具体的日期、调整日期、输出日期等，这一系列对日期的操作，是动态属性，在 C++语言中以函数的形式表现出来，这样的函数就是类中的**成员函数，它有权访问本类对象的所有成员**。例 3-2 给出日期类的基本定义，根据需要在以后的设计中会进一步完善定义。

例 3-2　类定义示例——日期类型。

```
1    // li03_02.h：日期类型定义的头文件
2    class CDate
3    {
4    private:                          //private 可以缺省，默认为私有
5        int Date_Year, Date_Month, Date_Day;
6    public:
7        void SetDate(int ,int ,int );   //对数据成员初始化的公有成员函数
8        void Display( );                //执行显示功能的公有成员函数
9        int GetYear( );                 //公有成员函数，提取 Date_Year 变量值
10   };
```

一般情况下，类的成员都会指定访问属性，因为公有成员是类的对外接口，所以通常将成员函数定义为公有成员，这时该成员函数的原型对外公开，但其具体实现代码仍是封装在类内的。为了体现对数据的封装性，通常将数据成员定义为私有成员或保护成员。

例 3-2 **还不是完整的类的定义**，只有类的说明部分，还缺少实现部分，即只告诉使用者类中“有什么”和“做什么”，而没有告诉使用者“怎么做”，即各成员函数的具体实现代码没有给出。成员函数具体的实现代码既可以放在类说明的内部实现，也可以放在类说明之后单独定义。

第 1 种是将成员函数在类的内部（即一对大括号内）实现，如例 3-3 所示，成员函数与普通函数一样实现，不过成员函数的定义封装在类说明的内部。

例 3-3　将例 3-2 中成员函数的实现部分补充完整，将此文件保存为 li03_03.h 。

```
1    //li03_03.h：CDate 类的成员函数中类的实现
2    #include<iostream>
3    using namespace std;
4    class CDate
5    {
6    private:        //private 可以缺省，为默认属性
7        int Date_Year,Date_Month,Date_Day;
8    public:
9        void SetDate(int year ,int month ,int day)
```

例 3-3 讲解

```
10      {                    //对数据成员初始化的公有成员函数
11         Date_Year = year;
12         Date_Month = month;
13         Date_Day = day;
14      }
15      void Display( )                    //执行显示功能的公有成员函数
16      {
17         cout << Date_Year << "-" << Date_Month << "-"   << Date_Day;
18         cout << endl;
19      }
20      int GetYear( )                     //公有成员函数，提取 Date_Year 变量值
21      {
22          return Date_Year;
23      }
24  };
```

第 2 种是在类定义中只给出成员函数的原型声明（如例 3-2 所示），而成员函数的实现放在类说明的外部。

与普通的函数相比，在类外实现的成员函数名前一定要用“类名：：”来表明该函数不是一个普通函数，而是特定类的成员函数。

将例 3-2 中的成员函数在类说明的外部实现，将此函数实现部分的代码保存为 li03_02.cpp，添加进例 3-2 的项目中。

```
1   //li03_02.cpp：成员函数在类说明的外部实现
2   #include<iostream>
3   #include"li03_02.h"
4   using namespace std;
5   void CDate:: SetDate(int year,int month ,int day )
6   {                                    //初始化数据成员的公有成员函数
7      Date_Year=year;
8      Date_Month=month;
9      Date_Day=day;
10  }
11  void CDate::Display( )               //执行显示功能的公有成员函数
12  {
13     cout << Date_Year << "-" << Date_Month << "-"
14          << Date_Day << endl;
15  }
16  int CDate::GetYear( )                //公有成员函数，提取 Date_Year 变量值
17  {
18     return Date_Year;
19  }
```

在一个项目中，为了方便查看和理解程序，一般将类定义的原型放在头文件中，成员函数的实现放在与头文件同名的.cpp 文件中。

以上两种定义实现方式在编译时有一定的区别。第 1 种方式将成员函数放在类定义中，则自动被视为**内联函数**（下面有相关介绍）。将所有的成员函数作为内联函数是不合适的。一般来说，使用第 2 种方式实现成员函数，在阅读类定义时整体感强，由于结构紧凑，所以对所定义的类信息一目了然。本章后面的例题中，对成员函数的定义均采用第 2 种方式。另外，将类定义的说明部分或者整个定义部分（包含实现部分）放到一个头文件中，可便于在以后的编程中以包含文件的方式引用。

对于以上两种实现成员函数的方式，均可以用例 3-4 的 li03_04_main.cpp 来实现对象的操作。

例 3-4　定义 CDate 类对象，完成相关操作。

```
1   //li03_04_main.cpp：定义对象完成相关操作
```

```
2    #include<iostream>
3    #include"li03_02.h"   //若类内实现成员函数，则此处换成"li03_03.h"
4    using namespace std;
5    int main()
6    {
7        CDate date1,date2;
8        int age=0;
9        date1.SetDate(2019,3,9);
10       date2.SetDate(1999,3,9);
11       age = date1.GetYear() - date2.GetYear();
12       cout << "He is " << age << " years old." << endl;
13       cout << "His birthday is ";
14       date2.Display();
15       return 0;
16   }
```

例 3-4 讲解

从例 3-4 中，可以看到，对类对象 date1，date2 的数据成员赋值，是通过成员函数 SetDate()实现的，计算 age 也是通过提取数据成员值函数 GetYear()实现，直接调用成员函数 Display()即可完成日期输出。此时对类的数据成员的操作均是通过成员函数间接完成的，这种设置实现了对数据成员的保护，在类外无法直接访问数据成员。

例 3–4 的思考题：

在例 3-4 的 main()函数中添加一条语句：

```
cout << "date1 occupies " << sizeof(date1) << " bytes." << endl;
```

与例 3-1 的输出结果比较，你能得出什么结论？

通常在实际应用中，不建议使用第一种在类说明内部实现成员函数的方法，因为这样的说明导致成员函数被默认为内联函数。那么什么是内联函数呢？

在一个函数首部的最前面增加**关键字 inline**，该函数就被声明为**内联函数**。其工作原理是：编译器在编译代码时会设法以内联函数的函数体代码代替函数调用，这样可以避免调用函数时的大量系统开销，从而加速代码运行；同时，编译器扩展内联函数时，必须考虑代码的语义，以避免有可能产生的歧义。

当一个类的成员函数在类说明中实现时，默认其为内联函数。编译器并不一定总是能插入内联函数的代码（如递归函数或返回地址的函数），但通常应该没有问题，内联函数最适用于那些非常短的简单函数，如 CDate 类中的 SetDate()、Display()等。因为这样函数会执行得更快，而且插入函数体代码并不会显著增加可执行模块的大小。

3.2　访问属性

本节要点：

- 理解类访问属性的含义和作用
- 正确访问不同访问属性的成员

从类的定义格式可知，类的任何成员都具有访问属性。关键字 public、private 和 protected 被称为访问权限修饰符或访问控制修饰符，分别表示公有、私有和保护属性，对于一个具体的类，并非一定要拥有全部 3 种访问属性的成员，但至少会有其中一种。各访问属性的功能如表 3-1 所示。根据表 3-1 可以看出以下几点。

（1）public 部分是类为外部提供访问的接口，它定义了类的公有成员，可以被程序中任何部分的代码直接访问，在类外部对类的任何访问都需要通过 public 接口进行。

表 3-1　　类成员的访问属性及作用

访问属性	含义	作用
public	公有成员	既允许该类的成员函数访问，也允许类外部的其他函数访问
private	私有成员	只允许被该类的成员函数访问，不能被其他函数访问
protected	保护成员	只允许该类及其派生类的成员函数访问，不能被外部的函数访问

（2）private 部分定义了类的私有成员，凡需要实现信息隐藏的成员都可以设置为 private 访问属性，这种类型的成员只能被本类成员函数访问，其他函数无法访问。

（3）protected 部分定义了类的保护成员，只能被本类的成员函数、派生类成员函数访问，其他函数无法访问。保护成员与私有成员的访问属性类似，唯一差别在于：该类在派生新类时，保护成员可以被继承，并且在派生类中可以被直接访问，而私有成员在派生类中不可以被直接访问（在第 5 章中详细介绍）。

（4）出于保护数据安全的需要，对于 private 和 protected 成员，外部函数是不能访问的，这也是类封装性的体现。但需要补充说明的是，在极少数情况下，C++语言有特殊机制（见 4.5 节）允许外部访问 private 和 protected 成员。

分析例 3-5 中出现的错误以加深对对象定义、访问权限、成员调用等问题的理解。

例 3-5　找出并改正下面程序中的错误。本程序包含文件 li03_02.h、li03_02.cpp、li03_05_main.cpp。

```
1    //li03_05_main.cpp：找出并改正下面程序中的错误
2    #include<iostream>
3    #include"li03_02.h"
4    using namespace std;
5    int main()
6    {
7       CDate date1,date2;
8       date1.SetDate( 2019, 3, 9 );
9       date2.SetDate( 1999, 3, 9 );
10      cout << "date1.Date_Year=" << date1.GetYear( ) << endl;
11      cout << "date2.Date_Year=" << date2.Date_Year << endl ;
12    /*错误：Date_Year 为对象 Date2 的私有数据成员，不能在 main()函数中
13    直接访问，应改为 date2.GetYear();*/
14      return 0;
15   }
```

例 3-5 讲解

分析：在编译此程序时，编译器会显示以下错误信息。

```
main.cpp(13)：error C2248: "CDate::Date_Year"：无法访问 private 成员（在 CDate 类中声明）
```

即源程序的第 11 行有错误，因为 Date_Year 是 CDate 类中的私有数据成员，在类外不可以由对象用"."操作符直接访问，只能借助于公有成员函数 GetYear( )间接访问。此时，拥有公有属性的成员函数就承担起类对外接口的任务。

将 date2.Date_Year 改为 date2.DateYear()，程序的运行结果如下。

```
date1.Date_Year=2019
date2.Date_Year=2019
```

例 3–5 的思考题：

① 如果将 li03_05_main.cpp 中的"#include"li03_02.h""改为"#include<li03_02.h>"，重新

编译会怎样？为什么？

② 如果将例 3-4 中的函数调用语句“date2.Display();”改为如下形式：

```
cout << date2.Date_Year << "-" << date2. Date_Month << "-"
     << date2. Date_Day << endl;
```

重新编译会怎样？为什么？

③ 如果需要显示单独的数据成员，应该怎样编写输出语句？

3.3　this 指针

本节要点：

- 理解 this 指针的作用

定义一个类的若干对象后，系统会给每个对象分配相应的存储空间，这样每个对象都有属于自己的数据成员，但是，成员函数代码为该类所有对象共享，存放在代码区域。那么成员函数是如何辨别出当前调用自己的是哪个对象，从而对该对象而不是其他对象的数据成员进行处理呢？

原来，在 C++程序中，每个成员函数都有一个特殊的隐含指针，称为 **this 指针**。这个 this 指针用来存放当前对象的地址。当对象调用成员函数时，系统将当前调用成员函数的对象在内存中的地址传递给 this 指针，然后调用成员函数。当成员函数处理数据成员时，可以通过 this 指针指向的位置来提取当前对象的数据成员信息，从而使得不同对象调用同一成员函数处理的是对象自己的数据成员，不会造成混乱。例 3-6 演示了 this 指针的作用。

例 3-6　this 指针的含义和功能，本例以单文件形式实现。

```
1   //li03_06_main.cpp: this 指针的作用示例
2   #include<iostream>
3   using namespace std;
4   class CDate
5   {
6   private:
7      int Date_Year, Date_Month, Date_Day;
8   public:
9      void  SetDate(int ,  int ,  int );
10     void  Display( );
11  };
12  void CDate:: SetDate(int year,  int month,  int day)
13  {
14     Date_Year = year;
15     Date_Month = month;
16     Date_Day = day;
17  }
18  void CDate::Display( )
19  {
20     cout << "调用该函数的对象的 this 指针是";
21     cout << this << endl;                    //输出当前主调对象的地址
22     cout << "当前对象 Date_Year 成员的起始地址: ";
23     cout << &this->Date_Year << endl;
24     cout << "当前对象 Date_Month 成员的起始地址: ";
25     cout << &this->Date_Month << endl;
26     cout << "year=" << this->Date_Year
27          << " ,month=" << this->Date_Month
28          << endl;                            //输出 this 所指对象的数据成员值
```

例 3-6 讲解

```
29  }
30  int main()
31  {
32      CDate dateA , dateB;
33      dateA.SetDate(2019, 3, 9);
34      dateB.SetDate(2002, 1, 29);                      //定义两个对象
35      cout << "dateA 地址:" << &dateA << endl ;        //输出对象 DateA 的地址
36      dateA.Display();
37      cout << "dateB 地址:" << &dateB <<endl ;         //输出对象 DateB 的地址
38      dateB.Display();
39      return 0;
40  }
```

运行结果：

```
dateA 地址:006FFCBC
调用该函数的对象的 this 指针是 006FFCBC
当前对象 Date_Year 成员的起始地址: 006FFCBC
当前对象 Date_Month 成员的起始地址: 006FFCC0
year=2019 ,month=3
dateB 地址:006FFCA8
调用该函数的对象的 this 指针是 006FFCA8
当前对象 Date_Year 成员的起始地址: 006FFCA8
当前对象 Date_Month 成员的起始地址: 006FFCAC
year=2002 ,month=1
```

从运行结果可以看到对象 DateA 和 DateB 占用内存空间情况，以及内存空间中的内容，如图 3-2 所示。在图 3-2 中，将地址 006FFCBC 简写为 BC，其他地址号也简单地以最后两位表示。

C7	C6	C5	C4	C3	C2	C1	C0	BF	BE	BD	BC	…	B3	B2	B1	B0	AF	AE	AD	AC	AB	AA	A9	A8
9				3				2019				…	29				1				2002			
DateA.Date_day				DateA.Date_month				DateA.Date_year					DateB.Date_day				DateB.Date_month				DateB.Date_year			

图 3-2 对象 DateA 和 DateB 占用内存空间情况及内存空间中的内容

内存空间的分配是从高地址端开始的，在图 3-2 中，对象在内存中分配空间的顺序为“先定义的对象占高字节，后定义的对象依次向前占低字节”。而同一个对象的各数据成员，先定义的成员占低字节，后定义的成员占高字节。

执行 DateA. Display( )时，Display ( )函数中的 this 指针接收到的是 DateA 的起始地址 006FFCBC，从而准确地从 DateA 的数据内存空间提取所要操作的数据成员，输出“year=2019, month=3”。

执行 DateB.Display ( )时，Display( )函数中的 this 指针接收到的是 DateB 的起始地址 006FFCA8，从而准确地从 DateB 的数据内存空间提取所要操作的数据成员，输出“year=2002, month=1”。例 3-6 在不同机器上的运行结果呈现的地址信息会有不同，因为编译器在各机器上分配的存储空间不同。

例 3–6 的思考题：

① 将例 3-6 中的函数 SetDate()的 3 条语句均改写成带 this 指针的语句。

② 将例 3-6 中的函数 Display( )中的最后一条语句改写成：

```
cout << "year=" << Date_Year <<" ,month =" << Date_Month << endl;,
```

重新编译运行，结果是否有变化?

3.4　构造函数与析构函数

本节要点：

- 掌握构造函数的定义方法、特点和作用
- 掌握无参构造函数与带默认参数值的构造函数的定义与使用
- 掌握复制构造函数的定义与使用
- 掌握析构函数的定义与使用

编译系统为不同数据类型的变量在内存中分配的存储空间大小不同。类是用户自定义的一种数据类型，其结构多种多样。当定义类的对象时，编译系统同样根据其所属的类的类型分配相应的存储空间，并进行合理的初始化，在 C++语言中，这部分工作由构造函数完成。当对象生命期结束时，析构函数完成对象存储空间的回收和相关的善后事务。构造函数与析构函数是类的两种特殊函数，每一个类都包含这两种特殊函数，并且都由系统自动调用。虽然前面举例时没有提到构造函数与析构函数，但事实上均自动调用了系统自动生成默认的构造函数和析构函数，当然这两个函数也可以由用户自行设计，但仍然由系统自动调用。

3.4.1　构造函数

构造函数是类的一种特殊的成员函数。在定义类的对象时，系统会自动调用构造函数来创建并初始化对象。在例 3-6 中，CDate 类没有用户自定义构造函数，为了正确地为对象的数据成员赋初值，类定义中提供了 SetDate( )函数，但是用户可能在创建一个 CDate 类的对象之后忘记调用成员函数 SetDate( )，如以下代码所示。

```
1    #include "li03_02.h"
2    int main()
3    {
4       CDate today;
5       cout<<"One day is:";
6       today. Display();                          //输出日期的信息
7       return 0;
8    }
```

因为对象 today 没有初始化，所以运行该程序会输出 3 个随机数。但是程序在编译过程中并没有指出这个错误，这就会给用户带来不必要的麻烦。而对于没有设置为 public 属性的数据成员，更不能以任何方式从类外部访问这些成员。必须有更好的办法，那就是使用构造函数。系统可以自动调用构造函数在创建对象的同时使数据成员获得初始值。

构造函数与普通成员函数的定义方式完全相同，其实现可以在类内，也可以在类外。除了具有一般成员函数的特征外，构造函数还具有以下特殊的性质。

（1）构造函数的函数名必须与类名相同，以类名为函数名的函数一定是类的构造函数。

（2）构造函数没有返回值类型，给构造函数指定返回类型是错误的，即使添加“void”也是不允许的。如果不小心指定了一个构造函数的返回类型，编译器会报告一条错误信息，错误号为 C2380。

（3）构造函数为 public 属性，否则定义对象时无法自动调用构造函数，编译时会出现错误提示。

（4）构造函数只在创建对象时由系统自动调用，所定义的对象在对象名后要提供初始化对象所需的实际参数。注意，既然在定义对象的同时，系统已经完成了对象的初始化工作，就不能在程序中写出形如：**对象名.构造函数名（实际参数表）**的构造函数调用。

下面通过例子来说明构造函数的应用。

例 3-7 将 CDate 类中的 SetDate 函数改用带参构造函数形式定义。本程序包含文件 li03_07.h、li03_07.cpp、li03_07_main.cpp。

```
1   //li03_07.h: CDate 类结构
2   #include<iostream>
3   using namespace std;
4   class CDate
5   {
6   private:
7       int Date_Year,  Date_Month,  Date_Day;
8   public:
9       CDate(int , int , int );                //构造函数原型声明
10      void Display( );
11  };
```

例 3-7 讲解

类成员函数的外部实现代码 li03_07.cpp 如下。

```
1   //li03_07.cpp:CDate 类成员函数实现
2   #include"li03_07.h"
3   CDate::CDate(int y, int m, int d )  //在类体外实现构造函数
4   {
5       cout << "Executing constructor…\n"; //刻意加入的输出语句，用来
6                          //体现构造函数由系统自动调用完成对数据成员的初始化
7       Date_Year = y;
8       Date_Month = m;
9       Date_Day = d;
10  }
11  void CDate::Display()
12  {
13      cout << Date_Year << "-" << Date_Month << "-" << Date_Day << endl;
14  }
```

例 3-7 中的 li03_07_main.cpp 的代码如下。

```
1   //li03_07_main.cpp: 用带参数构造函数创建对象
2   #include"li03_09.h"
3   int main()
4   {
5       CDate today(2019,3,9);          //定义对象同时完成对象的初始化
6       cout << "Today is:" ;
7       today.Display();
8       return 0;
9   }
```

运行结果：

```
Executing constructor…
Today is:2019-3-9
```

输出结果显示系统在创建对象 today 时自动调用构造函数，因为是带参数的构造函数，所以在定义对象 today 时，需给出构造函数所需的实参表(2019,3,9)。根据构造函数的实参，给 today 的数据成员 Date_Year、Date_Month 和 Date_Day 分别赋初值 2019、3 和 9。

对例 3-7 做简单修改如下。

```
1    //li03_07_main.cpp：无名对象的定义
2    #include"li03_07.h"
3    int main()
4    {
5        CDate today(2019,3,9);             //定义对象同时完成对象的初始化
6        cout << "Today is:" ;
7        today.Display();
8        today=CDate(2020,3, 16);           //此处并非调用构造函数，而是定义无名对象
9        cout << "Today is:" ;
10       today.Display();
11       return 0;
12   }
```

运行结果：

```
Executing constructor…
Today is:2019-3-9
Executing constructor…
Today is:2020-3-16
```

此时输出结果显示系统两次调用构造函数。除了定义 today 时调用构造函数外，在语句“today=Date(2020, 3, 16);”中，程序定义了一个无名对象（即在此处省略了对象名），同时自动调用构造函数对无名对象进行了初始化，并将该对象赋值给 today，执行效果相当于如下语句，只是省略了对象名。

```
CDate A(2020, 3, 16 );
today=A;
```

“today=Date(2020, 3, 16);”涉及了对象间的赋值，简单地说就是将对应的数据成员依次复制。在后续内容中会有详细介绍。

例 3–7 的思考题：

将例 3-7 main()中的第一条语句“CDate today(2019,3,9);”修改为“CDate today;”，重新编译肯定有错误信息，如何以最简单的方式修改程序，保证 main 函数的第一条语句为“CDate today; ”时，程序运行结果与例 3-7 的运行结果相同？

3.4.2　系统默认构造函数及无参构造函数

构造函数可以创建对象并初始化对象，任何类的对象在创建时必定要自动调用构造函数。那么，在例 3-7 之前的程序都没有定义构造函数，对象是如何创建的呢？

试着修改例 3-7，在 li03_07_main.cpp 中添加 tomorrow 的声明语句。

```
CDate tomorrow ;
```

这里没有给 tomorrow 提供初始值，当重新生成解决方案时，将得到一条错误信息。

```
error C2512: “CDate”: 没有合适的默认构造函数可用
```

为什么呢？C++规定，如果在类定义中没有定义构造函数，编译器就会自动生成一个**默认的构造函数**，该构造函数无形式参数，也无任何语句，其功能仅用于创建对象，为对象分配空间，但不初始化其中的数据成员，系统默认构造函数的形式如下。

```
类名( )
{ }
```

但是编译器并非总是会自动生成一个默认构造函数，否则就不会出现如上的错误代码 error C2512。实际情况是：在类定义时，若没有自定义构造函数，编译器就会生成一个默认的无参构造函数。**如果类定义中已经为类提供了任意一种形式的构造函数，编译器就不会再提供默认的无**

参构造函数。

因此，每次定义类对象时，编译器都会自动查找并匹配最合适的构造函数。例如，定义对象时没有提供实际参数，编译器就会匹配无参构造函数，如果类中已定义了其他有参构造函数而没有定义无参构造函数，C++编译器就会给出一个前文那样的错误提示。

例 3-7 在 CDate 类中定义了一个带 3 个形式参数的构造函数，则系统不再提供默认的构造函数，在定义对象 tomorrow 时找不到匹配的无参构造函数形式。解决这个问题的办法之一是：在 CDate 类中重载一个无参的构造函数，以适应“CDate tomorrow;”这样的定义语句，即在类定义中增加如下代码。

```
CDate( )
{ }
```

经过上述修改后，主函数中的“CDate tomorrow;”语句就成为合法语句了。

如果希望构造函数在给数据成员分配空间的同时初始化数据成员，可以在实现它时提供一个函数体，例如下面的构造函数定义。

```
CDate( )
{
    Date_Year=Date_Month=Date_Date=0;
}                                   //表示通过构造函数将数据成员初始化为 0
```

因此编程时，如果希望定义的类能够适应定义对象的各种情形，就要充分利用构造函数的可重载性，给出多种形式的构造函数。

在使用构造函数时务必**注意**以下两点。

（1）一个类可以拥有多个构造函数。对构造函数可以进行重载，重载的多个构造函数必须在形式参数的类型、个数和顺序等至少一方面不一样，要注意避免出现二义性。

（2）若用户没有定义构造函数，系统会为每个类自动提供一个不带形式参数的构造函数。但是，此时该构造函数只负责为对象的各个数据成员分配空间，而不提供初值。一旦用户自己定义了构造函数，系统就不再提供默认的无参构造函数，这时的无参构造函数需要用户自己定义。

3.4.2 节的思考题：

假设类定义中已有如下两个构造函数。

```
CDate(int y, int m, int d );
CDate( );
```

下面的语句合法吗？如果有问题，原因是什么？

```
CDate day1(2011,5,1);
CDate day2;
CDate day3 (2011);
CDate day4( );
```

3.4.3 具有默认参数值的构造函数

对于带参数的构造函数，在定义对象时必须给构造函数传递参数。在第 2 章介绍函数时，我们知道在函数原型中可以给函数的形参指定默认值，类的成员函数（包括构造函数）也可以同样操作，这就是带默认参数值的成员函数。如果将成员函数的定义放在类定义中，就可以在函数首部直接对形参指定默认值，如果类定义中只包括函数原型，函数的实现是类外给出的，则默认参数值应该放在原型声明中。

例 3-8 带默认参数值的构造函数。

```
1   //li03_08.h：带默认参数值的构造函数的类结构
2   #include<iostream>
3   using namespace std;
4   class CDate
5   {
6   private:
7       int Date_Year, Date_Month, Date_Day ;
8   public:
9       CDate(int y=2000, int m=1, int d=1 ); //带默认参数值的构造函数
10      void Display();
11  };
```

例 3-8 讲解

li03_08.cpp 的代码如下。

```
1   //li03_08.cpp:CDate 类成员函数实现
2   #include"li03_08.h"
3   CDate::CDate(int y , int m , int d)  //函数实现时不能再提供默认参数值
4   {
5       cout << "Executing constructor…" << endl;
6       Date_Year = y;
7       Date_Month = m;
8       Date_Day = d;
9   }
10  void CDate::Display()
11  {
12      cout << Date_Year << "-" << Date_Month << "-" << Date_Day << endl;
13  }
```

li03_08_main.cpp：验证以不同方式创建对象，代码如下。

```
1   //li03_08_main.cpp：带默认参数值的构造函数创建对象
2   #include"li03_08.h"
3   int main()
4   {
5       CDate initiateday;          //定义对象不提供实际参数，全部采用默认值
6       CDate newday(2019);         //只提供一个实际参数，其余两个采用默认值
7       CDate today(2019,3,9);      //提供 3 个实际参数
8       cout << "Initiateday is:";
9       initiateday.Display();
10      cout << "Newday is:";
11      newday.Display();
12      cout << "Today is:";
13      today.Display();
14      return 0;
15  }
```

运行结果：

```
Executing constructor…
Executing constructor…
Executing constructor…
Initiateday is:2000-1-1        //结果为默认值
Newday is:2019-1-1             //仅月、日为默认值
Today is:2019-3-9              //结果中无默认值
```

在 CDate 类中，构造函数的 3 个参数分别拥有默认参数值 2000、1 和 1。因此，在定义对象时，可根据需要使用其默认值。main()函数中定义了 3 个对象，传递参数的个数不同，使得它们的私有数据成员 Date_Year、Date_Month 和 Date_Day 获得不同的值，从而输出不同的结果。**在定义构造函数时，为避免出现因参数数量不同而找不到合适的构造函数，建议构造函数采用带默认参数值的形式比较安全。**

例 3-8 的思考题：

在 li03_08_main.cpp 中增加一条定义语句"CDate otherday(2011,4);"，同时在"return 0;"之前增加一条语句"otherday.Display( );"，重新编译程序，结果是否正确，新增的最后一行输出结果是什么？

3.4.4 初始化列表

在此前的代码中，我们在构造函数体中使用赋值语句初始化对象的数据成员，还可以用另一种方式——初始化列表。下面是文件 li03_08.cpp 中 CDate 类构造函数的另一个版本，其中展现了初始化列表的用法。

```
1  CDate::CDate(int y , int m , int d) : Date_Year ( y),
2                             Date_Month ( m), Date_Day ( d)
3  {
4      cout<<"Executing constructor…"<<endl;
5  }
```

上述代码没有在构造函数中用赋值语句来设定数据成员的初始值，而是使用了出现在函数首部的初始化列表。它同样可以实现用 y 初始化 Date_Year，m 初始化 Date_Month，d 初始化 Date_Day。注意：构造函数的初始化列表与形参列表间以"："分隔，各个初始化的成员之间以"，"分隔。初始化列表是初始化对象某些特殊数据成员的唯一方法。

3.4.4 节的思考题：

若定义一个柜子类型 CCupboard：

```
class CCupboard
{
    double Length , Width, Height ;
public: …//  声明各成员函数
};
```

柜子可能是正方体的，也可能是长方体的，要实现用语句"CCupboard box(50);"来定义一个边长为 50 的正方体柜子，构造函数应怎样设计？

3.4.5 复制构造函数

复制构造函数也是一种重载版本的构造函数，它是用一个已存在的对象初始化另一个新创建的同类对象。该函数的参数与普通构造函数不同，是一个同类对象的常引用。高效地传递对象，也能保证源对象不被修改。

复制构造函数的函数首部原型如下。

```
类名(const 类名&对象名);            //复制构造函数声明
```

如果设计类时不写复制构造函数，编译器就会自动生成。在大多数情况下，其作用是实现从源对象到目标对象逐字节的复制，使得目标对象的每个成员变量都与源对象相等。编译器自动生成的复制构造函数称为"默认复制构造函数"。因此，类中总会存在用户定义或自动生成的复制构造函数。

例如，在例 3-8 中定义了 3 个对象，想添加一个与 newday 相同的 Cdate 对象，希望能够用 newday 对其进行初始化，可不可以呢？修改例 3-8 的 li03_08_main()函数如下。

```
1  int main()
2  {
3      CDate newday(2019);
```

```
4       CDate day=newday;               //用 newday 初始化 day
5       cout << "Newday is:";
6       newday.Display();
7       cout << "day is:";
8       day.Display();
9       return 0;
10  }
```

运行结果：

```
Executing constructor…
Newday is:2019-1-1
day is:2019-1-1
```

正如我们期望的那样，得到了两个同样的日期。但从输出结果来看，仅在创建 newday 时调用了构造函数，那么 day 是怎么创建的呢？这里创建新对象 day 的情形与之前没有定义构造函数时类似——系统调用了编译器提供的默认复制构造函数。

复制构造函数在以下 3 种情况下由系统自动调用。

（1）明确表示由一个已定义的对象初始化一个新对象。

（2）函数的形式参数为一个对象，当发生函数调用、对象作为实参传递给函数形参时，注意，如果形式参数是引用或指针，就不会调用复制构造函数，因为此时不会产生新对象。

（3）对象作为函数返回值。

例 3-9　复制构造函数自动调用示例，注意程序行及运行结果的注释。

```
1   //li03_09.h：定义 CDate 类，其中定义了复制构造函数
2   #include <iostream>
3   using namespace std;
4   class CDate
5   {
6       int Date_Year, Date_Month, Date_Day ;
7   public :
8       CDate(int y = 2000, int m = 1, int d = 1) ;
9       CDate(const CDate &date);    //复制构造函数声明
10      void Display ( );
11  };
```

例 3-9 讲解

li03_09.cpp 为例 3-9 中类成员函数的实现代码。

```
1   // li03_09.cpp：CDate 类成员函数
2   #include"li03_09.h"
3   using namespace std;
4   CDate::CDate(int y, int m, int d):Date_Year(y),
5                    Date_Month (m),Date_Day(d)    //普通构造函数的定义
6   {
7       cout<<"Constructor called.\n";
8   }
9   CDate::CDate( const CDate &date)               //复制构造函数的定义
10  {
11      Date_Year = date.Date_Year;
12      Date_Month = date.Date_Month;
13      Date_Day = date.Date_Day + 1;              //通过函数体将日期后延一天
14      cout<<"Copy Constructor called.\n";
15  }
16  void CDate::Display()
17  {
18     cout<< Date_Year << "-" << Date_Month << "-" << Date_Day << endl;
19  }
```

例 3-9 中的 li03_09_main.cpp 代码如下。

```
1   //li03_09_main.cpp：验证不同情况下调用不同构造函数创建对象
2   #include "li03_09.h"
```

```
3    CDate fun(CDate newdate1)           //普通函数，以类对象作为值形式参数
4    {
5        CDate newdate2(newdate1);       //第 1 种调用复制构造函数的情况，对应第 6 行输出
6        return newdate2;                //第 3 种调用复制构造函数的情况，对应第 7 行输出
7    }                                   //普通函数结束
8    int main()
9    {
10       CDate day1(2019,3,9) ;          //调用普通构造函数，对应第 1 行输出
11       CDate day3;                     //调用普通构造函数，对应第 2 行输出
12       CDate day2(day1) ;              //第 1 种调用复制构造函数的情况，对应第 3 行输出
13       CDate day4=day2;                //对应第 4 行输出，等效于 Date day4(day2);
14       day3= day2;                     //此语句为赋值语句，不调用任何构造函数
15       day3=fun (day2);                //第 2 种调用复制构造函数的情况，对应第 5 行输出
16       day3.Display( );
17       return 0;
18   }
```

运行结果：

```
Constructor called.              //定义对象 day1 调用普通的带参构造函数
Constructor called.              //定义对象 day3 调用普通的构造函数，使用默认参数值
Copy Constructor called.         //定义对象 day2 调用复制构造函数
Copy Constructor called.         //定义对象 day4 调用复制构造函数
Copy Constructor called.         //调用 fun()，实参 day2 传值给 newdate1
Copy Constructor called.         //fun()内部，以 newdate1 为实参定义对象 newdate2
Copy Constructor called.         //函数返回一个类对象时，调用复制构造函数
2019-3-13                        //调用输出函数输出对象 day3 的值
```

请读者认真观察例 3-9 的输出结果以及相应的注释行，理解复制构造函数被调用的 3 种情况。注意最终输出 day3 的日期是 2019-3-13，在设计复制构造函数时，不一定逐成员原样复制，可以根据实际需要编写代码。

3.4.5 节的思考题：

假设类 Point 有 3 个重载的构造函数，其原型分别为：

```
Point( int x, int y) ;  Point ( ) ;  Point ( const Point &t) ;
```

有如下语句，请分析各自调用哪种构造函数。

```
(a)Point  p1(3,5) ;      (b) Point p2;       (c) Point  p3( p1 );
(d)Point  p4 = p1;       (e) p2 = Point( 4,5 ) ;
```

3.4.6 析构函数

创建类的对象时，系统会自动调用构造函数。同样，当对象生命期结束时，需要释放所占的内存资源，程序将自动调用类的析构函数来完成。

析构函数的原型如下。

```
~ 类名();
```

析构函数的实现可以在类内，也可以在类外，与普通成员函数相同。

关于析构函数的几点**说明**如下。

（1）析构函数也是类的成员函数，其函数名与类名相同，但在类名前要加“～”号。

（2）析构函数没有返回值类型，前面不能加“void”，且必须定义为公有成员函数。

（3）析构函数没有形式参数，也不能被重载，每个类有且仅有一个析构函数。

（4）析构函数由系统自动调用执行，在两种情况下会发生析构函数调用：第一种是对象生命

期结束时由系统自动调用；第二种是用 new 动态创建的对象，用 delete 释放申请的内存时，也会自动调用析构函数。

之前的程序中没有用户自定义析构函数，与构造函数类似，系统此时也会提供一个默认的析构函数，其函数体为空，如下所示。

```
~ 类名 ( )
{ }                     //默认的析构函数
```

一般情况下，使用系统默认的析构函数就可以了。但是，如果一个类中申请了一些系统资源，比如在构造函数中申请了动态空间，当对象生命期结束时，通常就应当定义一个析构函数，并在析构函数中释放所有申请的动态空间。

当程序中有多个对象存在时，系统将按照怎样的顺序来构造和析构这些对象呢？对例 3-9 的文件做以下改造。

（1）li03_09.h 头文件中增加析构函数的声明语句“～CDate( );”，另存为 li03_10.h。

（2）li03_09.cpp 文件中增加析构函数的实现代码，并修改构造函数代码，另存为 li03_10.cpp

```
1    CDate::CDate(int y, int m, int d): Date_Year(y), Date_Month (m),
2                        Date_Day(d)  //普通构造函数的定义
3    {
4        cout << "Constructor : " << Date_Year << "-" << Date_Month
5               << "-" << Date_Day << endl;
6    }
7    CDate::~CDate( )
8    {
9        cout << "Destructor : "<<Date_Year << "-" << Date_Month << "-"
10              << Date_Day << endl;
11   }
```

例 3-10　构造函数与析构函数的调用示例，注意二者的调用顺序，本程序由 3 个文件组成：li03_10.h、li03_10.cpp 和 li03_10_main.cpp。

```
1    //li03_10_main.cpp：验证构造函数与析构函数调用顺序
2    #include" li03_10.h"
3    int main()
4    {
5        CDate today;                        //定义一个对象
6        CDate newday(2019,3,9);             //再定义一个对象
7        newday.Display( );                  //调用函数输出
8        return 0;
9    }
```

例 3-10 讲解

运行结果：

```
Constructor : 2000-1-1
Constructor : 2019-3-9
2019-3-9
Destructor : 2019-3-9
Destructor : 2000-1-1
```

例 3-10 中只创建了对象 today 和 newday，随着主函数结束，newday 与 today 的生命期也结束。所以系统在“return 0;”语句之后，立即调用析构函数，完成内存清理等工作。由程序的运行结果可以看出，系统在创建对象时，构造函数的调用顺序与主函数中对象定义的顺序一致，而析构函数的调用顺序与构造函数的调用顺序正好相反。

在后续章节中，会介绍到更加复杂的构造函数与析构函数的调用顺序。一条不变的规则就是：析构函数的调用顺序永远与构造函数的调用顺序相反。因此，只需要关注构造函数的调用顺序就可以了。

3.4.7 析构函数与动态内存分配

程序中经常要为类的数据成员申请动态内存空间。比如在构造函数中，使用 new 操作符申请了一块动态存储空间，那么该对象生命期结束时，申请的存储空间如何释放呢？我们通过一个简单的类来学习在析构函数中释放动态存储空间。

例 3-11 定义了一个字符串操作的类。为了演示析构函数的用法，这里使用了动态内存。

例 3-11 以字符型指针变量为类的数据成员，在构造函数中为该指针变量申请动态存储空间，观察动态内存的使用与析构函数的作用。

```
1   // li03_11.h：文本消息类的设计
2   #include<iostream>
3   #include<cstring>
4   using namespace std;
5   class CMessage
6   {
7   private:
8       char* pmessage;          //字符指针变量
9   public:
10      CMessage(const char* text = "中国一点也不能少!")     //构造函数
11      {
12          pmessage = new char[strlen(text) + 1];       //申请动态空间
13          strcpy_s(pmessage, strlen(text) + 1 , text);
14      }
15      void show()                                      //输出文本
16      {
17          cout << pmessage <<endl;
18      }
19      ~CMessage();                                     //析构函数
20      {
21          cout << "Destructor called.\n";              //仅作为调用标记
22          delete[] pmessage;                           //释放动态空间
23       }
24  };
```

li03_11_main.cpp 的代码如下。

```
1   //li03_11_main.cpp：为类指针动态分配内存
2   #include " li03_11.h"
3   int main()
4   {
5       CMessage Mes1;
6       CMessage Mes2("爱我中华!");
7       CMessage * pm = new CMessage("我爱我的祖国");//这里会调用构造函数
8       Mes1.show();
9       Mes2.show();
10      pm->show();
11      delete pm;                  //释放 pm 指向的内存，这里会调用析构函数
12      return 0;
13  }
```

运行结果：

```
中国一点也不能少!
爱我中华!
我爱我的祖国
Destructor called.
Destructor called.
Destructor called.
```

该类中的构造函数要求实参是字符串，注意参数类型是指向字符串常量的指针变量。在构造函数中通过 strlen 获得字符串实参的长度（不包括字符串的结束标记符号），用 new 操作符申请相应的存储空间，再通过 strcpy_s()字符串复制函数，将字符串复制到申请的动态内存中。该类也提供了析构函数，在对象退出内存时释放申请的动态存储空间。不这么处理的话，如果程序中有大量的 CMessage 对象，将导致系统内存被耗尽，直至系统崩溃。在析构函数中用“delete[ ]pmessage;”释放 pmessage 指向的内存时，注意方括号[ ]不能丢，因为此时释放的是一块连续的字符型动态数组存储空间。

li03_11_main.cpp 中定义了一个没有给定初始值的对象 Mes1、一个有初始值的对象 Mes2，还定义了一个指向 CMessage 的指针 pm，并使用 new 操作符为 pm 申请了内存。new 申请内存的操作会引发 CMessage 类构造函数的调用，因为它申请的是一个 CMessage 类对象的空间。而当后面“delete [ ]pmessage;”释放所申请的内存空间时，也会引发 CMessage 类析构函数的调用。

例 3–11 的思考题：

本例中如果内存分配失败，会抛出异常并终止程序，若希望管理此类故障，让程序顺利运行，应如何优化代码？

3.5　深复制与浅复制

本节要点：

- 认识深复制与浅复制
- 掌握深复制的实现方法

尽管默认的复制构造函数在例 3-9 中完成了复制任务，但只是实现了两个同类对象间的逐成员值复制，我们通常称之为**浅复制**。在实际应用中，浅复制操作不一定能胜任所有场景，并有可能产生严重的错误。

例 3-12　浅复制的局限。

```
1   //li03_12_main.cpp: 用默认的复制构造函数只能实现浅复制，析构时出错
2   #include "li03_11.h"
3   int main()
4   {
5       CMessage Mes1("爱我中华！");
6       CMessage Mes2(Mes1);
7       Mes1.show();
8       Mes2.show();
9       return 0;
10  }
```

该程序在编译时无错误也无警告，但两次调用 show 函数并执行析构函数后，弹出“Debug Assertion Failed”，中断执行。

为什么会出现这种错误呢？下面从执行过程中内存空间的变化情况来分析。

在例 3-12 中，默认复制构造函数的作用是，将类对象 Mes1 指针成员存储的地址复制到 Mes2 中，因为默认复制构造函数实现的复制过程只是将原对象数据成员的值复制到新对象

中。换句话说，Mes1 和 Mes2 两个对象中指针变量存放的是同一个地址，也就是指向同一个字符串。

图 3-3 所示为定义 Mes1 对象时的内存示意图，指针变量 pmessage 指向字符串“爱我中华！”。

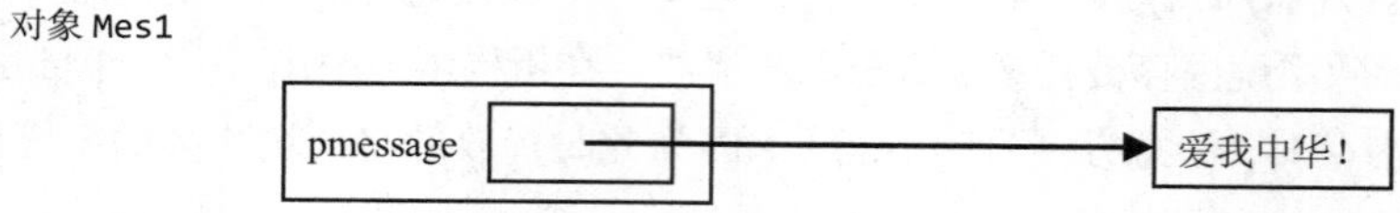

对象 Mes1

pmessage

爱我中华！

图 3-3　Mes1 对象生成时内存示意图

调用默认复制构造函数生成对象 Mes2 后，内存示意图如图 3-4 所示。

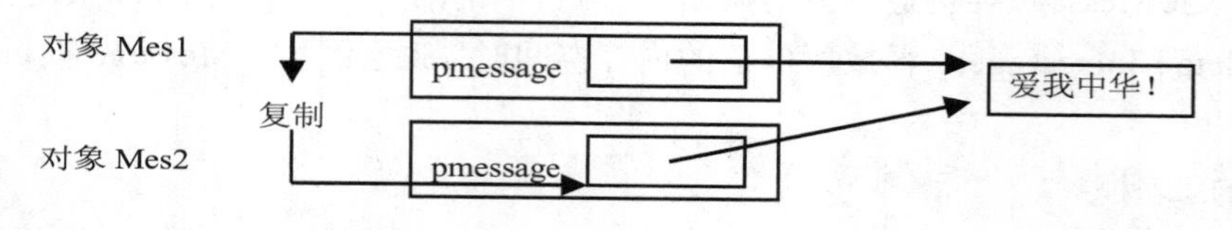

图 3-4　Mes2 对象生成时的内存示意图

在图 3-4 中，对象 Mes1 复制给对象 Mes2 的仅是其数据成员 pmessage 的值，即仅是一个地址值，并没有另外申请动态空间，更没有复制 pmessage 所指向空间的内容“爱我中华”，这种复制称为**浅复制**。此时，任何一个对象对字符串进行修改，都会影响另一个对象，因为两个对象共享相同的字符串。在调用 Mes1.show( )与 Mes2.show( )时看不出有什么问题。但是，当对象生命期结束要撤销对象时，首先由对象 Mes2 调用析构函数，将 pmessage 指向的动态空间释放，此时的内存示意图如图 3-5 所示。

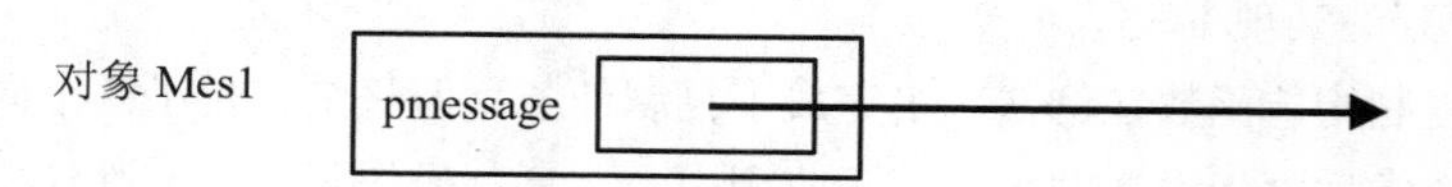

图 3-5　Mes2 对象生命期结束时的内存示意图

从图 3-5 可以看出，对象 Mes1 中的 pmessage 指向已归还的存储空间，成了悬挂指针。因此当对象 Mes1 调用析构函数时，编译器无法正确执行析构函数代码“delete [ ]pmessage”，从而导致出错。

在这种情况下，通过定义复制构造函数实现**深复制**，可以解决浅复制带来的指针悬挂问题。它不是复制地址本身，而是重新申请一块内存，并复制源对象在地址中存储的内容。这样，两个对象的指针成员就拥有不同的地址值，分别指向不同的动态存储空间，但两个动态空间中的内容是完全一样的。

在 li03_11.h 的类定义中增加一个复制构造函数声明，另存为 li03_12.h。

```
1    //li03_12.h：增加复制构造函数
2    CMessage(const CMessage &oMes )
3    {
4        size_t len = strlen(oMes.pmessage) + 1;
5        pmessage = new char[len];
6        strcpy_s(pmessage, len , oMes.pmessage);
7    }
```

这样，在执行“CMessage Mes2(Mes1);”时，系统调用该复制构造函数，使用对象 Mes1 去创建对象 Mes2。Mes2 通过 pmessage 另外申请一块内存空间，然后将 Mes1 中 pmessage 指向空间中存储的“爱我中华！”复制到 Mes2 的 pmessage 指向的存储空间中，如图 3-6 所示。

由图 3-6 可知，Mes1.pmessage 和 Mes2.pmessage 指向不同的存储区域，但两块存储区域中都保存着相同的内容，新对象与旧对象各自独立，析构时不存在指针悬挂的问题，程序可以正确运行。

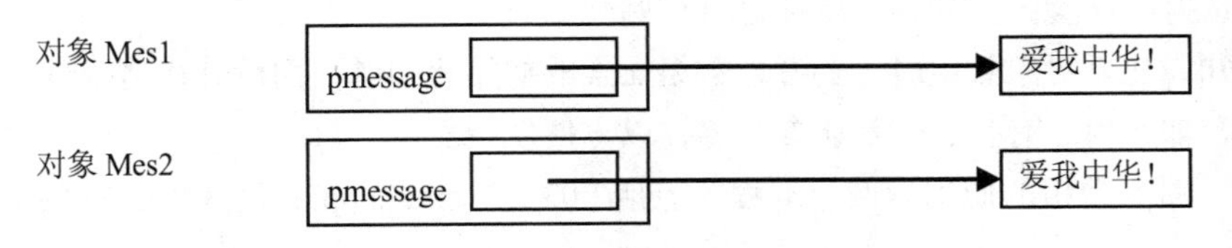

图 3-6　定义复制构造函数实现深复制

深复制与浅复制问题不仅存在于复制构造函数中，在对象的赋值运算中同样存在。这一问题将通过第 6 章的赋值运算符重载解决。

3.6　对象的应用

本节要点：

- 掌握对象数组的使用
- 掌握对象指针的定义与使用
- 掌握对象引用在函数中的应用

与普通数据类型一样，类类型作为一种用户自定义类型，可以用来定义数组构成相同类型数据的集合，也可以用来定义指向类的指针，还可以用来定义对象的引用，当然也可以作为函数的参数使用。

3.6.1　对象数组

对象数组是指数组元素为对象的数组。对象数组的定义、初始化及访问与普通数组在本质上是一样的。只是对象数组的元素有一定的特殊性，即元素不仅包括数据成员，还包括成员函数。

定义一个一维对象数组的格式如下。

```
类名　数组名[元素个数];
```

例如，定义 CDate 类的对象数组 CDate dt[20]。该表达的含义是：定义一个对象数组 dt，dt 拥有 20 个元素，每个元素 dt[i]为一个 CDate 类的对象。这里的 i 表示元素的下标，为 int 型值，范围为 0≤i≤19。

二维及高维对象数组的定义形式可以根据以上形式类推。与基本类型数组一样，在使用对象数组时也只能逐个引用数组元素，即每次只能引用一个对象。通过对象数组，可以访问类的公有成员，一般格式如下。

```
数组名[下标].成员名
```

与普通数组不同，对象数组的元素为对象，因此，对象数组初始化时，每个元素都需要调用构造函数。如果定义数组时要给数组元素赋初值，则需要调用相应的带参构造函数。示例如下。

```
CDate dt[20] = {CDate(2019,5,1), CDate(2019,10,1)};
```

本例中，初始化时，先调用两次有参构造函数分别初始化 dt[0]和 dt[1]，元素 dt[2]至 dt[19]则调用无参或有默认参数值的构造函数进行初始化。

由此可知，建立对象数组时，要考虑数组元素的初始化问题，而设计构造函数时，也要考虑参数的安排，如无参、有参、带默认参数等，以方便使用。

例 3-13 对象数组的使用示例。本程序包括 li03_13_main.cpp 和例 3-9 中的文件 li03_09.h、li03_09.cpp。

```
1    //li03_13_main.cpp：对象数组的使用
2    #include"li03_09.h"
3    int main()
4    {
5       CDate array[3]=
6              { CDate(2019,3,8),  CDate(2019,3,11) };
7       for(int i=0; i<3;  i++)
8         array[i].Display( );
9       return 0;
10   }
```

运行结果：

```
Constructor called.        //调用构造函数初始化 array[0]
Constructor called.        //调用构造函数初始化 array[1]
Constructor called         //调用构造函数初始化 array[2],使用默认参数值
2019-3-8                   // array[0].Display( )产生的输出
2019-3-11                  // array[1].Display( )产生的输出
2000-1-1                   // array[2].Display( )产生的输出
Destructor called.         // array[2]对象生命期结束，析构
Destructor called.         // array[1]对象生命期结束，析构
Destructor called.         // array[0]对象生命期结束，析构
```

3.6.2 对象指针

指向类对象的指针称为对象指针。对象指针是用于存放同类对象地址的指针变量，定义及使用方法与普通指针一样。

对象指针的定义格式如下。

```
类名    *对象指针名;
```

通过对象指针访问对象成员的方法与结构体指针相同，可以有两种形式。

```
指针变量名->成员名  或   (*指针变量名).成员名
```

因为对象数组名实际上是对象指针常量，所以也可以用这两种形式访问成员。

```
(对象数组名+下标)->成员名  或   *(对象数组名+下标) .成员名
```

例 3-14 对象指针的使用示例。本程序包括 li03_14_main.cpp 和例 3-9 中的头文件 li03_09.h、li03_09.cpp。

```
1    //li03_14_main.cpp：对象指针的使用
2    #include"li03_09.h"
```

```
3   int main()
4   {
5       CDate array[3]=
6               { CDate(2019,3,8),  CDate(2019,3,11) };
7       CDate *p=array ;
8       for( ; p<array+3;  p++) //用指针访问数组中的元素
9          p->Display( );
10      return 0;
11  }
```

程序输出结果与例 3-13 完全相同。

将例 3-14 程序中的 for 循环语句换成以下语句：

```
for(int i=0;  i<3;  i++)
    (array+i)->Display( );
```

也能得到同样的输出效果。这时是通过数组名而不是指针变量来访问数组的元素。

例 3-15　用对象指针申请动态空间，生成动态对象、动态对象数组。本程序包括 li03_15_main.cpp 和例 3-9 中的头文件 li03_09.h、li03_09.cpp。

```
1   //li03_15_main.cpp：动态对象及动态对象数组示例
2   #include"li03_09.h"
3   int main()
4   {   //申请 1 个对象的动态空间，并将首地址赋给对象指针 q
5       CDate *q=new CDate(2019, 3, 9);
6       cout<<"one  dynamic object is:"<<endl;
7       q->Display( );
8       delete q;   //释放 q 对象的动态空间，调用 1 次析构函数
9       q=new CDate[ 3 ];    //生成动态一维对象数组，调用 3 次无参构造函数
10      q[0]=CDate(2019, 5, 1);     //调用有参构造函数，生成无名对象赋值给 q[0]
11      q[1]=CDate(2019, 10, 1);    //调用有参构造函数，生成无名对象赋值给 q[1]
12      for (int i=0;i<3;i++)
13          q[i].Display( );
14      delete [ ]q;                //释放对象数组动态空间，调用 3 次析构函数
15      return 0;
16  }
```

运行结果：

```
Constructor called.                  //调用构造函数生成对象*q
one  dynamic object is:
2019-3-9
Destructor called.                   //析构对象*q
Constructor called.                  //利用指针 q 申请了 3 个元素的动态一维数组空间，从此行
Constructor called.                  //开始的 3 行输出为 3 次调用默认构造函数
Constructor called.
Constructor called.                  //构造无名对象对 q[0]赋值
Destructor called.                   //析构无名对象
Constructor called.                  //构造无名对象对 q[1]赋值
Destructor called.                   //析构无名对象
2019-5-1                             //输出动态一维数组元素的信息
2019-10-1
2000-1-1
Destructor called.                   //从此行开始的 3 行调用析构函数，释放动态一维数组空间
Destructor called.
Destructor called.
```

3.6.3　对象引用

对象引用与一般变量的引用类似，是一个已经定义对象的别名。引用本身不再另外占用内存

空间，它与它代表的对象共享同一个单元。对象引用也必须在定义时初始化。

例 3-16 对象引用的声明及使用示例。本程序包括 li03_16_main.cpp 和例 3-9 中的头文件 li03_09.h、li03_09. cpp。

```
1   //li03_16_main.cpp：对象引用的使用示例
2   #include "li03_09.h"
3   CDate DateA( 2019, 3, 13 ), DateB( 2019, 5, 1 );
4   CDate &pDate=DateA;    //引用 pDate 初始化为对象 DateA 的别名
5   void f( )              //用于输出对象 DateA、DateB 和引用 pDate 的值
6   {
7       DateA. Display ( );
8       DateB. Display ( );
9       pDate. Display ( );
10  }
11  int main()
12  {
13      cout<<"original DateA,DateB,pDate:"<<endl;
14      f( );
15      pDate = DateB; //相当于 DateA=DateB，pDate 仍是 DateA 的别名
16      cout<<"after pDate=DateB,  DateA,DateB,pDate:"<<endl;
17      f( );            //此处输出的 DateA、DateB、pDate 值一定相等
18      pDate = CDate(2019, 10, 1) ;
19          //修改引用 pDate 的值，相当于 DateA = Date(2019, 10, 1);
20      cout<<"after pDate=Date(2019, 10, 1),  DateA,DateB,pDate:"
21          <<endl;
22      f( );   //此处输出的 DateA 和 pDate 值一定相等，而 DateB 保持原值
23      return 0;
24  }
```

运行结果：

```
Constructor called.
Constructor called.
original DateA,DateB,pDate:
2019-3-13
2019-5-1
2019-3-13
after pDate=DateB,  DateA,DateB,pDate:
2019-5-1
2019-5-1
2019-5-1
Constructor called.
Destructor called.
after pDate=Date(2019, 10, 1),  DateA,DateB,pDate:
2019-10-1
2019-5-1
2019-10-1
Destructor called.
Destructor called.
```

分析：从运行结果可以看到，引用在初始化后，不会随着赋值语句的执行而成为另一个对象的别名。

引用在编程中最多的用法是作为函数的形式参数。第 2 章专门讲述了引用作为形式参数和返回值的用法和优点。当引用类型为类类型时，其用法与普通类型一样。3.4.5 节介绍的复制构造函数的形式参数就是本类对象的常引用。

例 3–16 的思考题：

将 li03_16_main.cpp 中的“CDate &pDate = DateA;”修改为两条语句：“CDate &pDate; pDate = DateA;”，重新编译，观察错误信息并解释原因。

3.6.4　对象参数

使用类类型作为函数的形式参数时，与普通数据类型一样，可以用类对象作为形式参数进行单向值传递，也可以用对象指针或引用作为形式参数，以实现高效传递信息、修改对应实参等目的。

1．对象作为函数参数

以类对象作为函数的形式参数，在函数调用时，需要用实参对象初始化形参对象，这时会发生复制构造函数调用。另外，与基本类型变量作为函数形参类似，以类对象作为形参，也是单向值传递。因此，在函数中对形参对象的任何修改，均不影响对应的实参对象本身。

关于对象作为值形式参数的用法，在例 3-9 中的 fun()函数已经有所涉及，例 3-17 将重点介绍参数的设置和工作原理。

例 3-17　对象作为函数形参实现单向值传递，本程序包括头文件 li03_17.h、li03_17.cpp 和 li03_17_main.cpp。

在例 3-9 的头文件 li03_09.h 中添加成员函数声明。

```
void ModifyDate( int, int, int);
```

将修改后的头文件另存为 li03_17.h。

在 li03_09.cpp 中添加类外实现 ModifyDate()函数的代码，将修改后的文件另存为 li03_17.cpp。

```
1   //li03_17.cpp：添加修改日期的函数 ModifyDate()
2   void CDate::ModifyDate(int y, int m, int d)  //修改日期函数的定义
3   {
4       Date_Year = y;
5       Date_Month = m;
6       Date_Day = d;
7   }
```

li03_17_main.cpp 的代码如下。

```
1   //li03_17_main.cpp：对象作为函数参数的传值过程
2   #include"li03_17.h"
3   void Fun(CDate DateVar)   //普通函数 Fun()的定义，参数为值形式参数
4   {
5       DateVar.ModifyDate( 2019, 3, 13 );
6       DateVar. Display ( );
7   }
8   int  main()
9   {
10      CDate DateA;
11      DateA. Display ( );
12      Fun(DateA);  //实参对象单向传值给形参对象，调用复制构造函数
13      cout<<"after calling fun() DateA:";
14      DateA.Display ( );
15      return 0;
16  }
```

例 3-17 讲解

运行结果：

```
Constructor called.                  //调用构造函数生成实参对象
2000-1-1                             //输出实参对象的值
Copy Constructor called.             //参数传递时调用复制构造函数
2019-3-13                            //形式参数对象的值被修改
Destructor called.                   //函数 Fun()退出时，形式参数对象生命期结束
after calling fun() DateA:2000-1-1        //输出实参对象的值未改变
Destructor called.                        //实参对象生命期结束，调用析构函数
```

从运行结果可以看到：类对象作为形参时与基本类型的变量作为形参的原理一样，在调用之初，将实参的值复制给形参，在函数体内对形参的改变不会影响实参。由于形参是局部自动变量，因此在函数结束时，形参对象生命期结束，将自动调用析构函数释放内存。

2. 对象指针作为函数参数

根据例 3-17 的内容，用对象作为值形参时，需要调用复制构造函数，有一定的时间开销，复制类对象本身，也需要有空间开销。因此，如果频繁调用此类函数，代码的时间和空间效率都会较低。可以想到，在调用函数时，如果仅将对象的地址传递给函数参数，而不是复制整个对象，代码的效率将会提高。以类对象指针作为形式参数可以达到这一目标。

当对象指针作为函数的形参时，就可以通过单向传地址的方式，将实参对象的地址传给同类型指针形参。这个过程不会产生新的对象，也就不会调用复制构造函数。在函数中，也可以通过指针访问地址存储的内容，读、写都非常方便快捷。

由于指针变量本身占用的存储空间是固定的，与所指对象占用空间的大小无关。因此用对象指针作为形参，可以提高运行效率，减少时间和空间开销。

例 3-18 对象指针作为形式参数的使用示例，本程序包括头文件 li03_17.h、li03_17.cpp 和 li03_18_main.cpp 。

```
1   // li03_18_main.cpp：对象指针作为形式参数的使用示例
2   #include"li03_17.h"
3   void Fun(CDate *pDate)        //对象指针作为普通函数 Fun()的形式参数
4   {
5       pDate -> ModifyDate(2019, 3, 13);   //修改
6       pDate -> Display ( );
7   }
8   int  main()
9   {
10      CDate DateA( 2019 );
11      DateA. Display ( );                  //输出对象的值
12      Fun( &DateA ) ;                      //实参对象地址单向传给形参对象指针
13      Cout << "after calling fun( ) DateA: ";
14      DateA. Display ( );                  //实参对象的值已改变
15      return 0;
16  }
```

运行结果：

```
Constructor called.                      //调用构造函数生成实参对象 DateA
2019-1-1                                 //输出实参对象的值
2019-3-13                                //输出对象 DateA 的值
after calling fun() DateA: 2019-3-13     //输出实参对象的值，已间接修改
Destructor called.                       //实参对象生命期结束
```

分析：从运行结果中可以看到，以对象指针作形式参数，不产生新对象，因此不调用复制构造函数；通过指针不仅可以访问实参对象的值，还可以修改实参对象的值。注意，调用语句中的实际参数必须以实参对象地址的形式给出，如例 3-18 中的“Fun (&DateA) ;”语句。

3. 对象引用作为函数参数

与基本类型的变量一样，对象引用既可以作为函数的形式参数，也可以作为函数的返回值。如果用对象引用作为形参，发生函数调用时，对象引用形参就成为实参对象的别名，同样不产生新对象，不调用复制构造函数，也无需额外占用内存空间。将对象引用作为返回值，还可以使函

数的调用作为左值使用，这在第 6 章的输入、输出运算符重载时特别有用。由于对象引用形参是实参对象的一个别名，双方共享存储单元，因此函数中对引用的操作就是对实参对象的操作。在修改对应实参对象方面，引用具有与指针类似的效果，但是语法比指针简洁许多，更直观，更便于理解。

例 3-19 对象引用作为函数形参的使用示例，本程序包括头文件 li03_17.h、li03_17.cpp 和 li03_19_main.cpp。

```
1   //li03_19_main.cpp：对象引用作为形式参数的使用示例
2   #include"li03_17.h"
3   void Fun(CDate &pDate)       //对象指针作为普通函数 Fun()的形式参数
4   {
5       pDate.ModifyDate(2019, 3, 13);      //修改指针指向的对象的值
6       pDate.Display( );
7   }
8   int  main()
9   {
10      CDate DateA(2019);
11      DateA.Display( );             //输出对象的值
12      Fun (DateA) ;                 //实参对象初始化引用形参
13      cout<<"after calling fun() DateA: ";
14      DateA.Display( );             //实参对象的值已改变
15      return 0;
16  }
```

例 3-19 讲解

运行结果与例 3-18 一致。

分析：例 3-19 以引用作为形式参数。通过运行结果可以看到，对象引用 pDate 在函数调用时成为实参对象的别名，因此对 pDate 所做的操作实质上就是对实参对象进行的操作，pDate 数据成员的改变就是实参对象数据成员的改变。

对象引用在函数中的另一种用法是将引用作为返回值，这样函数就可以作为左值使用。

例 3-20 对象引用作为函数返回值的使用示例。

```
1   // li03_20_main.cpp：对象引用作为函数返回值的使用示例
2   #include"li03_17.h"
3   CDate &Fun(CDate &pDate)    //对象引用作为普通函数 Fun()的形式参数
4   {
5       pDate.ModifyDate( 2019, 3 ,13 );      //修改引用的值
6       cout<<"reference pDate:\n";
7       pDate.Display( );
8       return pDate;
9   }
10  int  main()
11  {
12      CDate DateA(2019),tDate;
13      cout<<"Before right Fun, DataA:\n";
14      DateA.Display();
15      cout<<"Before right Fun, tDate:\n";
16      tDate.Display();
17      tDate=Fun(DateA);                     //Fun 作为右值被调用
18      cout<<"After right Fun, DateA:\n";
19      DateA.Display( );
20      cout<<"After right Fun, tDate:\n";
21      tDate.Display( );
22      Fun(DateA)=CDate(2019,10,1);          //Fun 作为左值被调用
23      cout<<"After left Fun, DateA:\n";
24      DateA.Display();                      // DateA 的值改变成无名对象的值
```

例 3-20 讲解

```
25      cout<<"After left Fun, tDate:\n";
26      tDate.Display();                    //本次调用与 tDate 无关，保持原值
27      return 0;
28  }
```

运行结果：

```
Constructor called.         //调用构造函数生成 DateA
Constructor called.         //调用构造函数生成 tDate
Before right Fun, DataA:
2019-1-1                    //函数 Fun 调用前的 DateA
Before right Fun, tDate:
2000-1-1                    //函数 Fun 调用前的 tDate
reference pDate:
2019-3-13                   //调用函数 Fun 时，对引用参数 pDate 的修改
After right Fun, DateA:
2019-3-13                   //函数 Fun 调用后的 DateA，通过引用参数得到了修改
After right Fun, tDate:
2019-3-13                   //tDate 通过赋值获得函数 Fun 调用后的结果也变了
Constructor called.         //生成无名对象时调用一次构造函数
reference pDate:
2019-3-13                   //调用函数 Fun 时，对引用参数 pDate 的修改
Destructor called.          //无名对象生命期结束，调用析构函数
After left Fun, DateA:
2019-10-1                   //函数 Fun 作为左值调用后的 DateA 得到修改
After left Fun, tDate:
2019-3-13                   //本次 Fun 函数作为左值调用与 tDate 无关，tDate 保持原值
Destructor called.          //tDate 生命期结束，调用析构函数
Destructor called.          //DateA 生命期结束，调用析构函数
```

分析：本程序中，最难理解的就是语句“Fun(DateA)=CDate(2019,10,1);”的执行效果。首先调用 Fun 函数，通过修改引用参数 pDate 实际上是将 DateA 对象的值也修改成了 2019-3-13，而函数返回 pDate 实际上就是返回 DateA，在主函数中作为左值调用时，实际上的赋值语句相当于“DateA=CDate(2019,10,1);”，因此最终 DateA 的值为 2019-10-1。

例 3–20 的思考题：

① 将主函数中作为左值的函数调用语句由“Fun(DateA) = CDate(2019,10,1)”;改为“Fun(tDate) = CDate(2019,10,1);”，重新运行程序，请写出输出结果的最后 6 行，并分析与例 3-20 结果最后 6 行的区别及原因。

② 将例 3-20 中的函数修改为

```
CDate & Fun(CDate  &pDate)              //对象引用作为形参，并返回引用
{   CDate qDate;                         //定义局部自动对象 qDate
    qDate . ModifyDate(2019,  10,  1);
    return qDate;                        //引用返回 qDate，不安全，有告警
}
```

重新编译会产生告警信息，为什么？

3.7 程序实例——学生信息管理系统

在对类的定义与使用有了初步认识之后，可以尝试用面向对象的风格来设计一个相对综合的

系统。本节以学生信息管理系统为例，对设计的过程进行分析和总结。

这里需要设计一个综合的学生信息管理系统，要求能够管理若干学生的档案资料，并实现以下功能：读入学生信息，根据姓名查询学生信息，依次浏览学生信息等。当然一个综合的信息管理系统远不止这些简单功能，在后续章节中会逐步增加，直至实现一个完整的系统。

系统的管理对象是学生，围绕学生来考虑方法与数据，抽象出合适的学生类。根据系统功能要求，首先分析这个学生类应该具有哪些数据成员和成员函数才能满足这些功能需求。

学生对象共同的静态属性包括：姓名、身份证、学号、专业、年龄等基本信息，由此抽象出相应的数据成员。为了满足功能要求，实现对数据成员的操作，首先需要能够展示数据成员的公共接口，即需要一组提取数据成员值的成员函数；其次，合适的构造函数与析构函数；最后，为了满足输入、输出需求，存在一个问题，学生类是用户自定义的类型，不能使用默认的输入输出对象 cin、cout 直接进行操作，在后面的章节中，可以对输入运算符“>>”和输出运算符“<<”进行重载，以适应新类型的要求，在本章节中，先采用成员函数的形式实现输入和输出。

依据以上分析，抽象出例 3-21 中定义的 Student 类，保存为 li03_21_student.h 文件；类体的实现放在与头文件主文件名相同的文件 li03_21_student.cpp 中；主函数放在文件 li03_21_main.cpp 中，这 3 个文件共同组成了本程序。在 VS2010 开发环境中，将这 3 个文件放在一个 project 中。

例 3-21　学生信息管理系统。

```
1    // li03_21_student.h：定义 Student 类
2    #ifndef _STUDENT                       //条件编译
3    #define _STUDENT
4    #include<iostream>
5    #include<string>
6    using namespace std;
7
8    class Student
9    {
10   private:
11       string name;                       //姓名
12       string ID;                         //身份证号
13       string number;                     //学号
14       string speciality;                 //专业
15       int age;                           //年龄
16   public:
17       Student();                         //无参构造函数
18       Student( string na, string id, string num, string spec ,int ag);
19       Student( const Student &per);      //复制构造函数
20       string GetName( );                 //提取姓名
21       string GetID( );                   //提取身份证号
22       string GetNumber( );               //提取学号
23       string GetSpec( );                 //提取专业
24       int GetAge( );                     //提取年龄
25       void Display( );                   //显示学生信息
26       void Input( );                     //输入学生信息
27   };
28   #endif
```

对应 Student 类的成员函数实现 li03_21_student.cpp 的代码如下。

```
1    // li03_21_student.cpp：Student 类成员函数的实现
2    #include "li03_21student.h"
```

```
3    Student::Student()
4    {
5        name = "";
6        age = 0;
7    }
8    Student::Student(string na, string id, string num, string spec,
9             int ag): name(na),ID(id),number(num),
10            speciality(spec),age(age)
11   {   }
12   Student::Student(const Student &per)    //复制构造函数，在此例中没有用到
13   {
14      name = per.name;
15      ID = per.ID;
16      number = per.number;
17      speciality = per.speciality;
18      age = per.age;
19   }
20   string Student:: GetName()              //提取姓名
21   {
22      return name;
23   }
24   string Student::GetID()                 //提取身份证号
25   {
26      return ID;
27   }
28   int Student::GetAge()                   //提取年龄
29   {
30      return age;
31   }
32   string Student::GetSpec()               //提取专业
33   {
34      return speciality;
35   }
36   string Student::GetNumber()             //提取学号
37   {
38      return number;
39   }
40   void Student::Display()                 //输出数据信息
41   {
42      cout << "姓  名：";
43      cout << name<<endl;
44      cout << "身份证：" << ID << endl;
45      cout << "学  号：" << number << endl;
46      cout << "专  业：" << speciality << endl;
47      cout << "年  龄：" << age<<endl << endl;
48   }
49   void Student::Input()                   //输入数据
50   {
51      cout << "输入姓  名：";
52      cin >> name ;
53      cout << "输入身份证号：";
54      cin >> ID ;
55      cout << "输入年  龄：";
56      cin >> age;
57      cout << "输入专  业：";
58      cin >> speciality ;
59      cout << "输入学  号：";
60      cin >> number;
61   }
```

学生信息管理系统的主函数 li03_21_main.cpp 的代码如下。

```
1   //li03_21_main.cpp：包含主函数及其他一些普通函数
2   #include "li03_21_student.h"
3   const int N = 10;
4
5   void menu();
6   void OutputStu( Student *array );
7   void InputStu(Student *array);
8   int SearchStu( Student *array, string na);
9   int count = 0;
10
11  int main()
12  {
13      Student array[N];  //定义学生数组
14      int choice;
15      string na;          //读入选项
16      do
17      {
18          menu();
19          cout << "Please input your choice:";
20          cin >> choice;
21          //if( choice>=0 && choice <= 3 )
22          switch(choice)
23          {
24          case 1:InputStu(array) ; break ;
25          case 2:cout << "Input the name searched:" << endl;
26                 cin >> na;
27                 int i;
28                 i = SearchStu(array, na);
29                 if (i==N)
30                     cout << "查无此人！\n";
31                 else
32                     array[i].Display();
33                 break;
34          case 3: OutputStu(array); break;
35          case 0: cout << "Thanks ,see you ..." << endl ; break;
36          default:cout << "Input error!" << endl;
37              break;
38          }
39      }while(choice);
40      return 0;
41  }
42  void menu()                                         //定义菜单函数
43  {
44      cout << "**********1.录入信息**********" << endl;
45      cout << "**********2.查询信息**********" << endl;
46      cout << "**********3.浏览信息**********" << endl;
47      cout << "**********0.退    出**********" << endl;
48  }
49  void OutputStu( Student *array)                     //输出对象数组元素
50  {
51      cout << "学生总人数 = " << count << endl;
52      for( int i = 0 ; i < count ; i++)
53      array[i].Display();
54  }
55  int SearchStu( Student *array, string na )          //按姓名查询
56  {
57      int i,j = N;
58      for(i = 0 ; i < count ; i++)
59      if( array[i].GetName() == na )
```

```
60            j = i;
61      return j;
62  }
63  void InputStu(Student *array )      //输入对象数组元素
64  {
65      char ch;
66      do
67      {
68          array[count].Input();       //调用成员函数完成一个学生对象的数据输入
69          count++;
70          cout << "继续输入吗？(Y or N )" << endl;
71          cin >> ch;
72      }while((ch == 'Y') || ( ch == 'y'));
73  }
```

运行结果：

```
**********1.录入信息**********
**********2.查询信息**********
**********3.浏览信息**********
**********0.退    出**********
Please input your choice:1
输入姓    名：zhangxiang
输入身份证号：320106200101011819
输入年    龄：18
输入专    业：computer
输入学    号：19040110
继续输入吗？(Y or N )
Y
输入姓    名：wangcheng
输入身份证号：320101200201014011
输入年    龄：17
输入专    业：accounting
输入学    号：19070320
继续输入吗？(Y or N )
N
**********1.录入信息**********
**********2.查询信息**********
**********3.浏览信息**********
**********0.退    出**********
Please input your choice:2
Input the name searched
zhangxiang
姓    名：zhangxiang
身份证号：320106200101011819
学    号：19040110
专    业：computer
年    龄：18

**********1.录入信息**********
**********2.查询信息**********
**********3.浏览信息**********
**********0.退    出**********
Please input your choice:3
学生总人数=2
```

```
姓    名：zhangxiang
身份证号：320106200101011819
学    号：19040110
专    业：computer
年    龄：18

姓    名：wangcheng
身份证号：320101200201014011
学    号：19070320
专    业：accounting
年    龄：17

**********1.录入信息**********
**********2.查询信息**********
**********3.浏览信息**********
**********0.退    出**********
Please input your choice:5
Input error!
**********1.录入信息**********
**********2.查询信息**********
**********3.浏览信息**********
**********0.退    出**********
Please input your choice:0
Thanks ,see you ...
```

上面的程序实现了一个简单的学生信息管理系统，在现实生活中，学生还有很重要的学分、成绩等信息的管理，这些功能读者可以自行添加、模仿改造各函数。

本章小结

本章全面介绍了面向对象程序设计的基石——类和对象，通过将类中的成员设为私有和保护属性体现了面向对象的第一个重要特性——封装性。本章主要内容如下。

（1）类是对具有共同特性的一组对象的抽象，是面向对象程序设计的核心和基础。类与对象的关系是抽象和具体的关系，对象是类的实例。类实际上也是一种类型，与一般类型不同的是，类既包含表现静态属性的数据成员，又包含表现动态属性的成员函数。

（2）类的成员可分为公有、私有和保护 3 种访问控制属性，在类内部可直接访问类的所有成员，而在类外只能通过对象访问类的公有成员。

（3）构造函数、析构函数是类的两种特殊的成员函数。在定义类的对象时，由系统自动调用构造函数。一个类可以有多个重载的构造函数，通过构造函数实现分配对象存储空间和初始化数据成员。复制构造函数是特殊的构造函数，它能够用一个已知的对象去初始化一个新的同类对象。当对象的生存期结束时，系统自动调用析构函数进行必要的清理工作，释放对象占用的内存。一个类有且只有一个析构函数。

（4）对象数组、对象指针、对象引用与普通类型的数组、指针、引用有相似之处，用法也是类似的，对对象数组进行初始化时需要调用构造函数。

（5）用对象、对象指针、对象引用作为形式参数时各有不同的作用。在面向对象程序设计中，对象引用作为形式参数使用最为广泛，当然对象和对象指针也有各自合适的应用场合。

习 题 3

一、单选题

1. 下列类定义格式正确的是________。

A.
```
class st
{
  char s[20];
  int top;
}
```
B.
```
class
{
  char s[20];
  int top;
}
```
C.
```
class st
{
  char s[20];
  int top;
}A;
```
D.
```
class st
{
  char s[20];
  int top;
};A
```

2. 下列正确的类定义或原型声明是________。

A.
```
class Retangle
{
  private:
    int X=15,Y=20;
 };
```
B.
```
class Location
{
    int X;
    int Y,Z;
  public:
    void o(int=0,int=0,int=0);
};
```
C.
```
class Sample
{
  int X, Y;
public:
  Sample(int m, int n)
  {m=X;  n=Y;}
};
```
D.
```
class example
{
  int figure;
  char name;
};
int i=figure;
```

3. 如果 class 类中的所有成员在定义时都没有使用关键字 public、private、protected，则所有成员默认的访问属性为________。

A. public　　B. private　　C. static　　D. protected

4. 下列有关类和对象的说法，不正确的是________。

A. 对象是类的一个实例

B. 任何一个对象只能属于一个具体的类

C. 一个类只能有一个对象

D. 类与对象的关系类似于数据类型与变量的关系

5. 对于任意一个类，析构函数的个数为________。

A. 0　　B. 1　　C. 2　　D. 3

6. 通常类的复制构造函数的参数是________。

A. 某个对象名　　B. 某个对象的成员名

C. 某个对象的常引用名　　D. 某个对象的指针名

二、问答题

1. 类声明的一般格式是什么？
2. 构造函数和析构函数的主要作用是什么？它们各有什么特性？
3. 什么是对象数组？

4. 什么是 this 指针？它的主要作用是什么？

5. 使用对象引用作为函数的形参有什么意义？

三、读程序写结果

1. 写出下面程序的运行结果。

```
// answer3_3_1.cpp
#include <iostream.h>
class B
{
   int x,y;
public:
    B()
{
x=y=0;
        cout<<"con1\t";
    }
    B(int i)
{
x=i;  y=0;
cout<<"con2\t";
    }
    B(int i,int j)
{
x=i;  y=j;
cout<<"con3\t";
    }
    ~B()
{
cout<<"Des\t";
     }
};
int main()
{
B *ptr;
    ptr=new B[3];
    ptr[0]=B();
    ptr[1]=B(1);
    ptr[2]=B(2,3);
    delete [ ]ptr;
    return 0 ;
}
```

2. 写出下面程序的运行结果。

```
// answer3_3_2.cpp
#include<iostream>
using namespace std;
class Sample
{
int x;
public:
    void setx(int i)
{
x=i;
}
    int getx()
{
return x;
 }
};
int main()
{
```

```
Sample a[3],*p;
    int i=0;
    for( p=a ; p<a+3 ; p++ )
       p->setx( i++ );
    for(i=0 ; i<3 ; i++ )
 {
 p=&a[i];
      cout<<p->getx()<<"   ";
   }
 return 0;
}
```

四、编程题

1. 定义一个学生类，设计私有数据成员：

```
年龄  age;
姓名  string name;
```

公有成员函数：

```
构造函数  带参数的构造函数 Student(int m,string n);
          不带参数的构造函数 Student();
改变数据成员值函数      void SetName(int m,string n)
获取数据成员函数        int Getage()
                        string Getname()
```

在 main()中定义一个有 3 个元素的对象数组并分别初始化，然后输出对象数组的信息。

2. 设计一个 Car 类，它的数据成员要能描述一辆汽车的品牌、型号、出厂年份和价格，成员函数包括提供合适的途径来访问数据成员，在 main()函数中定义类的对象并调用相应成员函数。

3. 为一门课写一个评分程序，评分原则如下：

（1）有两次随堂考试，每次满分为 10 分；

（2）有一次期中考试和一次期末考试，每次满分为 100 分；

（3）期末考试成绩占总评成绩的 50%，期中考试占总评成绩的 25%，两次随堂考试总共占 25%；

（4）总评成绩≥90 分为 A，80～89 分为 B，70～79 分为 C，60～69 分为 D，低于 60 分为 E。

设计一个类，记录学生的姓名、各次成绩、总评成绩、对应等级，学生信息由键盘录入，默认总评成绩的等级为 B，其他数据项无默认值。允许修改某次考试成绩，计算总评成绩并给出等级，输出某个同学的全部信息。

主函数的定义如下。

```
int main()
{
    Student Array[5];
    int i;
    for(i=0;i<5;i++)
    {
        Array[i].Input();
        Array[i].Evaluate();
    }
    for(i=0;i<5;i++)
        Array[i].Output();
    return 0;
}
```

4. 设计一个产品类 Product，允许通过如下方式创建产品对象。

通过指定产品名创建。

通过指定产品名和产品价格创建。

通过指定产品名、产品价格、出厂日期（对象成员）创建。

Product 还应该包含如下属性：生产厂家、易碎标记、有效日期（使用对象成员）。设计该类时，至少增加 3 个其他属性。成员函数包括访问和修改这些属性的操作。

在 main()中定义对象，并输出相关信息。

第4章 类与对象的知识进阶

好软件的作用是让复杂的东西看起来简单。

The function of good software is to make the complex appear to be simple.

——Grady Booch，UML 创始人之一

学习目标：

- 对象成员的定义与使用方法
- 理解静态成员的应用
- 了解常成员的应用
- 理解友元的应用

在类的定义中，除了第 3 章介绍的普通的数据成员及成员函数之外，还可以定义其他形式的成员，如对象成员、静态成员、常成员。本章还将介绍友元，进一步探讨在定义类时如何共享和保护信息。

4.1 对象成员

本节要点：

- 认识对象成员
- 掌握对象成员的构造与析构

在日常生活中，一个物体可能由多个零部件组成。比如，一台汽车由发动机、车轮、座椅组成，一只手机由芯片、外壳和显示屏组成等。其中车轮、座椅、芯片、显示屏本身也是独立的个体，概括起来就是：一个对象中包含了其他对象。基于这样的组合方式，在开发程序时，可以在已有简单类的基础上构建新的复杂类，这不仅提高了开发的效率，而且增强了代码的可维护性。

4.1.1 对象成员的定义

对象成员简单地说就是在定义一个新的类型时，可以用已有的类类型实例化对象作为新类的数据成员使用，如图 4-1 所示。

```
class A          class B          class C
{                {                {
    ……               ……           public:
};               };                   ……
                                  private:
                                      int  x;
                                      char  y;
                                      A  obj_a;
                                      B  obj_b;
                                  };
```

图 4-1　对象成员

图 4-1 中共定义了 3 个类：A、B、C。C 类中的数据成员有 4 个，分别是 int 类型的 x、char 类型的 y、A 类型的 obj_a 以及 B 类型的 obj_b。其中 x 和 y 是普通的数据成员，而 obj_a 和 obj_b 是类类型 A 和 B 实例化的对象，在此作为 C 的数据成员出现，称之为**对象成员**。

对象成员和任何其他类成员一样，存在访问属性的问题。如果对象成员在新类中被定义为私有属性，则只能从新类的内部引用，如果将对象成员在新类中被定义为公有属性，就可以在新类的外部对其进行访问，但是对象成员本身的私有属性成员仍然是不可直接访问的。

4.1.2　对象成员的构造与析构

对象成员也是类类型实例化的结果，因此当一个类中包含对象成员时，在实例化对象时也要考虑其对象成员的实例化过程。本节重点介绍对象成员的构造与析构。与普通对象一样，对象成员在创建时需要调用构造函数，在生命期结束时需要调用析构函数。

例 4-1　对象成员构造函数与析构函数的调用次序。

```
1    //li04_01.h：定义包含对象成员的类类型
2    #include<iostream>
3    using namespace std;
4    class A
5    {
6    public:
7       A( )
8       {
9          cout << "创建 A" << endl;
10      }
11      ~A( )
12      {
13         cout << "析构 A" << endl;
14      }
15   };
16   class B
17   {
18   public:
19      B( )
20      {
21         cout << "创建 B" << endl;
22      }
23      ~B( )
24      {
25         cout << "析构 B" << endl;
26      }
27   private:
28      A a;                          //对象成员，B 类中定义了 A 类对象
```

```
29  };
```

li04_01_main.cpp 的代码如下。

```
1   //li04_01_main.cpp：测试对象成员的构造析构过程
2   #include"li04_01.h"
3   int main( )
4   {
5       B  obj;
6       return 0;
7   }
```

运行结果：

```
创建 A
创建 B
析构 B
析构 A
```

（1）从例 4-1 中可以看出，**对象与它内部的对象成员具有相同的生命期**。当对象被创建时，对象成员也会被创建，对象析构时，对象成员也一同被析构。

（2）创建一个对象时，构造函数的调用次序是：首先调用对象成员的构造函数，再调用对象自身的构造函数。析构时的调用顺序完全相反。

例 4-1 是一个较为简单的情形，对象成员的构造函数不需要参数，只是让我们了解含有对象成员时，类类型的构造和析构方式。在实际应用中，大多数的类类型通常是需要带参数的构造函数，那么对于需要传递参数的构造函数来说，这个传递参数的过程放在新类构造函数的初始化列表中解决。其格式为“**成员对象名（实际参数表）**”，见例 4-2。

例 4-2　含有参数的对象成员构造函数的调用。本程序包含第 3 章的 li03_09.h、li03_09.cpp，li04_02_roster.h、li04_02_roster.cpp，以及 li04_02_main.cpp。

```
1   //li04_02_roster.h：定义名单类型 Croster
2   #include<iostream>
3   #include<string>
4   #include"li03_09.h"
5   using namespace std;
6   class Croster
7   {
8   private:
9       string name;
10      CDate birthday;      //CDate 类在 li03_09.h 中定义
11  public:
12      Croster(string na, int y, int m, int d);
13      void Display();
14      ~Croster();
15  };
```

例 4-2 讲解

源文件 li04_02_roster.cpp 实现 Croster 类的成员函数，代码如下。

```
1   //li04_02_roster.cpp：Croster 类成员函数的实现
2   #include"li04_02_roster.h"
3   Croster::Croster(string na, int y, int m, int d):birthday(y, m, d)
4   {
5       cout<<"Croster constructor called.\n";
6       name = na;
7   }
8   void Croster::Display()
9   {
10      cout << name << endl;
11      birthday.Display();
12  }
```

```
13   Croster::~Croster()
14   {
15      cout<<"Croster deconstructor called.\n";
16   }
```

li04_02_main.cpp 的代码如下。

```
1    //li04_02_main.cpp：测试带参数构造函数的参数传递
2    #include"li04_02_roster.h"
3    int main()
4    {
5       Croster stuA("赵焱", 2001, 1 ,29 );
6       stuA.Display();
7       return 0;
8    }
```

运行结果：

```
Constructor called.
Croster constructor called.
赵焱
2001-1-29
Croster deconstructor called.
Destructor called.
```

在例 4-2 中，因为对象成员 birthday 是与 stuA 对象同期构造的，并且在构造 stuA 之前完成，构造 CDate 类对象 birthday 需要的参数由 Croster 的构造函数提供，并通过初始化列表传递给 CDate 类构造函数，若 Croster 的构造函数没有提供后 3 个参数，而在例 3-9 的 CDate 类中，其构造函数带有默认参数值，则 birthday 以默认参数值构造。

例 4–2 的思考题：

① 在例 4-2 中，Croster 类的 Display()函数调用了对象成员所属类的成员函数 Display()完成对对象成员的输出，能否直接用 cout << birthday.Date_Year << endl;来输出年份呢？为什么？

② 若已经定义了一个对象 CDate birth(2000,1,2)，要用 birth 来定义一个 Croster 类对象 stuB：Croster stuB("赵焱", birth);，应怎样设计构造函数？

4.2　静态成员

本节要点：

- 掌握静态成员的定义与使用
- 理解静态成员的意义

在类定义中，除了前面介绍的普通数据成员、成员函数和对象成员外，还可以用关键字 static 声明静态成员。这些静态成员可以在同一个类的不同对象之间提供数据共享，不管这个类创建了多少个对象，但静态成员只有一份复制（副本），为所有属于该类的对象所共享。静态成员包括静态数据成员和静态成员函数。

4.2.1　静态数据成员

在处理复杂对象时，经常需要同类对象之间共享数据。例如，设计一个报名表，需要知道报名表中剩余学生的名额个数，当然可以选择定义一个全局变量来统计剩余学生的名额数，或者设计一个普通的数据成员用来保存总数，但问题是，使用全局变量，数据安全性得不到保障，而类的普通数据成员信息又不易同步和更新，若使用静态数据成员就能很好地解决这个问题。

如图 4-2 所示，在 Croster 类中增加一个静态数据成员 static int Count；对于普通数据成员，在一系列 Croster 的对象中均产生自己的复制，但是静态数据成员 Count 则由各对象共享。

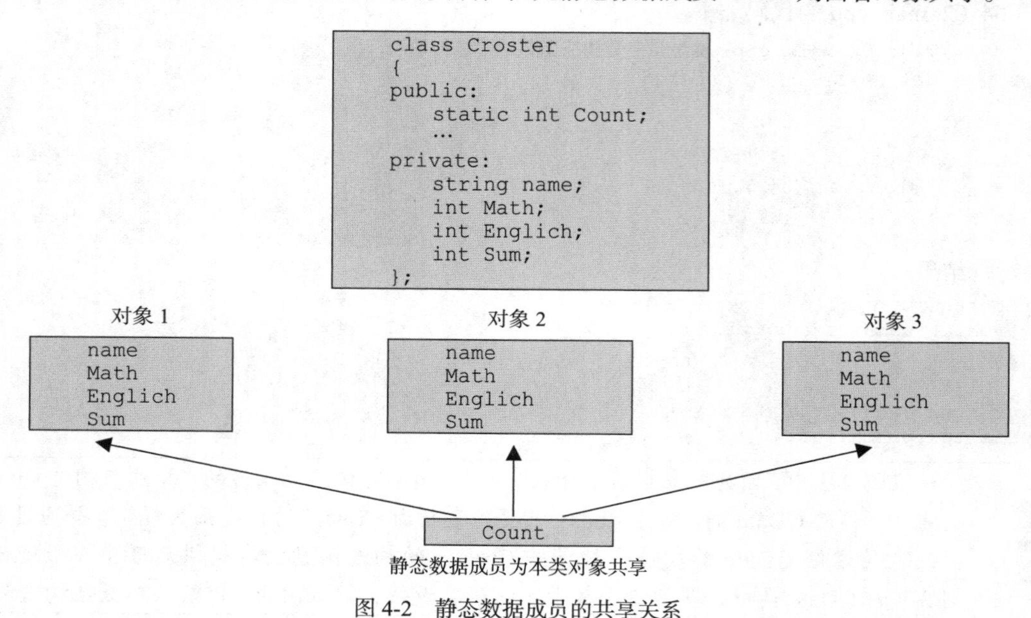

图 4-2　静态数据成员的共享关系

这就带来一个新的问题：如何初始化静态数据成员呢？

如果静态数据成员的初始值就是 0，可以不进行初始化，默认初始值为 0，若初始值为非零值，就需要初始化操作了。但不能在类定义中初始化静态数据成员，类定义只是对实体对象的抽象，并没有分配存储空间，不允许对其中的数据成员指定初始值；也不能在某个成员函数中进行初始化，因为成员函数与具体某个实例有关，而静态数据成员要在创建任何对象之前就被初始化，因此，类中静态数据成员的初始化必须在类外进行，形式如下。

```
类型 类名::静态数据成员名 = 初始值;
```

例如：

```
int Croster :: Count = 100;       //初始化 Croster 类中的静态数据成员 Count
```

类外初始化静态数据成员时，**不需要再使用 static** 关键字，但是需要使用“**类名::**”来限定成员名，以使得编译器理解此处使用的是某个类的静态成员，否则，编译器会理解为只是创建一个与类无关的全局变量。

例 4-3　使用静态数据成员完成对象的计数功能。

```
1    //li04_03_roster.h: 定义 Croster 类
2    #include<iostream>
3    #include<string>
4    using namespace std;
5    class Croster
6    {
7    public:
8        static int Count;
9    private:
10       string name;
11       int Math;
12       int English;
```

例 4-3 讲解

```
13      int Sum;
14   public:
15      Croster(string na="undef", int m=100, int e=100);
16      void Display();
17      int Cumulation();
18   };
```

源文件 li04_03_roster.cpp 实现 Croster 类型，代码如下。

```
1    //li04_03_roster.cpp：实现类 Croster 成员函数
2    #include"li04_03_roster.h"
3    int Croster :: Count = 100;          //初始化静态数据成员为 100 个名额
4    Croster::Croster(string na, int m, int e):name(na),
5                 Math(m),English(e)
6    {
7       cout << "欢迎新同学" << endl ;
8       Sum = Math + English ;
9       Count -- ;                        //每创建一个对象，名额减少一个
10   }
11   void Croster::Display()
12   {
13      cout << name << endl;
14      cout << "Math:" << Math << endl;
15      cout << "English:" << English << endl;
16      cout << "Sum:" << Sum << endl;
17   }
18   int Croster::Cumulation()
19   {
20      Sum = Math + English ;
21      return Sum;
22   }
```

li04_03_main.cpp 的代码如下。

```
1    //li04_03_main.cpp：验证静态数据成员的使用
2    #include"li04_03_roster.h"
3    int main()
4    {
5       cout << "Number of all student = " << Croster::Count << endl;
6       Croster list[3];
7       cout << "Number of all student = " << list[1].Count << endl;
8       Croster stu_A;
9       cout << "Number of all student = " << stu_A.Count << endl;
10      cout << "Number of all student = " << Croster::Count << endl;
11      return 0;
12   }
```

运行结果：

```
Number of Remainder = 100
欢迎新同学
欢迎新同学
欢迎新同学
Number of Remainder = 97
欢迎新同学
Number of Remainder = 96
Number of Remainder = 96
```

例 4-3 中的静态数据成员 Count 为公有属性，因此可以通过类名或对象名直接访问。而引用静态数据成员 Count 的方式对结果没有任何影响。该成员的值是相同的，等于余下的名额。值得注意的是，li04_03_main.cpp 中的第一行语句执行时并没有创建任何对象，此时只能以“类名：：公有静态数据成员”的形式访问，因为即使没有创建任何类对象，类的静态成员也是存在的。

定义一个包含 3 个元素的对象数组后，余下名额为 97，不管用对象数组中的哪个元素访问 Count，结果都是一样的。

例 4–3 的思考题：

① 请将 **li04_03_roster.cpp** 中的语句“int Croster :: Count = 100;”删除或注释掉，重新编译程序观察结果并解释原因。

② 若将例 4-3 中的静态数据成员 Count 设计为 private 属性，重新编译程序观察结果并解释原因。

4.2.2 静态成员函数

在例 4-3 中，静态数据成员 Count 是公有属性，为同类对象共享，可以在类外直接访问，如思考题中提出的问题，如果 Count 不是公有属性，则无法直接用类名或对象名来访问，这时同样需要借助于函数。

将某个成员函数声明为 static，该函数将独立于本类的任何实例。静态成员函数的优点是：即使本类没有创建任何对象，静态成员函数也已存在并可以被调用，在这种情况下，静态成员函数只能访问静态数据成员，不允许访问非静态数据成员。例如，将头文件 li04_03_roster.h 中的静态数据成员修改为私有属性，将 Display()函数修改为静态成员函数，另存为 li04_04_roster.h。

例 4-4 静态成员函数访问静态数据成员示例。

```
1   //li04_04_roster.h：重新定义 Croster 类
2   #include<iostream>
3   #include<string>
4   using namespace std;
5   class Croster
6   {
7   public:
8      static int Count;
9   private:
10     string name;
11     int Math;
12     static int Sum;                          //增加私有静态数据成员 Sum
13  public:
14     Croster(string na="undef", int m=100);
15     static void Display();                   //静态成员函数
16  };
```

源文件 li04_04_roster.cpp 实现 Croster 类型，代码如下。

```
1   //li04_04_roster.cpp：实现静态成员函数
2   #include"li04_04_roster.h"
3   int Croster :: Count = 100 ;                //初始化静态数据成员为 100 个名额
4   int Croster :: Sum ;                        //默认初始值为 0
5   Croster::Croster(string na, int m):name(na),Math(m)
6   {
7      cout << "欢迎新同学" << endl ;
8      Count -- ;
9      Sum += Math;                             //对 Math 变量进行累加
10  }
11
12  void Croster::Display()
13  {
14     //cout << "name: " << name <<endl;
15     //静态成员函数不允许访问非静态成员
```

```
16      cout << "Sum:" << Sum << endl;
17      if ( Count == 100 )
18          cout << " Average = 0 " << endl ;
19      else
20          cout << "Average = " << Sum*1.0/(100-Count) << endl;
21  }
```

li04_04_main.cpp 的代码如下。

```
1   //li04_04_main.cpp：测试静态成员函数的使用
2   #include"li04_04_roster.h"
3   int main()
4   {
5       //cout << Croster :: Sum << endl;   //私有静态成员不可访问
6       Croster::Display() ;       //无任何对象时，可用类名调用静态成员函数
7       Croster list[3] = { Croster("赵焱",95),
8                           Croster("钱朵",90),Croster("孙力",92)};
9       list[1].Display() ;
10      Croster stu_A("李梅");
11      stu_A.Display();
12      return 0;
13  }
```

运行结果：

```
Sum:0
Average = 0
欢迎新同学
欢迎新同学
欢迎新同学
Sum:277
Average = 92.3333
欢迎新同学
Sum:377
Average = 94.25
```

（1）li04_04_main.cpp 中第 5 行代码试图在程序开始输出私有静态数据成员 Sum，这是不允许的。

（2）若需要了解在没有创建任何对象前，私有静态数据成员的情况，可以用**类名::静态成员函数**进行操作。

（3）因为静态成员函数没有 this 指针，所以无法对非静态数据成员进行访问操作。

例 4-4 的思考题：

能否将程序 li04_04_main.cpp 中的语句“list[1].Display();”修改成“Croster::Print( );”，重新生成解决方案并运行，观察结果并解释原因。

4.3　常对象

本节要点：

- 认识常对象

在第 3 章设计的 CDate 类中，Display()函数只是完成日期的输出，并没有修改调用自身的那个对象的属性，返回 Date_Year 成员值的 GetYear()函数也没有修改数据成员。这些简单的输出和提取数据成员的操作看似普通，其实有重要意义。

在程序设计中，经常需要创建固定的类对象，比如在例 4-4 中，stu_A 创建了一个报名对象，希望该同学提供的信息不要被修改，如何保证呢？可以考虑将对象定义为常对象，也就是在创建这个对象时进行如下定义。

```
const Croster stu_A("李梅");
```

如果将某个实例声明为 const，则编译器不允许该对象调用任何可能修改它的成员函数。与基本数据类型的常量一样，在定义常对象时**必须进行初始化**，而且不能修改其对象的数据成员值。这就造成常对象不能调用类中的普通成员函数，因为，普通函数可能会修改数据成员值，而常对象的任何数据成员值都不允许被修改，来看例 4-5。

例 4-5 常对象示例。

```
1   // li04_05_roster.h: 重新定义 Croster 类
2   #include<iostream>
3   #include<string>
4   using namespace std;
5   class Croster
6   {
7   private:
8       string name;
9       int Math;
10      double Score;                    //学分
11      double GPA;                      //绩点
12  public:
13      Croster(string na="undef", int m=100, double s=3 );
14      double GetGPA();                 //计算绩点
15      void Display();                  //输出
16  };
```

源文件 li04_05_roster.cpp 实现 Croster 类型，代码如下。

```
1   //li04_05_roster.cpp: 实现类 Croster 成员函数
2   #include"li04_05_roster.h"
3   Croster::Croster(string na, int m, double s ):name(na),
4                                            Math(m),Score(s)
5   {}
6   double Croster::GetGPA()                 //计算绩点
7   {
8       GPA = Math/100.0*Score;
9       return GPA;
10  }
11  void Croster::Display()
12  {
13      cout << name << "get " << Math << endl;
14      cout << "Your GPA is " << GetGPA() << endl;
15  }
```

li04_05_main.cpp 的代码如下。

```
1   //li04_05_main.cpp: 测试定义常对象调用普通成员函数失败
2   #include"li04_05_roster.h"
3   int main()
4   {
5       const Croster stu_A("赵焱", 92, 3);
6       stu_A.Display();
7       return 0;
8   }
```

在例 4-5 中，stu_A 对象用 const 声明为常对象，生成解决方案时会提示如下错误。

```
error C2662: "Croster::Display":不能将"this"指针从"const Croster"转换为"Croster &"
```

通常 this 指针可理解为是一个指针常量（A const *this），在对象调用成员函数时，相当于用对象的地址初始化该指针常量，这样在成员函数中访问数据成员皆隐含使用 this 指针，声明常对象时，其 this 指针就理解为指向常量的指针常量(const A const *this)，此时若传递给成员函数的 this 指针没有被指定为 const，则编译器不允许调用，为解决这个问题，4.4.2 节将会帮助我们弄清楚如何使成员函数中的 this 指针指向常对象。

4.4　常成员

本节要点：

- 常数据成员的定义与使用
- 常成员函数的定义与使用

C++语言通过将类中的数据成员设置为私有或保护属性，为数据的安全提供了一定的保障。但是，数据的共享必定带来数据安全隐患，在程序设计时就要设法避免这种不经意的疏忽。

为解决数据共享与数据安全的统一，C++语言通过适时地巧用关键字 const，对相应的数据进行保护。例如，第 2 章介绍过，在引用或指针形式参数的最前面加上 const 关键字，第一重保障就起作用了，因为该参数在函数中不能被修改，也就不会引起对应实参的变化。

那么，在面向对象的程序设计中，有时要求类内的某一数据成员是不能被修改的，常数据成员可以满足这一要求；有时，要求类的成员函数只能访问类内的其他成员而不允许修改，这就需要定义常成员函数。

4.4.1　常数据成员

如普通的常量一样，在类中有时需要用到常量。而这些常量如果按以往的方法定义为全局常量，显然不利于代码的移植。在类中，允许定义常数据成员，仅在本类中起作用，方便了类的移植。

常数据成员在类内的定义形式如下。

```
const 类型名　常数据成员名;
```

与基本数据类型的常量一样，在定义常数据成员时**必须进行初始化**，假设在 Croster 类中增加一个常量 PI 作为数据成员，能不能在类的构造函数体中用这样的语句来定义呢?

const double PI=3.14;这条定义语句放在类外是完全没有问题的，但是如果放在构造函数体中，就会提示如下的错误信息。

```
error C2864: “Croster::PI”:只有静态常量整型数据成员才可以在类中初始化
error C2758: “Croster::PI”:必须在构造函数的成员初始值设定项列表中初始化
```

也就是说，常数据成员的**初始化只能在构造函数的初始化列表中进行**，不能在构造函数的函数体中用赋值语句实现，而普通数据成员两种方式均可。

例 4-6　常数据成员的初始化及访问示例。

本例包含对例 4-5 代码进行修改得到的 li04_06_roster.h，li04_06_roster.cpp，以及 li04_06_main.cpp。修改方法如下。

通常某一学科的规定学分是不变化的，因此 Croster 类中的 Score 可以设定为 const，修改

li04_05_roster.h 中的数据成员定义语句，删除原有的学分定义，修改如下。

```
const double Score ;            //将学分定义为常数据成员
```

另存为 li04_06_roster.h。相应地，li04_05_roster.cpp 中构造函数的代码修改如下。

```
1    //li04_06_roster.cpp：常数据成员的初始化只能通过初始化列表进行
2    Croster::Croster(string na, int m, double s ):Score(s)
3    {
4        name = na ;
5        Math = m ;
6    }
```

将修改后的代码另存为 li04_06_roster.cpp ，数据成员 name 与 Math 的初始化可以在初始化列表中进行，也可以在函数体中进行，但是 Score 被定义为常数据成员后，**只能在初始化列表中进行初始化操作**。

li04_06_main.cpp 的代码如下。

```
1    //li04_06_main.cpp：测试常数据成员的初始化
2    #include"li04_06_roster.h"
3    int main()
4    {
5        Croster stu_A("赵焱", 92, 3);
6        stu_A.Display();
7        return 0;
8    }
```

例 4-6 讲解

运行结果：

```
赵焱 get 92
Your GPA is 2.76
```

读者需要意识到，类 Croster 的常数据成员 Score，与普通成员相比不可被修改。但它与普通数据成员有一个共性——都是跟着对象走的，也就是说，每个对象中都保留有一份 Score 的复制，显然这样的设计产生数据冗余。实际上，整个类只要一份常数据成员 Score 就可以了。运用 4.2.1 节的知识，将静态成员与常数据成员结合起来考虑，不难得到，解决这一问题的方法可以是将 Score 定义为**静态常数据成员**。

静态常数据成员的定义就是在常数据成员定义之前增加一个关键字 **static**。

静态常数据成员的初始化就不可以在初始化列表中完成了，与静态数据成员类似，要在类定义结束后单独初始化。对于多文件结构，该初始化一定不能放在头文件中。因此，例 4-5 的修改方法如下。

（1）在 li04_06_roster.h 头文件中将 const double Score ;修改如下。

```
static const double Score ;         //将学分定义为静态常数据成员
```

（2）在 li04_06_roster.cpp 文件中增加一条语句。

```
const double Croster::Score=3.0;    //完成静态常数据成员的初始化
```

对应的构造函数将不再对 Score 成员进行初始化，修改如下。

```
Croster::Croster(string na, int m ):name(na), Math(m)
{}
```

请读者自行在编译器中调试运行，观察结果。

例 4-6 的思考题：

若构造函数采用如下格式：

```
Croster::Croster(string na, int m, double s ) :
                                    name(na), Math(m)
Score = s;
```

重新编译，观察显示的信息并解释。

4.4.2 常成员函数

为了使成员函数中的 this 指针指向常对象，必须在类定义中将该函数声明为 const。换句话说，如果一个成员函数对类中的数据成员只做访问而不做直接或间接的修改，则最好将此成员函数说明为常成员函数，以明确表示它对数据成员的保护性。常成员函数的原型声明格式如下。

```
类型  函数名(形式参数表) const;
```

这里的 const 是函数类型的一个组成部分，因此在常成员函数的原型声明及函数定义的首部都要使用关键字 const。

关键字 **const** 可以作为与其他成员函数重载的标志，例如，同一个类中有两个函数的原型声明：**void Print( );** 和 **void Print( )const;**，二者都是正确的重载函数。

特别提醒以下几点。

（1）只能将成员函数声明为 const，对普通的函数不能这样声明，这样的声明使该函数中的 this 指针指向常对象，则类中的数据成员不可以出现在赋值符号的左边。

（2）常成员函数不能调用该类中未经关键字 const 修饰的普通成员函数。由于普通成员函数可以改变数据成员的值，如果允许被常成员函数调用，则说明常成员函数可以间接修改数据成员的值，显然，这与常成员函数保护本类内部数据成员的初衷相左，因此不被允许。但是反过来，普通成员函数可以调用常成员函数。

例 4-7 常成员函数的定义及调用示例。在例 4-3 的基础上修改而成。

```
1   //li04_07.h: 重新定义 Croster 类
2   #include<iostream>
3   #include<string>
4   using namespace std;
5   class Croster
6   {
7   private:
8       string name;
9       int Math;
10      const double Score;            //定义学分为常数据成员
11      double GPA;                    //绩点
12  public:
13      Croster(string na="undef", int m=100, double s=3 );
14      double GetGPA() const;         //常成员函数返回绩点
15      void Display() const;          //常成员函数完成输出
16      void Display() ;               //普通成员函数完成输出
17  };
```

例 4-7 讲解

源文件 li04_07.cpp 实现 Croster 类型，代码如下。

```
1   //li04_07.cpp: 关键字 const 可以作为与其他成员函数重载的标志
2   #include" li04_07_roster.h"
3   Croster::Croster(string na, int m, double s ):name(na),
4   Math(m), Score(s)
5   {
6       GPA = Math/100.0*Score;        //计算绩点
7   }
8   double Croster::GetGPA() const
```

```
9     {
10        return GPA;
11    }
12    void Croster::Display()
13    {
14        cout << "This is void Display()." << endl;
15        cout << name << "get " << Math << endl;
16        cout << "Your GPA is " << GetGPA() << endl;
17    }
18    void Croster::Display() const
19    {
20        cout << "This is void Display() const." << endl;
21        cout << name << "get " << Math << endl;
22        cout << "Your GPA is " << GetGPA() << endl;
23    }
```

li04_07_ main.cpp 的代码如下。

```
1     //li04_07_ main.cpp：测试常成员函数重载
2     #include"li04_07.h"
3     int main()
4     {
5         const Croster stu_A("赵焱", 92, 3);       //定义常对象
6         Croster stu_B("孙立", 98, 3);             //定义普通对象
7         stu_A.Display();
8         stu_B.Display();
9         return 0;
10    }
```

运行结果：

```
This is void Display() const.
赵焱get 92
Your GPA is 2.76
This is void Display().
孙立get 98
Your GPA is 2.94
```

该程序中的 Display()函数有重载的版本，一个是常成员函数，另一个是普通成员函数，通过函数首部的最后是否有 const 加以区分。至此，在例 4-5 中定义的常对象无法调用成员函数的问题，就可以得到解决，将成员函数重载为常成员函数供常对象使用。

从运行结果可知，同样是调用 Display ()函数，常对象调用的一定是常成员函数 void Display () const，而普通对象在调用时遵循这样的原则：如果有普通成员函数的重载版本，则首先会调用普通成员函数；否则，自动调用常成员函数，因为普通对象也是可以调用常成员函数的。

常成员函数无论是原型声明还是函数定义的首部，都**不能省略 const**。

例 4-7 的思考题：

① 删除 li04_07_roster.h 中的“void Display()”函数声明和对应 li04_07_roster.cpp 中的函数实现，编译运行观察结果。

② 恢复原来的程序，然后将本例中的“void Display()const;”函数声明和对应 li04_07_roster.cpp 中的函数实现删除，其余代码不变，重新编译，观察结果。

4.5　友元

本节要点：

- 认识友元，了解友元的利弊
- 掌握 3 种不同形式的友元的定义及使用

类的一个很重要的特点就是实现了封装和信息隐藏。在定义类时，一般都将数据成员声明为私有成员，以达到隐藏数据的目的，而在类的外部不能直接访问这些私有成员，只能通过类的公有成员函数间接访问，这样安全但有时比较麻烦。对于需要在类的外部直接访问类的私有数据成员的情况，希望有一种新的途径，即在不改变类的数据成员安全性的前提下，能有一个该类外部的函数或另一个类能够访问该类中的私有数据成员。在 C++语言中，通过声明**友元（friend member）**来实现这一功能。

友元共有 3 种不同形式。

（1）一个不属于任何类的普通函数声明为当前类的友元，此函数称为当前类的友元函数。

（2）一个其他类的成员函数声明为当前类的友元，此成员函数称为当前类的友元成员。

（3）另一个类声明为当前类的友元，此类称为当前类的友元类。

4.5.1　友元函数

利用前面已定义的 Croster 类，定义一个普通函数 Equal( )来测试 Croster 类的两个对象，比较两个同学的 GPA 是否相等。

假定 stu_A 和 stu_B 是 Croster 类的两个对象，Equal()函数如下。

```
1    //测试两个 Croster 对象的 GPA 是否相等的普通函数
2    bool Equal( Croster &A, Croster &B)          //定义一个普通函数
3    {
4        if ( A.GetGPA( ) == B.GetGPA( ))
5            return true;
6        else
7            return false;
8    }
```

Equal 函数的定义非常简单，但由于 Equal 是普通函数，不能直接访问类的私有数据成员，因此需要使用取值函数 GetGPA()来提取 GPA 进行比较。这样可以达到访问私有数据成员的目的，但效率不高，毕竟频繁的函数调用有一定的系统开销。如果能直接访问数据成员，代码将变得更简洁高效。

针对上面的情况，使用了一个更简单有效的方法，就是将 Equal( )函数声明为类 Croster 的友元函数，即允许该函数直接访问类的私有成员。如果一个普通函数作为某一个类的友元函数，则在该类的定义中，应该增加对该函数的原型声明，其最前面加上关键字 friend，形式如下。

```
friend  函数返回类型  函数名（形式参数表）；
```

该友元函数的定义可以在类外或类内完成，类外定义更常用。

例 4-8　声明友元函数，用普通函数 Equal()判断 GPA 是否相等。

引入友元机制后，在例 4-7 的基础上做如下修改。

（1）在文件 li04_07.h 中 Croster 类的定义内部增加一行友元函数的原型声明，代码如下。

```
friend bool Equal( Croster& , Croster& ) ;
```

参数采用引用，避免调用复制构造函数，提高代码执行效率，文件另存为 li04_08.h。

```
1   //li04_08.h：在 Croster 类中声明友元函数
2   #include<iostream>
3   #include<string>
4   using namespace std;
5   class Croster
6   {
7       friend bool Equal( Croster& , Croster& ) ;
8       …   //   保留原 Croster 的类定义
9   };
```

例 4-8 讲解

对应的 li04_08.cpp 保持与 li04_07.cpp 相同，不需要改动代码。

li04_08_main.cpp 代码中的 Equal 改为直接访问私有数据成员，代码如下。

```
1   //li04_08_main.cpp：测试用友元函数访问对象的私有数据成员
2   #include"li04_08.h"
3   bool Equal( Croster &A, Croster &B)         //定义一个普通函数
4   {
5       if ( A.GPA == B.GPA)    //友元函数直接访问 Croster 类的私有数据成员
6           return true;
7       else
8           return false;
9   }
10  int main()
11  {
12      Croster stu_A("李梅", 96, 3), stu_B("孙立", 98, 3);
13      if (Equal( stu_A,  stu_B ))
14          cout<<"GPA is the same!\n";
15      else
16          cout<<"GPA is not the same!\n";
17      return 0;
18  }
```

运行结果：

```
GPA is not the same!
```

（1）如果在例 4-8 中仅修改 Equal 函数代码，则必然报错。这是由类的封装和信息隐藏机制决定的。普通函数无法直接访问类的私有成员，必须在 Croster 类定义中将普通函数 Equal()声明为类的友元函数。

（2）通常友元函数是在类的定义中给出原型声明，声明的位置任意，不受访问属性的限制。声明以后的友元函数在类外面给出完整定义，此时前面不再加关键字 friend。例如，例 4-8 中 Equal 函数的声明和定义方法。

说明

（3）友元函数也可以在类内部直接给出定义，定义的首部相当于原型声明。这样的定义默认是内联函数。例 4-8 中的 Equal 函数在类内的定义如下。

```
//在 Croster 类定义中实现 Equal 函数
friend bool Equal( Croster &A, Croster &B)
{
    if ( A.GPA == B.GPA)
            return true;
    else
        return false;
}
```

但这样定义的代码整体的阅读性欠佳，所以建议将友元函数的定义放在类外完成。

（4）友元函数的定义和调用方式与普通函数相同。

（5）友元函数提供了在不同类成员函数之间、类的成员函数与普通函数之间进行数据共享的机制，尤其是一个函数需要访问多个类时，友元函数非常有用。

（6）友元毕竟是打破了封装和信息隐藏机制，因此在安全性和效率之间需做折中考虑。

4.5.2　友元成员

除了普通函数可以作为某个类的友元外，A 类的成员函数也可以作为 B 类的友元，此成员函数称为 B 类的友元成员。友元成员函数不仅可以访问自己所在类的所有成员，也可以借助 B 类型参数访问 B 类型的所有成员。这样，可以使两个类共享数据、相互合作。

例 4-9　将类的成员函数定义为另一个类的友元函数。

```
1   //li04_09.h：在 CDate 类中声明 Croster 类的成员函数 PrintReport()为友元
2   #include<iostream>
3   #include<string>
4   using namespace std;
5   class CDate;                        //前向声明
6   class Croster
7   {
8   private:
9       string name;
10      double GPA;                     //绩点
11  public:
12      Croster(string na="undef", double G = 3 );
13      void PrintReport(const CDate &date) const ;
14  };
15  class CDate
16  {
17      int Date_Year, Date_Month, Date_Day ;
18  public :
19      CDate( int y=2000 , int m=1 , int d=1 ) ;
20      friend void Croster::PrintReport(const CDate &date) const;     //友元成员
21  };
```

例 4-9 讲解

li04_09.cpp 代码如下。

```
1   //li04_09.cpp：成员函数实现
2   #include"li04_09.h"
3   CDate::CDate( int y , int m , int d ) : Date_Year(y), Date_Month(m),
4   Date_Day(d)
5   {}
6   Croster::Croster(string na, double G  ):name(na),GPA(G)
7   {}
8   void Croster::PrintReport(const CDate &date) const
9   {
10      cout << name << "同学本学期获得绩点为：" << GPA <<endl;
11      cout << date.Date_Year << "-" << date.Date_Month
12           << "-" << date.Date_Day;          //访问 CDate 类中的私有成员
13      cout << endl;
14  }
```

li04_09_main.cpp 代码如下。

```
1   //li04_09_main.cpp：测试成员函数为友元
2   #include "li04_09.h"
3   int main()
4   {
5       Croster stu("李梅",3.95);
6       CDate date( 2019,7,10 );
7       stu.PrintReport ( date );
8     //Croster 类对象 stu 调用函数 PrintReport 也显示对象 date 的信息
```

```
9      return 0;
10  }
```

运行结果：

```
李梅同学本学期获得绩点为：3.95
2019-7-10
```

（1）头文件 li04_09.h 的第 5 行 class CDate；为前向声明，遵照先定义后使用的原则，在 Croster 类的函数 PrintReport( )中将 CDate 作为形式参数的类型标识，而 CDate 类在 Croster 类的后面定义，因此在定义 Croster 类之前需要**前向声明** CDate。**前向声明仅是类型说明符，只能用于定义引用或指针，不可以定义对象。**

（2）A 类的成员函数作为 B 类的友元成员时，必须先定义 A 类。在例 4-9 中，Croster 类的成员函数 PrintReport()作为 CDate 类的友元成员，必须先定义 Croster 类，并且在声明友元成员时，要加上成员函数所在类的类名和域解析符，如 friend void Croster::PrintReport(const CDate &date) const;。

（3）使用到友元成员时，在完成 Croster 类型的声明后，不能立即实现其成员函数，因为在 PrintReport()函数中用到的 CDate 类型还没有声明，因此，必须先完成两个类型的声明，再依次实现各类型的成员函数。

4.5.3 友元类

不仅类的成员函数可以声明为另一个类的友元，一个类整体也可以声明为另一个类的友元。若 A 类被声明为 B 类的友元，则 A 类中的所有成员函数都是 B 类的友元成员，都可以访问 B 类的所有成员。

友元类的声明格式如下。

```
friend 类名;
```

例 4-10 友元类的应用示例。本例包含 li04_10_CDate.h、li04_10_CDate.cpp、li04_10_Croster.h、li04_10_Croster.cpp 和 li04_10_main.cpp。

```
1   //li04_10_CDate.h：在 CDate 类中声明 Croster 为友元类
2   #include <iostream>
3   using namespace std;
4   class Croster;              //前向声明
5   class CDate
6   {
7       int Date_Year, Date_Month, Date_Day ;
8   public :
9       CDate( int y=2000 , int m=1 , int d=1 ) ;
10      friend Croster;         //声明 Croster 为友元类
11  };
```

li04_10_CDate.cpp 的代码如下。

```
1   li04_10_CDate.cpp：CDate 类成员函数实现
2   #include" li04_10_CDate.h"
3   CDate::CDate( int y , int m , int d ) : Date_Year(y), Date_Month(m),
4                                    Date_Day(d)
5   {}
```

li04_10_Croster.h 的代码如下。

```
1   //li04_10_Croster.h：定义 Croster 类型
2   #include<iostream>
3   #include<string>
4   using namespace std;
5   class CDate;
```

```
6   class Croster
7   {
8   private:
9       string name;
10      double GPA;                  //绩点
11  public:
12      Croster(string na="undef", double G = 3 );
13      void PrintReport(const CDate &date) const ;
14  };
```

li04_10_Croster.cpp 代码如下。

```
1   //li04_10_Croster.cpp: Croster类成员函数的实现
2   #include" li04_10_Croster.h"
3   #include" li04_10_CDate.h"
4   Croster::Croster(string na, double G  ):name(na),GPA(G)
5   {}
6   void Croster::PrintReport(const CDate &date) const
7   {
8       cout << name << "同学本学期获得绩点为: " << GPA <<endl;
9       cout << date.Date_Year << "-" << date.Date_Month
10                          << "-" << date.Date_Day << endl;
11  }
```

li04_10_main.cpp 代码如下。

```
1   //li04_10_main.cpp: 测试友元类的应用
2   #include "li04_10_Croster.h"
3   #include "li04_10_CDate.h"
4   int main()
5   {
6       Croster stu("李梅",3.95);
7       CDate date( 2019,7,10 );
8       stu.PrintReport ( date );
9         //Croster类对象stu调用函数PrintReport也显示对象date的信息
10      return 0;
11  }
```

运行结果与例 4-9 相同。

（1）在例 4-10 的 CDate 类中，将 Croster 类声明为自己的友元类，等于授予 Croster 类的所有成员函数都可以直接访问 CDate 类的所有成员的权限。所以在 Croster 类的成员函数 PrintReport( )中，可以有 date.Date_Year 的访问形式出现。

（2）友元关系是单向的，不具有交换性，即在 CDate 类中，将 Croster 类声明为自己的友元类，但因为在 Croster 类中，没有将 CDate 声明为友元类，所以 CDate 类的成员函数不可以访问 Croster 类的私有成员。只有两个类都将对方声明为自己的友元类时，才可以实现互访。

（3）友元关系也不具备传递性，即 A 类将 B 类声明为友元，B 类将 C 类声明为友元，此时，C 类并不是 A 类的友元。

总之，友元机制是 C++语言对类的封装机制的补充。通过这一机制，一个类可以赋予某些函数以特权来直接访问其私有成员。类似于在一个四周密闭的盒子上打开一个小孔，外界可以透过小孔来窥探盒子里的秘密。要特别注意，无论 A 类声明了哪种形式的友元，虽然这些友元都拥有访问 A 类所有成员的特权，但它们都不是 A 类的成员。

使用友元可以避免频繁调用类的接口函数，提高程序的运行速度，从而也提高了程序的运行效率。因为有了友元，外界在需要访问类的私有成员时，不再需要调用公有成员函数，特别是在频繁使用类的私有数据成员时，可以节省系统的开销。

4.6 程序实例——学生信息管理系统

本章的程序实例，仍然沿用第 3 章的风格，用 3 个文件组成一个工程完成程序。

在第 3 章的基础上，做以下一些修改。

（1）为统计真正在校的学生人数，将原来的全局变量 count 改为定义在类 Student 中的静态数据成员。为实现不同类之间的数据共享，增加了类 Subject，用于存储选课信息，在类定义中出现了友元类和友元函数，提高访问效率。

（2）为访问 count，特别增加了静态成员函数 static int GetCount( );。

（3）类中不需要修改数据成员值的成员函数可以定义为常成员函数，如 GetName、GetGPA 和 Display 函数。还有一些函数内部的形式参数，必要时加 const 以保护对应实参。

（4）类中增加了两个成员函数：Insert()和 Delete()，服务于后面新增加的插入和删除功能。

（5）主函数中增加了两个功能：插入和删除一条学生记录，因此菜单上增加了两个条目，在流程控制中增加了两个分支。

（6）由于此程序中的删除只是简单地将 GPA 成员和 score 数组元素修改为-1，也就是说，只要 GPA 成员值和 score 数组元素值为-1，就认为此元素位置上的元素值是无效的，可能是随机值，也可能是曾经被删除的，因此在 OutputStu( )函数中，控制输出所有有效元素时的循环控制条件与第 3 章中的不同，同时输出学生总人数时也与原来不同，涉及静态成员函数的访问，读者需要注意对比。

（7）与第（6）项同样的考虑，函数 SearchStu( )的实现也与第 3 章中的不同，循环控制条件需要修改，在对比名字字符串之前，必须先确认该记录是否有效，即判断 GPA 是否为-1。

（8）插入和删除函数中分别考虑了是否满和是否空的边界条件。

例 4-11 学生信息管理系统完整的程序包括 5 个文件：li04_11_student.h、li04_11_student.cpp、li04_11_Subject.h、li04_11_Subject.cpp、li04_11_main.cpp。

```
1   //li04_11_student.h:定义学生类 Student
2   #ifndef _STUDENT
3   #define _STUDENT
4   #include<iostream>
5   #include<string>
6   #include"li04_11_Subject.h"
7   using namespace std;
8
9   class Student
10  {
11      string name;            //姓名
12      string ID;              //学号
13      double GPA;             //绩点
14      static int count;       //实际有意义的学生个数
15  public:
16      Student();
17      Student( string na , string id );
18      string GetName()const;                    //可以定义为常成员函数
19      void ReckonGPA(const Subject &sub);      //计算绩点
```

```
20      double GetGPA() const;     //获取绩点
21      void Display(const Subject &sub)const; //输出全部信息
22      void Display()const;                   //仅输出基本信息
23      void Input();
24      void Insert();
25      void Delete();
26      static int GetCount( );                //新增加的静态成员函数
27      friend void OutputStu(const Student *array );   //友元函数
28  };
29  #endif
```

li04_11_student.cpp 的代码如下。

```
1   //li04_11_student.cpp: 学生类 Student 成员函数的实现
2   #include "li04_11_student.h"
3   int Student::count=0;      //静态数据成员的初始化
4   
5   Student::Student()
6   {
7      name=" NULL ";
8      ID=" NULL ";
9      GPA=-1;
10  }
11  Student::Student(  string na ,string id )
12  {
13     name = na ;
14     ID = id ;
15     GPA = 0 ;
16     count++;
17  }
18  string Student:: GetName()const
19  {
20     return name;
21  }
22  double Student::GetGPA()const
23  {
24     return GPA;
25  }
26  void Student::ReckonGPA(const Subject &sub)
27  {
28     GPA =(  (sub.score[0]-60 )/40.0 *sub.SMath *sub.SMath
29         +  (sub.score[0]-60 )/40.0 *sub.SEng*sub.SEng
30         + (sub.score[0]-60 )/40.0 *sub.SCpp *sub.SCpp)
31         / (sub.SMath + sub.SEng + sub.SCpp) ;
32  }
33  void Student::Display(const Subject &sub) const
34  {
35     cout<<"姓  名: "<<name<<endl;
36     cout<<"学  号: "<<ID<<endl;
37     cout << " Math " <<" SEng "<<" SCpp "<< endl;
38     for(int i = 0 ;i < 3; i++)
39        cout<< sub.score[i]<< "  " ;
40     cout << endl;
41     cout<<"G P A : "<<GPA<<endl<<endl;
42  }
43  void Student::Display()const
44  {
45     cout<<"姓  名: "<<name<<endl;
46     cout<<"学  号: "<<ID<<endl;
47  }
48  void Student::Input()
49  {
```

```
50        cout<<"输入姓  名: ";
51        cin>>name ;
52        cout<<"输入学  号: ";
53        cin>>ID ;
54        count++;                   //每输入一个学生的信息,学生总数加 1
55    }
56    void Student::Insert()        //新增
57    {
58        if (GPA < 0)               //当 GPA 为-1 时,就可以在此对象处重新输入以覆盖
59            Input();
60    }
61    void Student::Delete()        //新增
62    {
63        GPA = -1;                  //只简单地将 GPA 置-1, 而不移动数组元素
64        count--;
65    }
66    int  Student::GetCount( )     //新增静态成员函数,专门用来访问静态数据成员
67    {
68        return count;
69    }
```

li04_11_Subject.h 定义选课类代码如下。

```
1    //li04_11_Subject.h: 定义选课类 Subject
2    #ifndef _SUBJECT
3    #define _SUBJECT
4    #include<iostream>
5    #include<string>
6    using namespace std;
7
8    class Student;                              //前向引用
9    class Subject
10   {
11       int score[3];                           //三门课成绩
12       const int SMath,SEng,SCpp;              //用常量表示学分
13   public:
14       Subject();
15       Subject( int math,int eng ,int cpp );
16       void Display()const;
17       void Input();
18       void Insert();
19       void Delete();
20       friend class Student;                   //声明友元类
21   };
22   #endif
```

li04_11_Subject.cpp 为 Subject 类的成员函数实现，代码如下。

```
1    // li04_11_Subject.cpp: Subject 类成员函数
2    #include"li04_11_Subject.h"
3    Subject::Subject():SMath(0),SEng(0),SCpp(0)
4    {
5        for(int i = 0 ;i < 3; i++)
6            score[i] =-1;
7    }
8    Subject::Subject( int math,int eng ,int cpp ): SMath(4),
9                                                  SEng(3),SCpp(2)
10   {
11       score[0] = math;
12       score[1] = eng;
13       score[2] = cpp;
14   }
15   void Subject::Display() const
```

```
16  {
17      cout << " Math " <<" SEng "<<" SCpp "<< endl;
18      cout << SMath << SEng << SCpp << endl;
19      for(int i = 0 ;i < 3; i++)
20          cout<< "  "<<  score[i];
21      cout << endl;
22  }
23  void Subject::Input()
24  {
25      cout << "请输入成绩: " << endl;
26      cout << "输入 数学:";
27      cin >> score[0];
28      cout << "输入 英语:";
29      cin >> score[1];
30      cout << "输入 C++ :";
31      cin >> score[2];
32  }
33  void Subject::Insert()
34  {
35      if (score[0] < 0)  //当成绩为-1 时,就可以在此对象处重新输入以覆盖
36          Input();
37  }
38  void Subject::Delete()
39  {
40      for(int i = 0 ;i < 3; i++)
41          score[i] =-1;    //只简单地将分数改为-1，不移动数组元素
42  }
```

li04_11_main.cpp 的代码如下。

```
1   //li04_11_main.cpp：定义学生类的对象以及一些函数，完成程序功能
2   #include<iostream>
3   using namespace std;
4   #include "li04_11_student.h"
5   const int N=10;                                       //设置最大元素数量为 10
6
7   void menu();
8   void OutputStu(const Student *array );               //指针形式参数前加 const 保护
9   int InputStu(Student *array);                         //输入基本信息
10  void InputSel(Subject *Selected,int i);              //输入成绩
11  int SearchStu(const Student *array, string na); //按姓名检索
12  int InsertStu(Student *array);                        //插入信息
13  bool DeleteStu(Student *array,Subject *Selected, string na);
14
15  int main()
16  {
17   Student array[N];
18   Subject Selected[N];
19   int choice,i;
20   string na;
21   char ch = 'Y';
22   do
23   {
24       menu();
25       cout<<"Please input your choice:";
26       cin>>choice;
27       if( choice>=0 && choice <= 5 )
28           switch(choice)
29           {
30           case 1:
31                   while (ch == 'Y' || ch == 'y')
32                   {
```

```
33                  i=InputStu( array );
34                  InputSel( Selected,i );
35                  array[i].ReckonGPA(Selected[i]);
36                  cout << "继续输入吗? 请输入 Y or N: ";
37                  cin >> ch;
38              }
39              break;
40          case 2:
41              cout<<"Input the name searched:"<<endl;
42              cin>>na;
43              int i;
44                  i=SearchStu(array, na);
45              if (i==N)
46                  cout<<"查无此人! \n";
47              else
48                  array[i].Display(Selected[i]);
49              break;
50          case 3: OutputStu(array); break;
51          case 4: i=InsertStu(array);
52                  if (i)
53                  {
54                      cout<<"成功插入一条记录\n";
55                      cout << "录入成绩吗? 请输入 Y or N: ";
56                      cin >> ch ;
57                      if (ch == 'y'||ch == 'Y')
58                      {
59                          Selected[i].Input();
60                          array[i].ReckonGPA(Selected[i]);
61                      }
62                  }
63                  else
64                      cout<<"插入失败!\n";
65                  break;
66          case 5:cout<<"Input the name deleted:"<<endl;
67              cin>>na;
68              if ( DeleteStu(array,Selected,na) )
69                  cout<<"成功删除一条记录\n";
70              else
71                  cout<<"删除失败!\n";
72              break;
73          default:break;
74          }
75      }while(choice);
76      return 0;
77  }
78  void menu()
79  {
80      cout<<"**********1.录入信息**********"<<endl;
81      cout<<"**********2.查询信息**********"<<endl;
82      cout<<"**********3.浏览信息**********"<<endl;
83      cout<<"**********4.插入信息**********"<<endl;   //新增菜单
84      cout<<"**********5.删除信息**********"<<endl;   //新增菜单
85      cout<<"**********0.退    出**********"<<endl;
86  }
87  void OutputStu( const Student *array )
88  {
89      cout<<"学生总人数="<<Student::GetCount()<<endl;  //此句有修改
90      for(int i=0 ; i<N; i++)
91          if(array[i].GPA != -1)
92          {
```

```
93              cout<<"姓  名: "<<array[i].name<<endl;
94              cout<<"学  号: "<<array[i].ID<<endl;
95          }
96  }
97  int SearchStu( const  Student*array, string na)
98  {
99      int i,j=N;
100     for(i=0 ; i<N ; i++)                          //此句有修改,循环控制条件
101         if (array[i].GetGPA() != -1)              //保证是有效记录
102          if( array[i].GetName() == na )
103          {
104             j=i;
105             break;
106         }
107     return j;
108 }
109 int  InputStu(Student *array )                    //此函数与第 3 章中有较大修改,请注意
110 {
111     int i=0;
112     if (Student::GetCount()==N)
113         cout<<"人数已满,无法继续录入!"<<endl;
114     else
115     {
116         while (array[i].GetGPA()> 0 )
117             i++;
118          array[i].Input();
119     }
120     return i;
121 }
122 void InputSel(Subject *Selected ,int i)
123 {
124     Selected[i].Input();
125 }
126 int InsertStu(Student *array)
127 {
128     int i=0;
129     if (Student::GetCount()==N)           //判断是否有位置插入记录
130     {
131         cout<<"人数已满,无法插入记录!"<<endl;
132         return 0;
133     }
134     while ( array[i].GetGPA() != -1 )
135         i++;                              //找第一个 GPA 为-1 的空位置
136     array[i].Insert();
137     return i;
138 }
139 bool DeleteStu(Student *array, Subject *Selected, string na)
140 {
141     if (Student::GetCount()==0)
142     {
143         cout<<"没有记录,无法删除!"<<endl;
144         return false;
145     }
146     int  i=SearchStu(array, na);          //调用查找函数,判断此人是否存在
147     if (i==N)
148     {
149         cout<<"查无此人,无法删除!\n";
150         return false;
151     }
152     array[i].Delete();                    //如果存在,直接删除
```

```
153        Selected[i].Delete();
154        return true;
155 }
```

运行结果：

```
**********1.录入信息**********
**********2.查询信息**********
**********3.浏览信息**********
**********4.插入信息**********
**********5.删除信息**********
**********0.退   出**********
Please input your choice:1
```

这是开始运行时的输入界面，可以根据菜单的提示，选择菜单项完成各项功能。

本章小结

本章介绍同类对象间数据共享与保护相关的问题，以及能够提高代码效率的友元。主要内容如下。

（1）对象成员的使用构成类与类之间的组合关系，提高了代码的重用性。

（2）静态数据成员由所有同类对象共享，必须在类外初始化。对于公有静态数据成员，可以通过类名或对象名直接访问；对于私有静态数据成员，则需要通过静态成员函数间接访问。

（3）静态成员函数一般专门用来操作静态数据成员，设为 pubic 属性，可以通过类名或对象名来调用，静态成员函数与一般成员函数相比，最大的区别是它没有 this 指针。

（4）常数据成员提供了一个不变化的量，只在类范围内起作用。常数据成员的初始化必须在类构造函数的初始化列表中完成。一般将常数据成员定义为静态常数据成员，以避免数据冗余。

（5）常成员函数只对类中的数据成员做访问性操作而不做修改，因此常成员函数不可以调用普通成员函数，以保证不会直接或间接地修改类内数据成员的值。

（6）常对象是在程序运行过程中不变的对象，只能调用常成员函数，不可以调用普通函数，以保证对象的数据成员不会被修改。

（7）友元的作用主要是提高效率和方便编程。有 3 种形式的友元：友元函数、友元成员、友元类。友元破坏了类的整体操作性和类的封装性，选择使用友元时，要在效率与安全方面折中考虑。

本章是在第 3 章的基础上，对涉及类与对象的知识进行了完善。内容虽然不多，但是非常关键，新增的友元机制和类中数据的共享与保护是非常重要的内容，希望读者能用好这两部分知识。

习　题　4

一、单选题

1. 下列关于静态数据成员的描述，正确的是________。

   A. 静态数据成员必须在类体外进行初始化

B. 静态数据成员不是同类所有对象共有的

C. 声明和初始化静态数据成员时，都必须在该成员名前加关键字 static 修饰

D. 静态数据成员一定可以用“类名::静态数据成员名”的形式在程序中访问

2. 静态成员函数一般专门用来访问类的________。

A. 数据成员　B. 成员函数　C. 静态数据成员　D. 常成员

3. 关于静态成员函数，下列说法不正确的是________。

A. 静态成员函数没有 this 指针

B. 一般专门用来访问类的静态数据成员

C. 不能直接访问类的非静态成员

D. 一定不能以任何方式访问类的非静态成员

4. 下面关于常数据成员的说法，不正确的是________。

A. 常数据成员必须通过类构造函数的初始化列表进行初始化

B. 常数据成员的初始化可以在类内用类似 const double PI=3.14;的方式进行

C. 常数据成员的作用域仅为本类内部

D. 常数据成员必须进行初始化，并且其值不能被更新

5. 常成员函数的下列描述中，正确的是________。

A. 常成员函数是类的一种特殊函数，只能用来访问常数据成员

B. 常成员函数只能被常对象调用

C. 常成员函数可以调用普通成员函数

D. 常成员函数不可以改变类中任何数据成员的值

6. 下列关于常对象的说法，正确的是________。

A. 常对象的数据成员均为常数据成员

B. 常对象只能调用常成员函数

C. 常对象可以调用所有的成员函数

D. 常对象所属的类中只能定义常成员函数

7. 下面的类定义中，为静态数据成员初始化的行应当填入____________。

```
class Test
{
private:
     static int count;
public:
     void Print( );
   //其他成员函数……
};
___________ count=0;
```

A. int Test::　B. int　C. static int Test::　D. static int

8. 下面程序上机编译时，会在哪几行编译无法通过？____________

```
#include <iostream>
using namespace std;
class TT
{
      int a;
      static int b;
      const int c;
```

```
public:
      TT( )        //①
      {
          a=0;
          b++;     //②
          c=0;     //③
      }
      static int GetB( )
      {
          return b;
      }
     void Change( )
      {
          b*=2;
      }
};
static int TT::b=0;   //④
int main()
{
  TT t;
      cout<<t.GetB()<<endl;
      t.Change();
      cout<<t.GetB()<<endl;
      return 0;
  }
```

A. ①②③④　　B. ①③④　　C. ②③④　　D. ①②③

9. 下面关于一个类的友元的说法，不正确的是________。

A. 友元函数可以访问该类的私有数据成员

B. 友元的声明必须放在类的内部

C. 友元成员可以是另一个类的某个成员函数

D. 若X类是Y类的友元，Y类就是X类的友元

二、问答题

1. 如何实现一个类的所有对象之间的数据共享？
2. 使用静态成员函数有什么意义？
3. 常数据成员有什么特殊性？
4. 什么样的成员函数可以定义为常成员函数，其调用规则如何？
5. 常对象有什么特殊性？
6. 友元函数有什么作用？

三、读程序写结果

1. 写出下面程序的运行结果。

```
//answer4_3_1.cpp
#include <iostream>
using namespace std;
class TT
{
public:
   static int total;
   TT()
   {
      total*=2;
   }
   ~TT( )
```

```
    { total/=2;  }
};
int TT::total=1;
int main( )
{
   cout<<TT::total<<",";
   TT *p=new TT;
   cout<<p->total<<",";
   TT A,B;
   cout<<A.total<<",";
   cout<<B.total<<",";
   delete p;
   cout<<TT::total<<endl;
   return 0;
}
```

2. 写出下面程序的运行结果。

```
//answer4_3_2.cpp
#include <iostream>
using namespace std;
class FF
{
   static int num;
public:
   FF( ) {num++;}
   ~FF( ) {num--;}
   static int GetNum( )
   {   return num; }
};
int FF::num=0;
int main()
{
   cout<<FF::GetNum( )<<",";
   FF *p=new FF[2],a[2];
   cout<<p[0].GetNum( )<<",";
   cout<<p[1].GetNum( )<<",";
   cout<<a[0].GetNum( )<<",";
   cout<<a[1].GetNum( )<<",";
   delete []p;
   cout<<a[0].GetNum( )<<",";
   cout<<a[1].GetNum( )<<",";
   cout<<FF::GetNum( )<<endl;
   return 0;
}
```

3. 写出下面程序的运行结果。

```
//answer4_3_3.cpp
#include <iostream>
using namespace std;
class PP
{
   char c;
public:
   PP(char cc='A') {c=cc; }
   void show( );
   void show( )const;
};
void PP::show( )
{  cout<<c<<"@";
}
void PP::show( ) const
{
   cout<<c<<"!";
}
int main()
```

```
{
    PP p1('B'),p2;
    const PP p3('S');
    p1.show();
    p2.show();
    p3.show();
    cout<<endl;
    return 0;
}
```

4. 写出下面程序的运行结果。

```
// answer4_3_4.cpp
#include <iostream>
using namespace std;
class Circle
{
    const double PI;
    double r;
public:
    Circle(double rr) :PI(3.14)
    { r=rr; }
    double Area( )const
    {
        return PI*r*r;
    }
};
int main()
{
    Circle c1(2);
    const Circle c2(3);
    cout<<c1.Area( )<<endl;
    cout<<c2.Area( )<<endl;
    return 0;
}
```

5. 写出下面程序的运行结果。

```
//answer4_3_5.cpp
#include<iostream>
#include<string>
using namespace std;
class Student
{int age;
    string name;
public:
    Student(int m, string n)
    {
        age=m;
        name==n;
    }
     friend void disp(Student&);  //将函数disp()声明为友元函数
     ~Student()
     {   }
};
void disp(Student & p)
{
    cout<<"Student's name is  "<<p.name<<",age is "<<p.age
    cout<<endl;
}
int main()
{
    Student A(18,"wujiang");
    Student B(19,"xiayu");
    disp(A);
    disp(B);
    return 0;
```

```
}
```

6. 写出下面程序的运行结果。

```
// answer4_3_6.cpp
#include<iostream>
using namespace std;
class base
{
   int n;
public:
   base(int i)
   {
      n=i;
   }
   friend int add(base &s1,base &s2);
};
int add(base &s1,base &s2)
{
   return s1.n+s2.n;
}
int main( )
{
   base A(29),B(11);
   cout<<add(A,B)<<endl;
   return 0;
}
```

四、编程题

1. 使用对象成员构成新类。

要求先定义一个 Point 类，用来产生平面上的点对象。两点决定一条线段，即线段由点构成。因此，Line 类使用 Point 类的对象作为数据成员，然后在 Line 类的构造函数中求出线段的长度。

```
class Point
{
private:
   double X, Y;
public:
   Point(double a, double b);
   Point(Point &p);
   double GetX( );
   double GetY( );
};
class Line
{
private:
   Point A,B;                          //定义两个 Point 类的对象成员
   double length;
public:
   Line(Point p1,Point p2);            //Line 类的构造函数原型，函数体在类外实现
   double GetLength( )
};
```

在 main( )中定义线段的两个端点，并输出线段的长度。

2. 定义一个学生类，有如下基本成员。

（1）私有数据成员：年龄　int age;

　　　　　　　　　姓名　string name;

（2）公有静态数据成员：学生人数　static int count;

　　公有成员函数：

　　　构造函数，　带参数的构造函数 Student(int m,string n);

不带参数的构造函数 Student( );

析构函数， ～Student( );

输出函数， void Print( )const;

主函数的定义及程序的运行结果如下，请完成类的定义及类中各函数的实现代码，补充成一个完整的程序。

```
int main( )
{
    cout<<"count="<<Student::count<<endl;
    Student s1,*p=new Student(23,"ZhangHong");
    s1.Print( );
    p->Print( );
    delete p;
    s1.Print( );
    Student Stu[4];
    cout<<"count="<<Student::count<<endl;
    return 0;
}
```

运行结果：

```
count=0
2
Name=NoName , age=0
2
Name=ZhangHong , age=23
1
Name=NoName , age=0
count=5
```

3. 第 2 题中的（1）要求不变；将（2）公有静态数据成员 **static int count;**改为私有属性；（3）成员函数可以根据需要自行添加，并且适当修改主函数的代码，使运行结果与第 2 题相同。

4. 根据下面的主函数，补充定义点类 Point 及相关函数，主要成员如下。

（1）两个 double 型私有数据成员 x,y，分别表示横坐标和纵坐标。

（2）几个公有成员函数。

构造函数：带有默认值，横坐标和纵坐标的默认值均为 0；

常成员函数 GetX（ ），用来返回横坐标的值；

常成员函数 GetY（ ），用来返回纵坐标的值；

成员函数 Change（ ），用来改变坐标的值，形式参数自己设定。

（3）定义普通函数 Area，用来求以形式参数指定的两个点之间的长度为半径的圆面积。

将程序补充完整，补充需要定义的其他常量或函数。主函数代码如下。

```
int main( )
{
    const Point p1;
    Point p2(-5,3);
    cout<<"s1="<<Area(p1,p2)<<endl;
    p2.Change(56,34);
    cout<<"s2="<<Area(p1,p2)<<endl;
    return 0;
}
```

第 5 章 继承性

预测未来的最好方法是创造它。

The best way to predict the future is to invent it.

——艾伦·凯（Alan Kay）

面向对象编程思想及现代 PC 的缔造者之一，图灵奖得主

学习目标：

- 掌握继承与派生的概念与作用
- 掌握派生类的定义与实现
- 掌握在不同继承方式下，基类成员访问属性的变化
- 掌握派生类的构造与析构
- 理解类继承时同名冲突的来源，掌握同名冲突的解决方法
- 掌握虚基类的概念、定义与使用
- 掌握赋值兼容规则

第 3 章与第 4 章主要介绍了如何定义一个类，以及如何对类中的数据进行共享与保护。本章将在此基础上，进一步介绍继承（Inheritance）机制。继承机制的主要功能是，对一个已存在的类进行扩充和增加功能，从而得到一个新的类。继承机制是面向对象程序设计中代码复用的重要手段，可以大大提高编程的效率和可靠性。但是，继承机制的引入，也带来了一些新的小问题，比如，原有类成员访问属性的变化，构造函数、析构函数的调用，原有类成员与新类成员的同名冲突，等等。本章将介绍这些问题的解决方法。

5.1 继承与派生的基本概念

本节要点：

- 继承与派生的基本概念和种类
- 继承机制的作用

继承是社会生活中一个很普遍的现象。比如，每个人都或多或少地从祖辈和父母那里继承了一些体貌特征。但是，每个人也并不完全是父母的复制品。因为，总存在一些特性，这些特性是他所独有的，在父母身上并没有体现。

面向对象程序设计也借鉴了这个思想。它把这个过程抽象为：一个新定义的类具有某个或某些旧类的功能与数据成员，但它与旧类又不完全相同，而是额外添加了一些功能或数据成员。

在面向对象程序设计的语境中，旧类称为**基类**，也称为**父类**，新类称为**派生类**，也称为**子类**。在 C++中，继承与派生这两个词经常一起出现，它们实际上描述的是同一个过程，都是指在已有类的基础上，增加新特性而产生新类的过程。它们的区别在于角度不同，继承是从新类的角度来称呼这一过程，而派生是从旧类的角度来称呼这一过程，如图 5-1 所示。

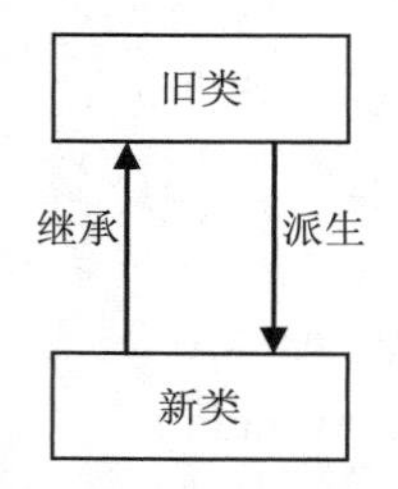

图 5-1　继承与派生

在 C++中，一个基类可以派生出多个派生类，一个派生类也可以由多个基类派生而成，派生类也可以作为新的基类，继续派生出新的派生类。图 5-2 分别描述了这 3 种关系。

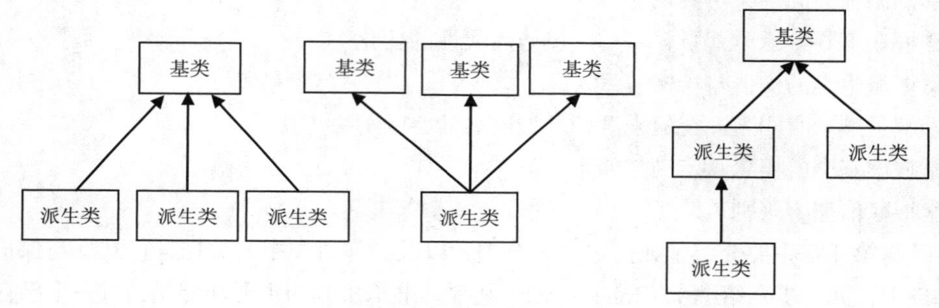

图 5-2　基类与派生类的关系

另外，根据基类数目的不同，继承通常分为**单一继承**和**多重继承**两大类。单一继承是指派生类只有一个基类，多重继承是指派生类有多个基类。

引入继承机制的优势是提高了代码的**可重用性**。派生类可以继承基类的成员而不必再重新设计已测试过的基类代码，使编程的工作量大大减轻。

例如，已设计一个学生类 Student，如图 5-3 所示。

```
class Student
{
protected:
    string ID;          //学号
    string name;        //姓名
    char sex;           //性别
    int  age;           //年龄
public:
    void print( );      //打印函数
};
```

图 5-3　Student 类

现在需要另外设计一个新类：研究生类 Graduate。图 5-4 给出了 Graduate 类的两种定义方式。左边是不使用继承机制的，右边是使用继承机制的（涉及的语法将在本书 5.2 节介绍）。可以很直观地看出，由于 Graduate 类的大部分成员与 Student 类相同，因此使用继承机制后，它只需要增加数据成员 tutor、research 的定义，其余成员通过继承自动获得，不需要再次定义，因而代码开发量大大减少。

```
class Graduate
{
protected:
    string ID;              //学号
    string name;            //姓名
    char sex;               //性别
    int  age;               //年龄
    string tutor;           //导师
    string research;        //课题
public:
    void print();           //打印函数
};
```

```
class Graduate:public Student
{
protected:
    string tutor;      //导师
    string research;  //课题
};
```

图 5-4　Graduate 类的两种定义方式

5.2　派生类的定义与访问控制

本节要点：

- 派生类的定义与实现
- 在不同继承方式下，基类成员访问属性的变化

定义派生类的语法格式如下。

```
class  派生类名：继承方式 基类名 1
                  [ ，继承方式 基类名 2，…，继承方式 基类名 n ]
{
  …       //派生类新增的数据成员和成员函数定义
};
```

（1）派生类的定义与普通类的定义类似，只是在类名称与类体之间必须给出继承方式与基类名。对于单一继承，只有一个基类名，对于多重继承，有多个基类名，彼此之间以逗号分隔。

（2）继承方式指明派生类是以什么方式继承基类。继承方式共有 3 种：public（公有）、private（私有）和 protected（保护），如果缺省，则默认为私有继承方式。

（3）需要注意的是，基类的构造函数和析构函数不能被继承。

3 种继承方式的主要区别是，基类成员的访问属性在派生类中会发生不同的变化。

如图 5-5 所示，在公有继承方式下，基类的公有成员变成派生类的公有成员，基类的保护成员变成派生类的保护成员，基类的私有成员不可被继承，在派生类中不可见。

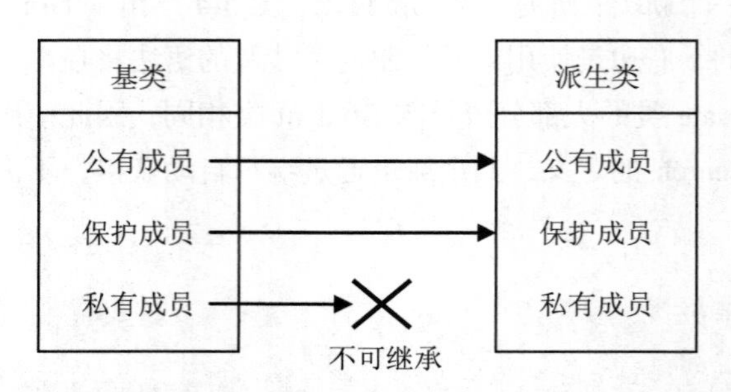

图 5-5　公有继承方式下基类成员访问属性的变化情况

如图 5-6 所示，在保护继承方式下，基类的公有成员与保护成员变成派生类的保护成员，基类的私有成员不可被继承，在派生类中不可见。

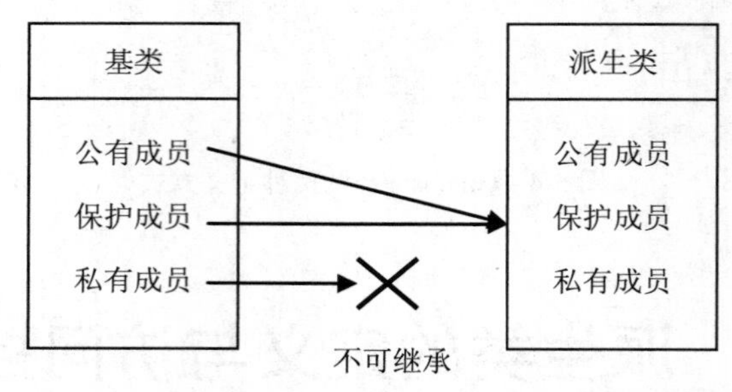

图 5-6　保护继承方式下基类成员访问属性的变化情况

如图 5-7 所示，在私有继承方式下，基类的公有成员与保护成员变成派生类的私有成员，基类的私有成员不可被继承，在派生类中不可见。

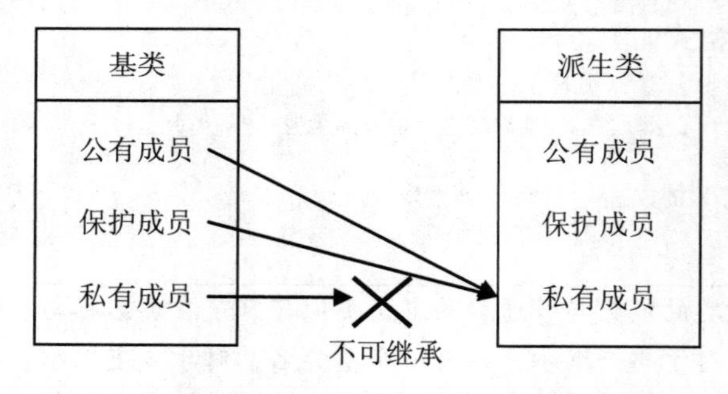

图 5-7　私有继承方式下基类成员访问属性的变化情况

在 3 种继承方式下，基类成员在派生类中的访问属性见表 5-1。总结 3 种继承方式可得出如下结论。

（1）基类的 private 成员不可以被继承，因此在派生类中无法直接访问。

（2）基类的 public 和 protected 成员可以被继承，或者属性保持不变，或者同时变成 protected 或 private，在派生类中可以访问。

表 5-1　　不同继承方式下，基类成员在派生类中的访问属性

	公有继承	保护继承	私有继承
公有成员	public	protected	private
保护成员	protected	protected	private
私有成员	不可见	不可见	不可见

例 5-1　单继承示例。

例 5-1 讲解

```
1   //li05_01.cpp: 单继承示例
2   #include <iostream>
3   using namespace std;
4   class Base
5   {
6   private:
7       int b1;
8   protected:
9       int b2;
10  public:
11      void set(int m, int n)
12      {
13          b1 = m;
14          b2 = n;
15      }
16      void show( )
17      {
18          cout << "b1 = " << b1 << endl;
19          cout << "b2 = " << b2 << endl;
20      }
21  };
22  class Derived: public Base                //声明一个公有派生类
23  {
24  private:
25      int d;
26  public:
27      void setall(int m, int n, int l)
28      {
29          set(m,n);
30          d = l;
31      }
32      void showall( )
33      {
34  //      cout << "b1 = " << b1 << endl;     //无法访问基类的私有成员 b1
35  //      cout << "b2 = " << b2 << endl;     //b2 成为派生类保护成员，可访问
36          show( );
37          cout << "d = " << d << endl;
38      }
39  };
40  int main( )
41  {
42      Derived obj;
43      obj.setall(30, 40, 50);
44      obj.show( );
45      obj.showall( );
46      return 0;
47  }
```

运行结果：

```
b1 = 30
b2 = 40
b1 = 30
b2 = 40
d = 50
```

说明

（1）在例 5-1 中，Derived 实际拥有的成员如表 5-2 所示。

表 5-2 Derived 类的成员

	新定义成员	继承于 Base 类的成员
公有成员	setall( )，showall( )	set( )，show( )
保护成员		b2
私有成员	d	

（2）在派生类中，继承来的成员跟新定义的成员一样，访问没有任何限制。

（3）派生类无法直接访问基类的私有成员，因此例 5-1 中的派生类通过公有成员 set( ) 和 show( )来间接访问基类的私有成员 b1。

（4）由于基类的公有成员在公有继承后属性保持不变，因此在类外可以直接访问，如例 5-1 中的 obj.show( )。

例 5-2 多重继承示例。

例 5-2 讲解

```
1   //li05_02.cpp: 多重继承示例
2   #include <iostream>
3   using namespace std;
4   class BaseA
5   {
6   private:
7       int a1;
8   protected:
9       int a2;
10  public:
11      int a3;
12      void setA(int x, int y, int z)
13      {
14          a1 = x;
15          a2 = y;
16          a3 = z;
17      }
18      void showA( )
19      {
20          cout << " a1 = " << a1 ;
21          cout << " a2 = " << a2 ;
22          cout << " a3 = " << a3 << endl;
23      }
24  };
25  class BaseB
26  {
27  private:
28      int b1;
29  protected:
30      int b2;
31  public:
32      int b3;
33      void setB(int x, int y, int z)
34      {
35          b1 = x;
36          b2 = y;
37          b3 = z;
38      }
39      void showB( )
40      {
41          cout << " b1 = " << b1 ;
42          cout << " b2 = " << b2 ;
43          cout << " b3 = " << b3 << endl;
```

```
44      }
45   };
46   class BaseC
47   {
48   private:
49       int c1;
50   protected:
51       int c2;
52   public:
53       int c3;
54       void setC(int x, int y, int z)
55       {
56           c1 = x;
57           c2 = y;
58           c3 = z;
59       }
60      void showC( )
61      {
62           cout << " c1 = " << c1 ;
63           cout << " c2 = " << c2 ;
64           cout << " c3 = " << c3 << endl;
65       }
66   };
67   class Derived: public BaseA, protected BaseB, private BaseC
68   {
69   private:
70       int d1;
71   protected:
72       int d2;
73   public:
74       int d3;
75       void setD(int x, int y, int z)
76       {
77           d1 = x;
78           d2 = y;
79           d3 = z;
80       }
81       void showD( )
82       {
83           cout << " d1 = " << d1 ;
84           cout << " d2 = " << d2 ;
85           cout << " d3 = " << d3 << endl;
86       }
87        void setall(int x0, int x1, int x2, int x3, int x4, int x5,
88                   int x6, int x7, int x8, int x9, int x10, int x11 )
89       {
90           setA(x0, x1, x2);
91           setB(x3, x4, x5);
92           setC(x6, x7, x8);
93           setD(x9, x10, x11);
94       }
95       void showall( )
96       {
97           showA( );
98           showB( );
99           showC( );
100          showD( );
101      }
102  };
103  int main( )
104  {
105      Derived obj;
106      obj.setall(10, 20, 30, 40, 50, 60, 70, 80, 90, 100, 110, 120);
107  //   obj.showA( );      //可以通过 obj 访问
```

```
108 //    obj.showB( );       //showB( )为 protected 成员，无法通过 obj 访问
109 //    obj.showC( );       //showC( )为 private 成员，无法通过 obj 访问
110 //    obj.showD( );       //可以通过 obj 访问
111       obj.showall( );
112       return 0;
113 }
```

运行结果：

```
a1 = 10 a2 = 20 a3 = 30
b1 = 40 b2 = 50 b3 = 60
c1 = 70 c2 = 80 c3 = 90
d1 = 100 d2 = 110 d3 = 120
```

（1）在例 5-2 中，Derived 实际拥有的成员如表 5-3 所示。

（2）从例 5-2 中可以看出，protected 继承和 private 继承改变了基类成员在派生类中的访问属性，限制了这些成员的进一步派生，因而在**实际编程中极少使用**。

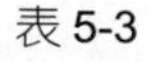

表 5-3　　　Derived 类的成员

	新定义成员	继承于 BaseA 的成员	继承于 BaseB 的成员	继承于 BaseC 的成员
公有成员	d3 setD( ) showD( ) setall( ) showall( )	a3 setA( ) showA( )		
保护成员	d2	a2	b2，b3 setB( ) showB( )	
私有成员	d1			c2，c3 setC( ) showC( )

5.3 派生类的构造及析构

本节要点：

- 派生类构造函数对基类构造函数的调用
- 创建派生类对象时，构造函数的调用次序
- 析构派生类对象时，析构函数的调用次序

定义一个对象时，必然会调用它的构造函数。对于一个派生类对象而言，新增加成员的初始化可以在派生类的构造函数中完成，其基类成员的初始化则必须在基类的构造函数中完成。在 C++中，这个工作借助于派生类构造函数对基类构造函数的调用来实现。

同样，当一个对象的生命期结束时，必然会调用它的析构函数。派生类的析构函数只能完成对新增加数据成员的清理工作，而基类数据成员的扫尾工作则应由基类的析构函数完成。由于析构函数没有参数，因此派生类的析构函数默认直接调用了基类的析构函数。

下面首先介绍构造函数、析构函数的调用次序问题，然后介绍基类构造函数调用时的参数传递问题。

例 5-3 构造函数与析构函数的调用次序演示。

例 5-3 讲解

```
1   //li05_03.cpp：构造函数与析构函数的调用次序
2   #include <iostream>
3   using namespace std;
4   class Member
5   {
6   public:
7       Member( )
8       {
9           cout << "constructing Member\n";
10      }
11      ~Member( )
12      {
13          cout << "destructing Member\n";
14      }
15  };
16  class Base
17  {
18  public:
19      Base( )
20      {
21          cout << "constructing Base\n";
22      }
23      ~Base( )
24      {
25          cout << "destructing Base\n";
26      }
27  };
28  class Derived: public Base                         //派生类定义
29  {
30  private:
31      Member mem;                                    //对象成员
32  public:
33      Derived( )
34      {
35          cout << "constructing Derived\n";
36      }
37      ~Derived( )
38      {
39          cout << "destructing Derived\n";
40      }
41  };
42  int main( )
43  {
44      Derived obj;
45      return 0;
46  }
```

运行结果：

```
constructing Base
constructing Member
constructing Derived
destructing Derived
destructing Member
destructing Base
```

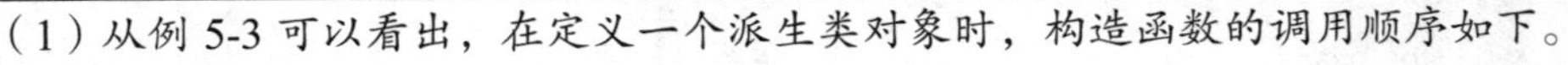

（1）从例 5-3 可以看出，在定义一个派生类对象时，构造函数的调用顺序如下。

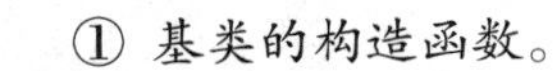

① 基类的构造函数。

② 派生类对象成员的构造函数（按定义顺序）。

③ 派生类构造函数。

（2）析构函数的调用次序正好与构造函数的调用次序相反。

（3）本章前面的几个例题虽然没有涉及构造函数与析构函数的调用，但是在实际运行时，系统也调用了默认的无参构造函数与析构函数。

例 5–3 的思考题：

如果将例 5-3 中的语句 “Member mem;” 从 Derived 类移至 Base 类中，运行结果会发生何种变化?

例 5-3 中基类与对象成员的构造函数均没有参数。但在实际应用中，大部分的构造函数都需要传入一定的参数来初始化成员。此时，需要在派生类构造函数的初始化列表中调用这些构造函数。其语法格式如下。

```
派生类名 ( 总形式参数表 ): 基类名 1(参数表 1)
        [ ，基类名 2(参数表 2)，…，基类名 n(参数表 n)，其他初始化项 ]
{
    …   // 派生类自身数据成员的初始化
}
```

（1）派生类只需负责**直接**基类构造函数的调用。若直接基类构造函数不需要提供参数，则无需在初始化列表中列出，但实质上也是会自动调用基类构造函数的。

（2）基类构造函数的调用通过初始化列表来完成。当创建一个对象时，实际调用次序为声明派生类时各基类出现的次序，而不是各基类构造函数在初始化列表中的次序。

（3）其他初始化项包括对象成员、常成员和引用成员等。另外，普通数据成员的初始化，也可以放在初始化列表中进行。

例 5-4 有参构造函数的调用演示。

```
1   //li05_04.cpp: 基类带参构造函数调用示例
2   #include <iostream>
3   using namespace std;
4   class Base
5   {
6   private:
7       int x;
8   public:
9       Base(int i)
10      {
11          x = i;
12          cout << "constructing Base\n";
13      }
14      void show( )
15      {
16          cout << " x = " << x << endl;
17      }
18  };
19  class Derived: public Base
20  {
21  private:
22      Base d;                                //Base 类的对象成员
23  public:
24      Derived(int i): Base(i), d(i)          //基类及对象成员构造函数的调用
25      {
26          cout << "constructing Derived\n";
27      }
28  };
29  int main( )
30  {
31      Derived obj(100);
32      obj.show( );
33      return 0;
34  }
```

例 5-4 讲解

运行结果：

```
constructing Base                //调用基类构造函数
constructing Base                //调用对象成员 d 所属类 Base 的构造函数
constructing Derived             //调用派生类自己的构造函数
x = 100
```

例 5–4 的思考题：

① 如果将例 5-4 中 Derived 类的构造函数改为如下形式，是否可行？

```
Derived(int i): d(i)
{
    Base(i);
    cout << "constructing Derived\n";
}
```

② 如果将 Base 类构造函数的声明改为如下形式，那么①中的改动是否可行？

```
Base( int i = 0 )
```

③ 在 Derived 中共有两个 x：一个是 Derived 继承自 Base 的 x，另一个是对象成员 d 中的 x，运行结果中的“x = 100”输出的是哪一个 x 的值？

④ 在 main( )函数中能否使用 obj.d.show( )输出 d 中 x 的值？

例 5-5 多重继承下构造函数与析构函数的调用示例。

例 5-5 讲解

```
1    //li05_05.cpp: 多重继承下构造函数与析构函数的调用
2    #include <iostream>
3    using namespace std;
4    class Grand
5    {
6    private:
7        int a;
8    public:
9        Grand(int n): a(n)
10       {
11           cout << "constructing Grand, a = " << a << endl;
12       }
13       ~Grand( )
14       {
15           cout << "destructing Grand" << endl;
16       }
17   };
18   class Father: public Grand
19   {
20   private:
21       int b;
22   public:
23       Father(int n1,int n2): Grand(n2), b(n1)
24       {
25           cout << "constructing Father, b = " << b << endl;
26       };
27       ~Father( )
28       {
29           cout << "destructing Father" << endl;
30       }
31   };
32   class Mother
33   {
34   private:
35       int c;
36   public:
37       Mother(int n): c(n)
38       {
39           cout << "constructing Mother, c = " << c << endl;
```

```
40          }
41          ~Mother( )
42          {
43              cout << "destructing Mother" << endl;
44          }
45      };
46      class Son: public Father, public Mother
47      {
48      private:
49          int d;
50      public:
51          Son(int n1, int n2, int n3, int n4): Mother(n2),
52                                              Father(n3, n4), d(n1)
53          {
54              cout << "constructing Son, d = " << d << endl;
55          }
56          ~Son( )
57          {
58              cout << "destructing Son" << endl;
59          }
60      };
61      int main( )
62      {
63          Son s(1,2,3,4);
64          return 0;
65      }
```

运行结果：

```
constructing Grand, a = 4
constructing Father, b = 3
constructing Mother, c = 2
constructing Son, d = 1
destructing Son
destructing Mother
destructing Father
destructing Grand
```

（1）例 5-5 对应的类继承关系如图 5-8 所示。其中 Father 类为单继承，Son 类为多重继承。

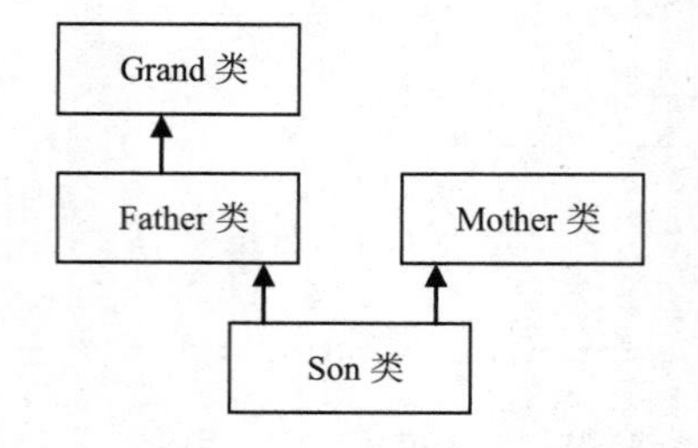

说明

图 5-8　例 5-5 中的类继承关系示意图

（2）从图 5-8 中还可以看出，这是一个多层派生的关系结构。但是每个派生类只需要负责直接基类构造函数的调用。Son 的构造函数调用了 Father 与 Mother 的构造函数，Grand 的构造函数则由 Father 调用。

（3）在 Son 构造函数的初始化表中，Mother 的构造函数在前，Father 的构造函数在后。但在实际调用时，其调用次序以 Son 定义时的次序为准。所以先调用 Father 的构造函数，而 Father 又先调用了 Grand 的构造函数。

（4）观察 Son 的构造函数可以发现，尽管它只需要完成对新增加成员 d 的初始化，但由于它还需要传递参数给 Father 与 Mother 的构造函数，因此 Son 构造函数的形参有 4 个，而不是 1 个。

（5）程序结果再一次验证了析构函数的执行次序与构造函数相反。

5.4　同名冲突及其解决方案

本节要点：

- 同名冲突的来源及其解决方法
- 虚基类的概念、定义与使用

继承机制极大地方便了程序的扩展，但它也带来了新的问题，其中最为典型的就是同名冲突问题。本节将对同名冲突产生的原因进行分析，并给出解决方案。

5.4.1　基类与派生类的同名冲突

基类与派生类的同名现象源自于派生类在定义新成员时，新成员的名称与基类中的某个成员同名。此时，**同名覆盖**原则将发挥作用，即无论是派生类内部成员函数，还是派生类对象访问同名成员，如果未加任何特殊标识，则访问的都是派生类中新定义的同名成员。

如果派生类内部成员函数或派生类对象需要访问基类的同名成员，则必须在同名成员前面加上“**基类名::**”进行限定。

例 5-6　基类与派生类的同名冲突。

```
1    //li05_06.cpp:  派生类与基类有同名成员
2    #include <iostream>
3    using namespace std;
4    class Base
5    {
6    public:
7        Base(int x)
8        {
9            a = x;
10       }
11       void Print( )
12       {
13           cout << "Base::a = " << a << endl;
14       }
15       int a;
16   };
17   class Derived: public Base
18   {
19   public:
20       int a;
21       Derived(int x, int y): Base(x)
22       {
23           a = y;              //派生类内部直接访问的是新增成员 a
24           Base::a *= 2 ;      //访问基类的同名成员要使用 Base::
25       }
26       void Print( )
27       {
28           Base::Print( );     //访问基类的同名成员要使用 Base::
29           cout << "Derived::a = " << a << endl;
```

例 5-6 讲解

```
30          }
31      };
32      void f1(Base &obj)
33      {
34          obj.Print( );
35      }
36      void f2(Derived &obj)
37      {
38          obj.Print( );
39      }
40      int main( )
41      {
42          Derived d(200,300) ;
43          d.Print( );                 //调用派生类中新增的同名函数
44          d.a = 400;                  //改变派生类中新增的同名数据成员
45          d.Base::a = 500;            //改变基类中的同名数据成员
46          d.Base::Print( ) ;          //调用基类的同名函数
47          Base *pb;
48          pb = &d;
49          pb -> Print( );             //基类指针调用的是基类的 Print( )函数
50          f1(d);                      //基类引用调用的是基类的 Print( )函数
51          Derived *pd;
52          pd = &d;
53          pd -> Print( );             //派生类指针调用的是派生类的 Print( )函数
54          f2(d);                      //派生类引用调用的是派生类的 Print( )函数
55          return 0;
56      }
```

运行结果：

```
Base::a = 400
Derived::a = 300
Base::a = 500
Base::a = 500
Base::a = 500
Base::a = 500
Derived::a = 400
Base::a = 500
Derived::a = 400
```

（1）通过派生类的指针或引用，访问的是派生类的同名成员，此时同名覆盖原则仍然发挥作用。

（2）基类的指针指向派生类对象时，访问的依然是基类中的同名成员。

（3）基类的引用成为派生类对象别名时，访问的依然是基类中的同名成员。

（4）如果要通过基类的指针或引用来访问派生类中的同名成员，请参见第六章的相关内容。

5.4.2 多重继承中直接基类的同名冲突

多重继承中直接基类的同名现象源自于多重继承中，多个直接基类中有同名成员。此时，在派生类中访问这些同名成员时，将发生同名冲突。其解决方案与基类与派生类的同名冲突类似，在同名成员前指名基类名即可。

例 5-7 多重继承中直接基类的同名冲突。

```
1   //li05_07.cpp: 多重继承中，直接基类有同名成员
```

```
2    #include <iostream>
3    using namespace std;
4    class Base1
5    {
6    protected:
7        int a;
8    public:
9        Base1(int x)
10       {
11           a = x;
12           cout << "Base1 a = " << a << endl;
13       }
14   };
15   class Base2
16   {
17   protected:
18       int  a;
19   public:
20       Base2(int x)
21       {
22           a = x;
23           cout << "Base2 a = " << a << endl;
24       }
25   };
26   class Derived: public Base1, public Base2
27   {
28   public:
29       Derived(int x,int y):Base1(x),Base2(y)
30       {
31           Base1::a *= 2 ;          //改变从 Base1 中继承的数据成员 a 的值
32           Base2::a *= 2 ;          //改变从 Base2 中继承的数据成员 a 的值
33           cout << "Derived from Base1::a = ";
34           cout << Base1::a << endl;             //输出 Base1 中的 a
35           cout << "Derived from Base2::a = ";
36           cout << Base2::a << endl;             //输出 Base2 中的 a
37       }
38   };
39   int main( )
40   {
41       Derived obj(10, 20);
42       return 0;
43   }
```

例 5-7 讲解

运行结果：

```
Base1 a = 10
Base2 a = 20
Derived from Base1::a = 20
Derived from Base2::a = 40
```

在例 5-7 中，Derived 的两个基类中均有成员 a。在 Derived 类中访问它们时，必须在前面加上 Base1::或 Base2::，以指明是哪一个基类中的 a。

5.4.3　多层继承中共同祖先基类引发的同名冲突

多层继承中共同祖先基类引发的同名冲突主要产生于多层派生中。其主要原因是：派生类有多个直接或间接的基类，在这些基类中，有一个基类是其余某些基类的共同祖先。如图 5-9 所示，Derived 类继承自 Base1 和 Base2，而 Base1 和 Base2 均继承自 Base 类，即 Base 为共同祖先。由于继承机制的特性，Base 的成员在 Base1 和 Base2 中均有一份复制，派生出 Derived 类之后，Derived

类中就有了两份同名的复制。访问这些成员时，会引发同名冲突问题。

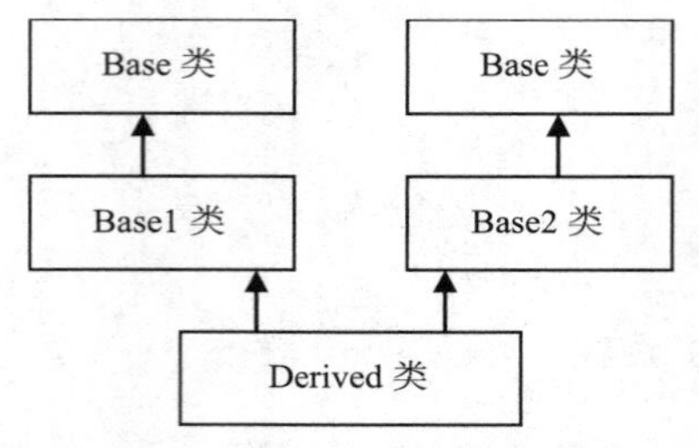

图 5-9 多层继承引发的同名冲突

例 5-8 多层继承中共同祖先基类引发的同名冲突。

例 5-8 讲解

```
1   //li05_08.cpp: 多层继承中，基类中有共同的祖先基类
2   #include <iostream>
3   using namespace std;
4   class Base
5   {
6   protected:
7       int a;
8   public:
9       Base(int x): a(x)
10      {
11          cout << "Base a = " << a << endl;
12      }
13      ~Base( )
14      {
15          cout << "Destructing Base" << endl;
16      }
17  };
18  class Base1: public Base
19  {
20  protected:
21      int b;
22  public:
23      Base1(int x, int y): Base(y), b(x)
24      {
25          cout << "Base1 from Base a = " << a << endl;
26          cout << "Base1 b = " << b << endl;
27      }
28      ~Base1( )
29      {
30          cout << "Destructing Base1" << endl;
31      }
32  };
33  class Base2: public Base
34  {
35  protected:
36      int c;
37  public:
38      Base2(int x, int y): Base(y), c(x)
39      {
40          cout << "Base2 from Base a = " << a << endl;
41          cout << "Base2 c = " << c << endl;
42      }
43      ~Base2( )
44      {
45          cout << "Destructing Base2" << endl;
46      }
47  };
48  class Derived: public Base1, public Base2
```

```
49  {
50  public:
51      Derived(int x, int y): Base1(x, y), Base2(2*x, 2*y)
52      {
53          cout << "Derived from Base1::a = ";
54          cout << Base1::a << endl;                    //输出 Base1 中的 a
55          cout << "Derived from Base2::a = ";
56          cout << Base2::a << endl ;                   //输出 Base2 中的 a
57          cout << "Derived from Base1 b = ";
58          cout << b << endl;                           //输出继承的 b
59          cout << "Derived from Base2 c = ";
60          cout << c << endl;                           //输出继承的 c
61  //      cout << a << endl;                           //此行有二义性
62  //      cout << Base::a << endl;                     //此行有二义性
63      }
64      ~Derived( )
65      {
66          cout << "Destructing Derived" << endl;
67      }
68  };
69  int main( )
70  {
71      Derived obj(10, 20);
72      return 0;
73  }
```

运行结果：

```
Base a = 20
Base1 from Base a = 20
Base1 b = 10
Base a = 40
Base2 from Base a = 40
Base2 c = 20
Derived from Base1::a = 20
Derived from Base2::a = 40
Derived from Base1 b = 10
Derived from Base2 c = 20
Destructing Derived
Destructing Base2
Destructing Base
Destructing Base1
Destructing Base
```

（1）在例 5-8 中，Derived 类中共有两个成员 a，一个是经 Base—Base1—Derived 继承下来的 a，另一个是经 Base—Base2—Derived 继承下来的 a。因此在 Derived 中访问 a 时会出现同名冲突。从运行结果来看，Base 的构造函数与析构函数各被执行了两次，也说明确实存在两个 a。

（2）为了解决同名冲突问题，例 5-8 采用了前面类似的方案，即在变量前加“类名::”。但需要注意的是，不能使用共同的祖先基类名，因为系统无法区别“Base::a”到底是哪一个复制。

例 5-8 中给出了多层继承中共同祖先基类引发的同名冲突的解决方案。这种方法能够解决一定的问题，但在实际使用中还是存在一些问题。

如图 5-10 所示，家具类 furniture 是一个公共基类，它有一个 protecetd 型成员 weight，表示家具的重量。沙发类 sofa 与床类 bed 分别继承自 furniture，而沙发床类 sofabed 又继承自 sofa 与 bed。在 sofabed 类中访问 weight 时，可以使用 sofa::weight 和 bed::weight 来加以区分。从语法上看这样处理没有问题，但是对于一个实际的沙发床来说，它不应该有两个重量，只应该有一个重量。因此，这样处理与实际不符合。

```
class furniture
{
protecetd:
    int weight;
};

class sofa: public furniture
{ … };

class bed: public furniture
{ … };

class sofabed: public sofa, public bed
{ … };
```


图 5-10　同名冲突解决方案的缺陷

分析上述问题后可以发现，问题产生的原因在于 sofabed 中产生了 weight 的多个复制，而多个复制又是因为多个基类多次调用了共同基类 furniture 的构造函数所致。那么有没有办法只调用一次 furniture 的构造函数呢？C++中提供了一种称为**虚基类**的技术。

虚基类的定义通过关键字 virtual 来实现，其语法形式如下。

```
class  派生类名: virtual  继承方式  基类名
{
    …     //派生类新增的数据成员和成员函数定义
};
```

或者

```
class  派生类名: 继承方式  virtual  基类名
{
    …     //派生类新增的数据成员和成员函数定义
};
```

virtual 确保虚基类的构造函数至多被调用一次。程序运行时，系统会进行检查。如果虚基类的构造函数还没有被调用过，就调用一次，如果已经被调用过了，就忽略此次调用。

下面对例 5-8 稍加改动以观察虚基类的应用。

例 5-9　通过声明虚基类来解决同名冲突。

```
1   //li05_09.cpp: 虚基类
2   #include <iostream>
3   using namespace std;
4   class Base
5   {
6   protected:
7       int a;
8   public:
9       Base(int x): a(x)
10      {
11          cout << "Base a = " << a << endl;
12      }
13      ~Base( )
14      {
15          cout << "Destructing Base" << endl;
16      }
```

例 5-9 讲解

```
17  };
18  class Base1: public virtual Base          //使 Base 成为虚基类
19  {
20  protected:
21      int b;
22  public:
23      Base1(int x, int y): Base(y), b(x)
24      {
25          cout << "Base1 from Base a = " << a << endl;
26          cout << "Base1 b = " << b << endl;
27      }
28      ~Base1( )
29      {
30          cout << "Destructing Base1" << endl;
31      }
32  };
33  class Base2: virtual public Base          //使 Base 成为虚基类
34  {
35  protected:
36      int c;
37  public:
38      Base2(int x, int y): Base(y), c(x)
39      {
40          cout << "Base2 from Base a = " << a << endl;
41          cout << "Base2 c = " << c << endl;
42      }
43      ~Base2( )
44      {
45          cout << "Destructing Base2" << endl;
46      }
47  };
48  class Derived: public Base1, public Base2
49  {
50  public:
51      Derived(int x, int y): Base1(x, y), Base2(2*x, 2*y), Base(3*x)
52                                              //所有层派生类均调用虚基类构造函数
53      {
54          cout << "a = " << a << endl;
55          cout << "Base::a = " << Base::a << endl;
56          cout << "Base1::a = " << Base1::a << endl;
57          cout << "Base2::a = " << Base2::a << endl;
58          cout << "b = " << b << endl;
59          cout << "c = " << c << endl;
60      }
61      ~Derived( )
62      {
63          cout << "Destructing Derived" << endl;
64      }
65  };
66  int main( )
67  {
68      Derived obj(10, 20);
69      return 0;
70  }
```

运行结果：

```
Base a = 30
Base1 from Base a = 30
Base1 b = 10
Base2 from Base a = 30
Base2 c = 20
a = 30
Base::a = 30
Base1::a = 30
```

```
Base2::a = 30
b = 10
c = 20
Destructing Derived
Destructing Base2
Destructing Base1
Destructing Base
```

（1）例 5-9 对应的类关系如图 5-11 所示，也有研究人员称之为**菱形继承**。可以看出，将 Base 类声明为虚基类时，其数据成员 a 被各层派生类继承后，只有一份复制。因此，无论在哪一个类中访问 a，其值都等于 30。

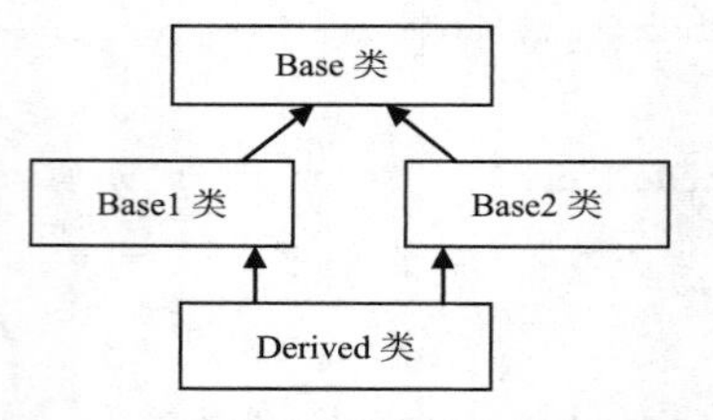

图 5-11　Base 类为虚基类时的继承关系示意图

（2）进一步观察可以发现，例 5-9 与例 5-8 中构造函数、析构函数的调用次序及方法并不一样。

在例 5-9 中，Base1 与 Base2 将 Base 声明为虚基类，但在 Base1、Base2 和 Derived 的构造函数中**都出现了对 Base 构造函数的调用**。

根据 C++中的规定，实际运行时，**只有最后一层派生类对虚基类构造函数的调用发挥作用。**因此，例 5-9 中只有 Derived 的调用 Base(3*x)发生作用，其余的调用均被忽略。

因此，当创建一个对象时，其完整的构造函数调用次序如下。

① 所有虚基类的构造函数（按定义顺序）。

② 所有直接基类的构造函数（按定义顺序）。

③ 所有对象成员的构造函数（按定义顺序）。

④ 派生类自己的构造函数。

析构函数的调用次序与之完全相反。

例 5–9 的思考题：

如果将例 5-9 中 Derived 类构造函数的下述两条语句删除，并且 Base1、Base2 中只有一个类将 Base 声明为虚基类，那么程序的运行结果将如何变化？

```
cout << "a = " << a << endl;
cout << "Base::a = " << Base::a << endl;
```

5.5　赋值兼容规则

本节要点：

- 赋值兼容的概念与理论依据
- 赋值兼容的四条规则

所谓赋值兼容，就是指需要使用基类的地方可以使用其公有派生类来代替，换言之，公有派生类可以当成基类来使用。

赋值兼容具有广泛的现实基础。比如，狼狗可看作是狗的一个派生类，当我们需要狗来看门时，可以使用一只狗来看门，也可以使用一只狼狗来看门，即狼狗完全可以当成狗来使用。

赋值兼容的理论依据是：公有派生类继承了基类中除构造函数、析构函数以外的所有非私有成员，且访问权限也完全相同，因此当外界需要基类时，完全可以用它来代替。

赋值兼容主要有以下 4 种常见规则。

（1）基类对象 = 公有派生类对象。

赋值后的基类对象只能获得基类成员部分，派生类中新增加的成员不能被基类对象访问。

（2）指向基类对象的指针 = 公有派生类对象的地址。

利用赋值后的指针可以间接访问派生类中的基类成员。

（3）指向基类对象的指针 = 指向公有派生类对象的指针。

利用赋值后的指针可以间接访问原指针所指向对象的基类成员。

（4）基类的引用 = 公有派生类对象，即派生类对象可以初始化基类的引用。

赋值后的引用只可以访问基类成员部分，不可以访问派生类新增成员。

以下示例简单地展示了赋值兼容规则。

例 5-10　赋值兼容规则示例。

```
1   //li05_10.cpp: 赋值兼容规则示例
2   #include <iostream>
3   using namespace std;
4   class Base
5   {
6       int b;
7   public:
8       Base(int x): b(x)
9       {  }
10      int getb( )
11      {
12       return b;
13      }
14  };
15  class Derived: public Base
16  {
17      int d;
18  public:
19      Derived(int x, int y): Base(x), d(y)
20      {  }
21      int getd( )
22      {
23          return d;
24      }
25  };
26  int  main( )
27  {
28      Base b1(11);
29      Derived d1(22, 33);
30
31      b1 = d1;                                    //第 1 种赋值兼容
32      cout << "b1.getb( ) = " << b1.getb( ) << endl;
33  //  cout << "b1.getd( ) = " << b1.getd( ) << endl;
34
35      Base *pb1 = &d1;                            //第 2 种赋值兼容
```

例 5-10 讲解

```
36      cout << "pb1->getb( ) = " << pb1->getb( ) << endl;
37  //  cout << "pb1->getd( ) = " << pb1->getd( ) << endl;
38
39      Derived *pd = &d1;
40      Base *pb2 = pd;                          //第 3 种赋值兼容
41      cout << "pb2->getb( ) = " << pb2->getb( ) << endl;
42  //  cout << "pb2->getd( ) = " << pb2->getd( ) << endl;
43
44      Base &rb=d1;                             //第 4 种赋值兼容
45      cout << "rb.getb( ) = " << rb.getb( ) << endl;
46  //  cout << "rb.getd( ) = " << rb.getd( ) << endl;
47      return 0;
48  }
```

运行结果：

```
b1.getb( ) = 22
pb1->getb( ) = 22
pb2->getb( ) = 22
rb.getb( ) = 22
```

（1）例 5-10 对 4 种赋值兼容都进行了演示。需要强调的是，使用赋值兼容时，必须是**公有**派生类，因为只有公有继承才会保持访问属性不变。

（2）在赋值兼容中，公有派生类可以当成基类使用，但反之则不行，所以例 5-10 使用下列语句都会发生语法错误。

```
d1 = b1
pd = &b1
pd = pb2
Derived &dr = b1;
```

（3）在赋值兼容中，也不可以通过基类的对象、指针或引用来访问派生类的新增成员。代码行 33、37、42、46 正是这个原因而必须“注释掉”，否则出错。

5.6 程序实例——学生信息管理系统

本节要点：

- 多重继承、多层继承的混合应用
- 虚基类的应用

前面两章的最后介绍了一个学生信息管理系统，主要是对学生的信息进行维护，包括姓名、学号、专业等。本节也将介绍一个学生信息管理系统，主要是对在职研究生的信息进行管理和维护。

我们知道，一个学校有本科生、研究生、老师等各类人员。其中，在职攻读本校研究生的教师是一个较为特殊的群体，既有教师属性，又有学生属性。因此，要设计相应的系统对其进行管理。

首先分析系统中各个类的基本属性。

学生类 Student 应该有编号、姓名、性别、专业等属性。

研究生类 Graduate 应该有编号、姓名、性别、专业、研究课题等属性。

教师类 Teacher 应该有编号、姓名、性别、职称等属性。

在职研究生类 PostgraduateOnJob 应该有编号、姓名、性别、专业、研究课题、职称等属性。

比较之后可以发现，这些类之间存在一定的关联。

（1）各个类的属性存在一定的雷同。比如，所有类中都有编号、姓名、性别这 3 个属性。

（2）部分类的属性之间存在包含关系。比如，研究生类包含了学生类的所有属性，在职研究生类又包含了研究生类的所有属性，并且在职研究生类的属性是研究生类与教师类的集合。

为了减少代码开发量，我们可以把所有类的共有部分提取出来，封装成一个新类，称为 Person 类。Person 用于存储各类人员的共有信息。学生类、教师类可作为 Person 的公有派生类，研究生类可作为学生类的公有派生类，在职研究生类则可作为研究生类与教师类的共同派生类。图 5-12 描述了该系统的类继承关系。

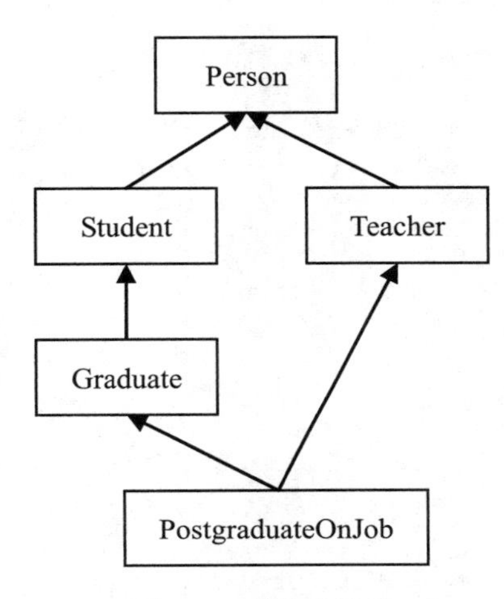

图 5-12 类继承关系

功能方面，本程序主要是对一组在职研究生的信息进行管理。因此，本程序另外设计了一个 Group 类。类中包括一个存储在职研究生信息的对象数组 st、一个记录人数的数据成员 sum，以及构造、输入、输出和排序等几个成员函数。

该程序由 3 个文件组成：li5_11_person.h、li5_11_person.cpp 和 li5_11_main. cpp。完整代码如下。

例 5-11 学生信息管理系统。

（1）li05_11_person.h：用于声明人员信息相关的类。

```
1   //li05_11_person.h
2   #ifndef _PERSON
3   #define _PERSON
4   #include<iostream>
5   #include<string>
6   using namespace std;
7   class Person
8   {
9   protected:
10      string ID;                     //编号
11      string name;                   //姓名
12      string sex;                    //性别
13  public:
14      Person( string = "000", string = " ", string = "男" );
15      void Input( );
16      string GetID( );
```

```
17        string GetName( );
18        string GetSex( );
19    };
20    class Student: virtual public Person
21    {
22    protected:
23        string speciality;          //专业
24    public:
25        Student( string, string, string, string = " " );
26        void Input( );
27        string GetSpeciality( );
28    };
29    class Graduate: virtual public Student
30    {
31    protected:
32        string  researchTopic;      //研究课题
33    public:
34        Graduate( string = "000", string = " ", string = "男",
35                  string = " ", string = " " );
36        void Input( );
37        string GetResearchTopic( );
38    };
39    class Teacher: virtual public Person
40    {
41    protected:
42        string academicTitle;       //教师职称
43    public:
44        Teacher( string, string, string, string = " " );
45        void Input( );
46        string GetAcademicTitle( );
47    };
48    class PostgraduateOnJob: public Graduate, public Teacher
49    {
50    public:
51        PostgraduateOnJob( string = "000", string = " ",
52            string = "男", string = " ", string = " ", string = " " );
53        void Input( );
54    };
55    #endif
```

（2）li05_11_person.cpp：用于实现人员信息相关的类。

```
1     //li05_11_person.cpp
2     #include "li05_11_person.h"
3
4     //Person类的函数实现
5     Person::Person( string id, string na, string se )
6     {
7         ID = id;
8         name = na;
9         sex = se;
10    }
11    void Person::Input( )
12    {
13        cout << "请输入信息\n";
14        cout << "编  号: ";
15        cin >> ID;
16        cout << "姓  名: ";
17        cin >> name ;
18        cout << "性别(男/女): ";
19        cin >> sex;
20    }
21    string Person::GetID( )
```

```
22  {
23      return ID;
24  }
25  string Person::GetName( )
26  {
27      return name;
28  }
29  string Person::GetSex( )
30  {
31      return sex;
32  }
33  //Student 类的函数实现
34  Student::Student( string id, string na, string se, string spec ):
35  Person( id, na, se )
36  {
37      speciality = spec;
38  }
39  void Student::Input( )
40  {
41      Person::Input( );
42      cout << "专　业: ";
43      cin >> speciality;
44  }
45  string Student::GetSpeciality( )
46  {
47      return speciality;
48  }
49  //Graduate 类的函数实现
50  Graduate::Graduate( string id, string na, string se, string spec, string rese ):
51  Person( id, na, se ), Student( id, na, se, spec)
52  {
53      researchTopic = rese;
54  }
55  void Graduate::Input( )
56  {
57      Student::Input( );
58      cout << "研究课题: ";
59      cin >> researchTopic;
60  }
61  string Graduate::GetResearchTopic( )
62  {
63      return researchTopic;
64  }
65  //Teacher 类的函数实现
66  Teacher::Teacher(  string id, string na, string se, string title ):
67  Person( id, na, se )
68  {
69      academicTitle = title;
70  }
71  void Teacher::Input( )
72  {
73      Person::Input( );
74      cout << "职　称: ";
75      cin >> academicTitle;
76  }
77  string Teacher::GetAcademicTitle( )
78  {
79      return academicTitle;
80  }
81  //PostgraduateOnJob 类的函数实现
82  PostgraduateOnJob::PostgraduateOnJob( string id, string na, string
83  se, string spec, string rese, string title ): Person( id, na, se ),
```

```
84   Student( id, na, se, spec), Graduate( id, na, se, spec, rese),
85   Teacher( id, na, se, title )
86   {
87      ;
88   }
89   void PostgraduateOnJob::Input( )
90   {
91      Graduate::Input( );
92      cout << "职  称: ";
93      cin >> academicTitle;
94   }
```

（3）li05_11_main.cpp：程序入口，用于 Group 类的定义、实现及使用。

```
1    //li05_11_main.cpp
2    #include <iostream>
3    #include <iomanip>
4    #include "li05_11_person.h"
5    using namespace std;
6
7    const int SUM = 5;              //学生总数
8
9    class Group
10   {
11   protected:
12      PostgraduateOnJob st[SUM];
13      int sum;
14   public:
15      Group( );
16      void Input( );
17      void SortByID( );
18      void Output( );
19   };
20   Group::Group( )
21   {
22      sum = SUM;
23   }
24   void Group::Input( )
25   {
26      int i;
27      for ( i=0; i<sum ; i++ )
28      {
29          st[i].Input( );
30      }
31   }
32   void Group::SortByID( )
33   {
34      int index, i, k;
35      PostgraduateOnJob temp;
36      for ( k=0 ; k<sum-1 ; k++ )
37      {
38          index = k;
39          for ( i=k+1 ; i<sum ; i++ )
40              if ( st[i].GetID( ) < st[index].GetID( ) )
41                  index = i;
42          if ( index != k )
43          {
44              temp = st[index];
45              st[index] = st[k];
46              st[k] = temp;
47          }
48      }
49   }
50   void Group::Output( )
51   {
```

```
52      int i;
53      cout << endl << "学生信息表" << endl;
54      cout << "编号   姓名   性别   专 业   研究课题   职称" << endl;
55      for ( i=0; i<sum ; i++ )
56      {
57          cout << st[i].GetID( )  << setw(8) << st[i].GetName( )
58               << setw(7) << st[i].GetSex( ) << setw(8)
59               << st[i].GetSpeciality( )  << setw(11)
60             << st[i].GetResearchTopic( )
61             << setw(7) << st[i].GetAcademicTitle( ) << endl;
62      }
63  }
64
65  int main( )
66  {
67      Group g1;
68      g1.Input( );
69      g1.SortByID( );
70      g1.Output( );
71      return 0;
72  }
```

为简明起见，本程序在设计上做了一些简化，如没有采用用户界面、在职研究生信息使用了固定大小的数组来存储等。在实际使用中，可以对该代码进行进一步优化。

本章小结

本章介绍了继承与派生的相关内容，主要内容如下。

（1）派生类的定义与实现，以及在不同继承方式下，基类成员访问属性的变化。

（2）定义派生类后，构造函数与析构函数的调用是本章的重点和难点，特别是存在虚基类时。

（3）在进行类继承时会发生同名冲突问题，本章一共讨论了 3 种同名冲突。通用的解决方案是在同名成员前面加上“**类名::**”。对于第三类同名冲突问题，本章介绍了另一种解决方案：将共同祖先基类定义为虚基类。

（4）公有派生类实际上可以看作一种特殊的基类，本章介绍了两者之间存在的赋值兼容规则。需要理解并掌握好赋值兼容的现实背景与理论依据。

习　题　5

一、单选题

1. 下列关于派生类的描述中，正确的是________。

   A. 派生类可以继承多个基类

   B. 派生类不可以作为其他类的基类

   C. 派生类的构造函数初始化列表中必须包含对基类构造函数的调用

D. 派生类对基类默认的继承方式为 public

2. 多重继承构造函数的调用顺序一般可分为 4 步，下面 4 个步骤正确的顺序是________。

步骤 1：调用派生类自己的构造函数；

步骤 2：任何非虚基类，按照它们被继承的顺序依次调用构造函数；

步骤 3：任何虚基类，按照它们被继承的顺序依次调用构造函数；

步骤 4：任何派生类的对象成员，按照它们声明的顺序依次调用所属类的构造函数。

A. 步骤 1→步骤 2→步骤 3→步骤 4　　B. 步骤 2→步骤 3→步骤 4→步骤 1

C. 步骤 3→步骤 2→步骤 4→步骤 1　　D. 步骤 1→步骤 4→步骤 2→步骤 3

3. 派生类构造函数的成员初始化列表不能包含的初始化项是________。

A. 基类的构造函数　　B. 基类的成员对象所属类的构造函数

C. 派生类自身定义的数据成员　　D. 派生类的成员对象所属类的构造函数

4. 下列关于虚基类初始化的说法中，正确的是________。

A. 虚基类的初始化可由它的各层派生类构造函数引起，故不止一次初始化

B. 虚基类直接派生类的构造函数的初始化列表中必须包含对虚基类构造函数的调用

C. 无论是否定义最后派生类的对象，虚基类的构造函数至少调用一次

D. 在最后派生类构造函数的调用中，先调用虚基类的构造函数，在调用其他基类的构造函数时，不再调用虚基类的构造函数

5. 下面有关基类与公有派生类的赋值兼容原则，正确的是________。

A. 公有派生类对象不能赋给基类对象

B. 基类对象能赋给其公有派生类的引用

C. 基类对象不能赋给公有派生类对象

D. 公有派生类对象地址不能赋给基类指针变量

二、填空题

1. 继承的 3 种方式是________、________和________，默认的继承方式是________。

2. 如果一个单一继承的派生类中含有对象成员，那么在该派生类对象生命期结束时，其析构函数的调用顺序是：先调用________的析构函数，再调用________的析构函数，最后调用________的析构函数。

3. 设置虚基类使用关键字________，是在虚基类的直接________类的说明中实现，其目的是________。

4. 基类成员在派生类中的访问属性由________和______共同影响。

5. 赋值兼容原则仅适用于通过________方式派生的派生类及其基类之间。

三、问答题

1. 什么是赋值兼容规则？具体是指什么情况？

2. 对于如下类型声明，分别指出类 A、B、C 可访问的成员及其属性。

```
class A
{
   int a1, a2;
protected:
   int a3, a4;
public:
```

```
   int  a5, a6;
   A(int);
};
class B: A
{
   int b1, b2;
protected:
   int b3, b4;
public:
   int b5, b6;
   B(int);
};
class C: public B
{
   int c1, c2;
protected:
   int c3, c4;
public:
   int c5, c6;
   C(int);
};
```

3. 什么是虚基类？在 C++语言中何时需要说明虚基类？

四、读程序写结果

1. 写出下面程序的运行结果。

```
//answer5_4_1.cpp
#include <iostream>
using namespace std;
class A
{
public:
 A( )
 {
     cout<<'A';
 }
};
class B
{
public:
 B( )
 {
     cout<<'B';
 }
};
class C: public A
{
public:
 C( )
 {
     cout<<'C';
 }
};
class D: public A, public B
{
public:
 D( )
 {
     cout<<'D';
 }
};
class E: public B, public virtual C
{
public:
 D d;
```

```
 E( )
 {
     cout<<'E';
 }
};
class  F: public virtual C, public D, public E
{
public:
     C c, d;
     E e;
     F( )
     {
         cout<<'F';
     }
};
int main( )
{
     A a;
     cout << '\n';
     B b;
     cout << '\n';
     C c;
     cout << '\n';
     D d;
     cout << '\n';
     E e;
     cout << '\n';
     F f;
     cout << '\n';
     return 0 ;
}
```

2. 写出下面程序的运行结果。

```
//answer5_4_2.cpp
#include <iostream>
using namespace std;
class X
{
public:
 X( )
 {
    cout << "X::X( ) constructor executing\n";
 }
 ~X( )
 {
    cout << "X::~X( ) destructor executing\n";
 }
};
class Y:public X
{
public:
 Y( )
 {
    cout << "Y::Y( ) constructor executing\n";
 }
 ~Y( )
 {
    cout << "Y::~Y( ) destructor executing\n";
 }
};
class Z: public Y
{
public:
 Z( )
 {
```

```
    cout << "Z::Z( ) constructor executing\n";
 }
 ~Z( )
 {
    cout << "Z::~Z( ) destructor executing\n";
 }
};
int main( )
{
    Z z;
    return 0 ;
}
```

3. 写出下面程序的运行结果。

```
//answer5_4_3.cpp
#include <iostream>
using namespace std;
class A
{
public:
     int n;
};
class B: virtual public A
{ };
class C: virtual public A
{ };
class D: public B, public C
{ };
inline void print(D &d)
{
    cout << "d.A::n = " << d.A::n << ", d.B::n = " << d.B::n;
    cout << ", d.C::n = " << d.C::n << ", d.D::n = " << d.n << "\n";
}
int main( )
{
    D d;
    d.A::n=10;
    print(d);
    d.B::n=20;
    print(d);
    d.C::n=30;
    print(d);
    d.n=40;
    print(d);
    return 0 ;
}
```

4. 写出下面程序的运行结果。

```
//answer5_4_4.cpp
#include <iostream>
using namespace std;
class X
{
public:
   void f( )
   {
      cout << "X::f( ) executing\n";
   }
};
class Y:public X
{
public:
   void f( )
   {
      cout << "Y::f( ) executing\n";
```

```
    }
};
int main( )
{
    X x;
    Y y;
    X *p = &x;
    p->f( );
    p = &y;
    p->f( );
    y.f( );
    return 0 ;
}
```

五、编程题

1. 某公司财务部需要开发一个计算雇员工资的程序。该公司有 3 类员工，工资计算方式如下。

工人工资：每小时工资额（通过成员函数设定）乘以当月工作时数（通过成员函数设定），再加上工龄工资。

销售员工资：每小时工资额（通过成员函数设定）乘以当月工作时数（通过成员函数设定），加上销售额提成，再加上工龄工资；其中销售额提成等于该销售员当月售出商品金额（通过成员函数设定）的 1%。

管理人员工资：基本工资 1 000 元，再加上工龄工资。

其中，工龄工资：雇员在该公司的工龄每增加一年，月工资就增加 35 元。

请用面向对象方法分析、设计这个程序，并用 C++ 语言写出完整程序。

2. 图 5-13 为一个多重继承的类继承关系示意图，各类的主要成员已有说明，请编程实现体现该继承关系的程序，并定义教师对象、学生对象、研究生对象、在职研究生对象，输出他们的信息。

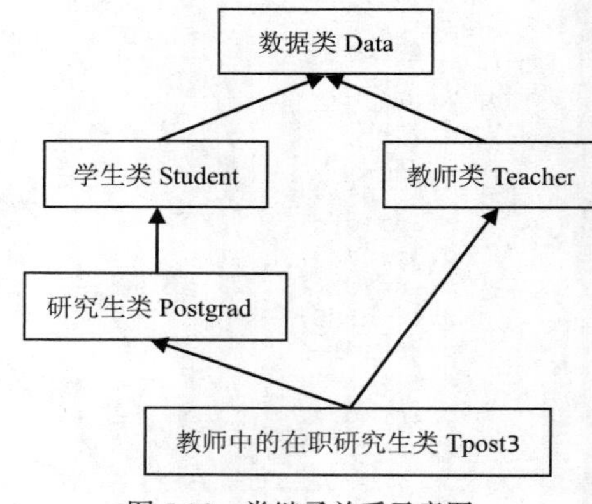

图 5-13 类继承关系示意图

（1）关于数据成员。

数据类 Data：成员 name 保存姓名。

教师类 Teacher：增加成员 sal 保存工资。

学生类 Student：增加成员 id 保存学号。

研究生类 Postgrad：增加成员 dn 保存系别。

教师中的在职研究生类 Tpost：不另外定义成员。

（2）关于成员函数。

在各类中定义输出所有数据成员的函数 void print()。

第6章 多态性

在C++里你想搬起石头砸自己的脚更为困难了，不过一旦你真的做了，整条腿都要报销。

In C++ it's harder to shoot yourself in the foot, but when you do, you blow off your whole leg.

——本贾尼·斯特劳斯特卢普（Bjarne Stroustrup）

C++语言之父

学习目标：

- 学习多态性的概念
- 了解多态性的两种不同类型——静态多态性和动态多态性
- 掌握静态多态性的实现方法——重载
- 重点学习用运算符的重载实现静态多态性
- 掌握通过继承、虚函数、基类的指针或引用实现动态多态性的方法
- 掌握纯虚函数与抽象类的定义及使用，了解其意义

第3章～第5章介绍了面向对象程序设计中的两大特性——封装性与继承性，多态性是面向对象程序设计的第3大重要特性。

本章主要介绍多态的概念，多态的两种不同类型——静态多态性和动态多态性及各自不同的实现方法。对用运算符重载来实现静态多态性做较为详细的介绍。重点讲解通过继承、虚函数、基类的指针和引用实现动态多态性的方法，以及纯虚函数和抽象类的意义。

6.1 多态的两种类型

本节要点：

- 什么是多态性
- 多态的两种类型——静态多态性和动态多态性

多态性是指一种行为对应多种不同的实现。根据C++程序实现多态的不同阶段，多态的实现分为**静态联编**（**Static Binding**）和**动态联编**（**Dynamic Binding**）。**静态联编**是在程序编译阶段就能实现的多态性，这种多态性称为**静态多态性**，也称**编译时的多态性**，可以通过**函数重载**和**运算符重载实现**。**动态联编**是在程序执行阶段实现的多态性，这种多态性称为**动态多态性**，也称**运行时的多态性**，可以通过**继承、虚函数、基类的指针或引用**等技术来实现。

2.4.3 节讲述了 C++语言在面向过程的程序设计中存在的函数重载，这是 C++语言非类成员函数表现出来的多态性。

本章将详细介绍在面向对象程序设计中的两种多态性。

（1）静态多态性。同一个类中的同名成员函数，定义时在形式参数的个数、顺序、类型方面有所不同，在程序编译时能根据实际参数与形式参数的匹配情况，确定该类对象究竟调用了哪一个成员函数。

（2）动态多态性。在基类与派生类中存在的同名函数，要求该同名函数的原型在基类和派生类中完全一致，而且是虚函数。在编译时无法确定究竟调用的是哪一个同名函数，只有在程序运行时，通过基类的指针指向基类或派生类对象，或基类的引用代表的是基类还是派生类的对象，从而确定调用的是基类还是派生类中的同名函数。

6.2 静态多态性的实现——重载

本节要点：

- 通过 Student 类中成员函数 print 的重载体现静态多态性
- 运算符重载的含义及实质
- 运算符重载的规则
- 用成员函数重载运算符
- 用友元函数重载运算符

静态多态性的优点是函数调用速度快、效率高；缺点是编程不够灵活。静态多态性可以通过函数重载和运算符重载实现。运算符重载本质上就是一种特殊的函数重载。

第 2 章已介绍过非类的一般函数重载的方法。函数重载还体现在同一个类的多个成员函数之间，或是在基类和派生类中的同名成员函数之间。本节的重点是在同一个类中进行函数重载，以实现静态多态性。

例 6-1 中对类 Student 的构造函数及成员函数 print()均进行了重载，从运行结果就可以很容易理解通过函数重载实现的静态多态性。

例 6-1 在同一个类中通过函数重载实现静态多态性。本程序由 3 个文件组成：li06_01.h、li06_01.cpp 和 li06_01_main.cpp。

```
1   //li06_01.h: 类 Student 的定义
2   #include<iostream>
3   #include<string>
4   using namespace std;
5   class Student                              //定义类 Student
6   {
7      string name;
8      int no;
9   public:
10     Student();                                   //构造函数版本 1，无参数
11     Student::Student(string sname, int n);   //构造函数版本 2，带参数
12     void  print();                           //输出函数重载版本 1，无参数
13     void  print(int n);                      //输出函数重载版本 2，带参数
```

```
14  };
```

类 Student 成员函数的实现在文件 li06_01.cpp 中，代码如下。

```
1   //li06_01.cpp: 类成员函数的实现
2   #include"li06_01.h"
3   Student::Student()
4   {
5       no = 0;
6       name = "同学";
7   }
8   Student::Student(string sname, int n)
9   {
10      no = n;
11      name = sname;
12  }
13  void  Student::print()
14  {
15      cout << name << "  " << no << endl;
16  }
17  void  Student::print(int n)
18  {
19      cout << name << "  B" << n << no << endl;
20  }
```

例 6-1 讲解

主函数的代码在文件 li06_01_main.cpp 中，包含 Student 类对象的定义以及重载函数实现静态多态性的测试。

```
1   //li06_01_main.cpp: 定义类 Student 的对象并测试静态多态性
2   #include"li06_01.h"
3   int main()
4   {
5      Student  s1 ;                    //调用第 1 个构造函数创建类对象
6      Student  s2( "学生" , 18 )       //调用第 2 个构造函数创建类对象
7      s1.print ( ) ;                   //对象 s1 调用重载版本 1 的输出函数
8      s2.print ( ) ;                   //对象 s2 调用重载版本 1 的输出函数
9      s2.print( 2019 ) ;               //对象 s2 调用重载版本 2 的输出函数
10      return 0;
11  }
```

运行结果：

```
同学  0                            //此行由 s1.print();运行得到
学生  18                           //此行由 s2.print();运行得到
学生  B201918                      //此行由 s2.print(int);运行得到
```

无论是非类成员的普通函数重载，还是类成员函数的重载，都要求形式参数在个数、类型、顺序的一个或多个方面有所区别。

运算符重载的实质就是函数重载，以“**operator 运算符**”为函数名，对已有的运算符赋予多重含义，同一个运算符作用于不同类型的数据将会产生不同的行为。C++语言中预定义的运算符的操作对象只能是基本数据类型。实际上，对于很多用户自定义类型（包括类），也需要提供类似的运算，这就需要重新定义运算符，使其在新类型中可以完成类似的运算功能。

在编译过程中，首先把指定的运算表达式转化为对运算符函数的调用，运算对象转化为运算符函数的实际参数，然后根据实际参数的类型来确定究竟调用哪一个同名运算符函数，因此运算符重载实现的是静态多态性。

6.2.1 运算符重载的规则

运算符的重载通常作用在一个类上，这样，该类的对象就可以使用这些运算符实现相应操作。例如，运算符“+”按语言本来的定义，可用于整型、实型数据的相加运算。在复数类上进行“**operator +**”重载后，两个复数就可以像两个整数一样直接使用运算符“+”实现相加。由此可见，运算符重载扩充了 C++语言本身的功能。类似地，用户可以根据自身的需求，对其他相应的运算符进行重载。

另外，在可以被重载的运算符中，除了**赋值运算符“=”以及复合赋值运算符（如“+=”“>>=”等）**之外，其余在基类重载的运算符都能被派生类继承。

表 6-1 和表 6-2 分别提供了 C++语言中可以重载的运算符和不可以重载的运算符。

表 6-1　　C++语言中可以重载的运算符

<table>
<tr><td>!</td><td>~</td><td>+</td><td>−</td><td>*</td><td>&</td><td>/</td><td>%</td></tr>
<tr><td><<</td><td>>></td><td><</td><td><=</td><td>></td><td>>=</td><td>==</td><td>!=</td></tr>
<tr><td>^</td><td>|</td><td>&&</td><td>></td><td>+=</td><td>-=</td><td>*=</td><td>/=</td></tr>
<tr><td>%=</td><td>&=</td><td>^=</td><td>|=</td><td><<=</td><td>>>=</td><td>,</td><td>→*</td></tr>
<tr><td>→</td><td>( )</td><td>[ ]</td><td>=</td><td>++</td><td>−−</td><td>new</td><td>delete</td></tr>
<tr><td>||</td><td>new[ ]</td><td>delete[ ]</td><td></td><td></td><td></td><td></td><td></td></tr>
</table>

表 6-2　　C++语言中不可以重载的运算符

.	.*	::	?:	sizeof

运算符重载的**规则如下**。

（1）C++语言中的运算符除了表 6-2 中的 5 个运算符以外，都可以重载。注意，只能重载已有的这些运算符，不能创造新的运算符。

（2）重载之后，运算符的优先级与结合性都不会改变。

（3）运算符重载是针对新类型数据的实际需要，对原有运算符进行适当改造。一般来讲，重载的功能应当与原有功能类似，运算符重载不应当改变运算符的功能和意义，以免引起歧义。

（4）运算符重载不能改变原运算符的操作对象个数，同时至少要有一个操作对象属于自定义类型。

作用在类上的运算符重载可以有两种方式：通过**类中成员函数或类的友元函数**进行重载。不同的运算符可以重载的方式也不一样。有几个运算符只能用成员函数重载，例如“=”“( )”“[ ]”“->”，单目运算符及复合赋值运算符也建议重载为成员函数；有的运算符只能用友元函数重载，例如：用于输入的提取符“>>”和用于输出的插入符“<<”；其余大部分运算符两种方式都可以重载。

6.2.2 用成员函数重载运算符

重载为成员函数的运算符，其**第一运算对象必须是本类的对象**。如果**第一运算对象不是本类对象**，则只能通过**友元函数**重载。

在 C++语言中，用成员函数重载运算符就是将运算符重载定义成一个类的成员函数的形式。

用成员函数重载运算符一般分为两步。

（1）在类定义中用以下语句声明该运算符成员函数。

```
<函数类型>  operator <运算符>（<形式参数表>）；
```

（2）在类体外定义该运算符成员函数，形如：

```
<函数类型>  类名：：operator <运算符>（<形式参数表>）
{
…       //<函数体>;
}
```

其中，operator 是运算符重载声明时的关键字，operator 和后面的运算符连在一起共同构成运算符函数名。

以上的两步也可以合并为一步，在类定义中直接完成运算符成员函数的定义，形如：

```
<函数类型>  operator <运算符>（<形式参数表>）
{
…    //<函数体>;
}
```

因为成员函数必定通过类对象调用，当前类对象就成为了调用该运算符函数的第一运算对象，因此，重载单目运算符时，形式参数表为空；重载双目运算符时，形式参数表中只有一个形式参数，对应于运算符的第二运算对象（右操作数）。

下面通过实例学习用成员函数重载单目运算符和双目运算符的方法。

例 6-2　对复数类 Complex 用成员函数重载双目运算符“+”和单目运算符前缀“++”。本程序由 3 个文件组成：li06_02.h、li06_02.cpp 和 li06_02_main.cpp。

```
1    //li06_02.h：在复数类 Complex 中用成员函数重载“+”、前缀“++”运算符
2    #include <iostream>
3    using namespace std;
4    class Complex                              //定义类 Complex
5    {
6    private:
7        float  real;
8        float  imag;
9    public:
10       Complex ( float r = 0 , float i = 0 );  //形参带有默认值
11       void print ( ) ;
12       Complex operator + (const Complex &a) ; //函数声明，只有一个形参
13       Complex operator + (float x) ;      //函数声明，只有一个 float 形参
14       Complex operator ++ ( ) ;             //函数声明，不需要形参
15   };
```

类 Complex 的 4 个成员函数包括以成员函数重载的两个运算符函数，这两个函数的实现在文件 li06_02.cpp 中。

```
1    //li06_02.cpp：在类 Complex 中重载“+”、前缀“++”
2    #include "li06_02.h"
3    Complex::Complex(float r, float i)
4    {
5        real = r;
6        imag = i;
7    }
8    void Complex::print( )
9    {
10       cout << real ;
11       if( imag != 0 )                    //虚部为 0，不需要输出
12       {
```

例 6-2 讲解

```
13          if( imag > 0 )              //虚部为正数，要输出"+"号
14          cout << " + " ;
15          cout << imag << " i " ;    //输出数学上虚部的标识 i
16      }
17      cout << endl;
18  }
19  Complex Complex::operator + (const Complex &a) //形参为第二运算对象
20  {
21      Complex temp ;
22      temp.real = real + a.real ;     //real 就是 this->real
23      temp.imag = imag + a.imag ;     //imag 就是 this-> imag
24      return temp ;
25  }
26  Complex Complex::operator + (float x)   //形参为第二运算对象,float 值
27  {
28      return Complex ( real+x , imag+x ) ; //实部和虚部同时加 x
29  }
30  Complex  Complex::operator ++ ( )   //无形参
31  {
32      ++ real ;                       //real 就是++ (this-> real)
33      ++ imag ;                       //imag 就是++ (this-> imag)
34      return *this ;                  //*this 就是当前对象
35  }
```

主函数的代码在文件 li06_02_main.cpp 中，包含 Complex 类对象的定义以及调用重载“+”、前缀“++”运算符的测试。

```
1   //li06_02_main.cpp：调用重载“+”、前缀“++”运算符的测试
2   #include "li06_02.h"
3   int main( )
4   {
5       Complex c1 (1.5 , 2.5) , c2(5 , 10) , c3 , c4 ;
6       cout << "original c1 is:  " ;
7       c1.print( ) ;
8       cout << "original c2 is:  " ;
9       c2.print( ) ;
10      c3 = c1 + c2 ;                  //相当于 c3 = c1.operator+(c2);
11      cout << "c3=c1+c2  is:  " ;
12      c3.print( ) ;
13      c3 = c3 + 5.32f ;               //相当于 c3 = c3.operator+(5.32f);
14      cout << "c3=c3+5.32f  is:  " ;
15      c3.print( ) ;
16      c4 = ++c2 ;                     //相当于 c4 = c2.operator++( );
17      cout<< "after added 1 c2 is:  " ;
18      c2.print( ) ;
19      cout << "after c4=++c2; c4 is:  " ;//前缀++, c4 等于自增后的 c2
20      c4.print( ) ;
21      return 0 ;
22  }
```

运行结果：

```
original c1 is:  1.5 + 2.5 i
original c2 is:  5 + 10 i
c3=c1+c2  is:  6.5 + 12.5 i
c3=c3+5.32f  is:  11.82 + 17.82 i
after added 1 c2 is:  6 + 11 i
after c4=++c2; c4 is:  6 + 11 i
```

分析：在例 6-2 中对单目运算符前缀“++”和双目运算符“+”均以成员函数重载。再次关注定义时参数的设定以及调用方法。单目运算符“++”作为成员函数重载时无形式参数，当前对

象就是该运算符所需的唯一运算对象；而双目运算符"+"在作为成员函数重载时，只需要设定一个形式参数，对应于第二个运算对象。第二运算对象可以是本类对象，也可以是其他类型的值，例 6-2 给出了两个双目运算符"+"的重载版本，对比参数区别。

调用运算符函数有隐式和显式两种方式，在例 6-2 的主函数中采用的是隐式调用方式，与将这些运算符作用于系统预定义类型的用法相同，其等效的显式调用为："**对象名. operator 运算符(实际参数表)**"，见第 10、第 13、第 16 行的注释，与调用其他成员函数的方法完全一样。

例 6-2 的思考题：

① 将 li06_02.h 文件中的第 12 行修改为"Complex operator + (Complex &a); ",将 li06_02.cpp 文件中的第 19 行修改为"Complex Complex::operator + (Complex &a)"，将常引用形参改为引用形参，重新运行程序，结果有变化吗？ 为什么？

② 将 li06_02.h 文件中的第 12 行修改为"Complex operator + (Complex a); "，将 li06_02.cpp 文件中的第 19 行修改为"Complex Complex::operator + (Complex a)"，也就是将常引用形参改为值形参，重新运行程序，结果有变化吗？二者的工作原理有区别吗？

③ 将 li06_02_main.cpp 文件中的第 13 行修改为"c3 = 5.32f + c3 ;"，重新编译程序，会有什么现象？请解释原因。

6.2.3 用友元函数重载运算符

很多运算符既可以用成员函数重载，也可以用友元函数重载，也有个别运算符只允许用友元函数重载。例如，控制输入的提取运算符">"和控制输出的插入运算符"<<"。

以友元函数重载运算符一般分为两步。

（1）在类定义中用以下语句声明该友元函数。

```
friend <函数类型> operator <运算符>(<形式参数表>);
```

（2）在类体外定义该运算符函数，形如：

```
<函数类型> operator <运算符>(<形式参数表>)
{
…        //<函数体>;
}
```

其中，operator 是运算符重载声明时的关键字，operator 和后面的运算符连在一起共同构成运算符函数名。

以上的两步也可以合并为一步，在类定义中直接完成运算符友元函数的定义，形如：

```
friend <函数类型> operator <运算符>(<形式参数表>)
{
… //<函数体>;
}
```

因为友元函数是独立于类之外的一个普通函数，没有 this 指针，在调用时必须提供所有的运算对象。因此，重载单目运算符时，需要提供一个形式参数对应于唯一的运算对象；重载双目运算符时，必须提供两个形式参数，对应于运算符的第一、第二运算对象。

下面对例 6-2 中的两个运算符：双目运算符"+"和单目运算符前缀"++"改用友元函数重载实现，其余内容不变，请注意区别比较。

例 6-3 通过定义友元函数的方法对复数类 Complex 重载双目运算符"+"和单目运算符前缀

“++”。本程序由 3 个文件组成：li06_03.h、li06_03.cpp 和 li06_03_main.cpp。

```
1   //li06_03.h：定义 Complex 类，声明函数
2   #include <iostream>
3   using namespace std;
4   class Complex              //定义类 Complex
5   {
6   private:
7       float  real;
8       float  imag;
9   public:
10      Complex(float r=0, float i=0) ;
11      void print();
12      friend Complex operator + (const Complex &a, const Complex &b);
13      friend Complex operator + (const Complex &a, float x);
14      friend Complex operator ++ ( Complex &a );   //提供一个形参
15  };
```

类 Complex 的两个成员函数以及以友元重载的两个运算符函数的实现在文件 li06_03.cpp 中。

```
1   //li06_03.cpp：各函数的实现代码
2   #include "li06_03.h"
3   Complex::Complex(float r , float i)
4   {
5       real = r;
6       imag = i;
7   }
8   void Complex::print( )
9   {
10      cout << real;
11      if( imag != 0 )
12      {
13          if( imag > 0 ) cout << " + " ;      //虚部为正数时，额外输出加号
14              cout << imag << " i " ;
15      }
16      cout << endl;
17  }
18  Complex operator + (const Complex &a, const Complex &b) //两个形参
19  {
20      Complex temp;
21      temp.real = a.real + b.real;
22      temp.imag = a.imag + b.imag;
23      return temp;
24  }
25  Complex operator + (const Complex &a, float x)
26  {
27      return Complex ( a.real+x , a.imag+x ) ; //实部和虚部同时加 x
28  }
29  Complex operator ++ ( Complex &a)            //一个形参
30  {
31      ++a.real;
32      ++a.imag;
33      return a;
34  }
```

例 6-3 讲解

主函数的代码在文件 li06_03_main.cpp 中，包含 Complex 类对象的定义以及调用重载“+”、前缀“++”运算符的测试。

```
1   //li06_03_main.cpp：调用重载“+”、前缀“++”运算符的测试
2   #include "li06_03.h"
3   int main( )
4   {
5       Complex c1(1.5 , 2.5) , c2(5 , 10) , c3 , c4 ;
```

```
6       cout << "original c1 is:  " ;
7       c1.print( ) ;
8       cout << "original c2 is:  " ;
9       c2.print( ) ;
10      c3 = c1 + c2;                    //相当于 c3 = operator+(c1 , c2);
11      cout << "c3=c1+c2  is:  " ;
12      c3.print( ) ;
13      c3 =  c3 + 5.32f  ;              //相当于 c3 = operator+(c3 , 5.32f);
14      cout << "c3=c3+5.32f  is:  " ;
15      c3.print( ) ;
16      c4 = ++c2;                       //相当于 c4 = operator++(c2) ;
17      cout << "after added 1 c2 is:  " ;
18      c2.print( ) ;
19      cout << "after c4=++c2; c4 is:  " ;
20      c4.print( ) ;
21      return 0 ;
22  }
```

运行结果：

```
original c1 is:  1.5 + 2.5 i
original c2 is:  5 + 10 i
c3=c1+c2  is:  6.5 + 12.5 i
c3=c3+5.32f  is:  11.82 + 17.82 i
after added 1 c2 is:  6 + 11 i
after c4=++c2; c4 is:  6 + 11 i
```

分析：在例 6-3 中对单目运算符前缀“++”和双目运算符“+”均以友元函数重载。再次关注定义时参数的设定以及调用方法。单目运算符“++”作为友元函数重载时有一个引用形式参数，这里不能设为值形参，因为需要通过该引用参数达到修改对应实参对象的效果，该引用形参代表的实参对象就是该运算符所需的唯一运算对象；而双目运算符“+”在作为友元函数重载时，需要设定两个形式参数，它们代表的实参对象就是该运算符要求的两个运算对象。例 6-3 中用的是常引用形参，保护对应的实参对象不被修改。

例 6-3 的主函数代码与例 6-2 的主函数代码完全相同，由此可见，无论运算符重载是用友元函数还是成员函数，其隐式调用方式均相同，与作用于系统预定义类型的用法相同。

例 6–3 的思考题：

① 将 li06_03.h 文件中的第 14 行修改为“friend Complex operator ++ (Complex a); ”，将 li06_03.cpp 文件中的第 29 行修改为“Complex operator ++ (Complex a)”，将引用形参改为值形参，重新运行程序，结果有变化吗？试分析原因。

② 恢复 li06_03.h 文件中的第 14 行和 li06_03.cpp 文件中的第 29 行原来的代码，仍然用引用形参，将 li06_03.cpp 文件中的第 31 行和第 32 行代码修改为“{ a.real++; a.imag++;”，将这两句中的前置++改为后缀++，重新运行程序，结果有变化吗？试分析原因。

例 6-3 主函数中采用的是隐式调用方式，这也是编程中最常用的调用方式。与隐式方式等效的显式方式为：**operator 运算符(实际参数表)**，见例 6-3 中的 li06_03_main.cpp 文件中的第 10、第 13、第 16 行的注释，与调用其他普通函数的方法完全一样。

读者可以仿照例 6-2 和例 6-3 完成复数类中其他运算符的重载，如“–”“*”“/”“––”等，这些运算符既可以用成员函数重载，又可以用友元函数重载。

对于同一运算符，用成员函数重载和用友元函数重载的区别如表 6-3 所示。

表 6-3　用成员函数形式重载和用友元形式重载的区别

重载形式 \ 区别	形参个数	显式方式的调用	第一运算对象	第二运算对象
成员函数重载双目运算符	1	对象名.operator 运算符 (实参 1);	当前对象	唯一实参
友元函数重载双目运算符	2	operator 运算符 (实参 1，实参 2);	第一实参	第二实参
成员函数重载单目运算符	0	对象名.operator 运算符( );	当前对象	无
友元函数重载单目运算符	1	operator 运算符 (实参 1);	唯一实参	无

6.2.4　几种运算符的重载

6.2.2 节和 6.2.3 节对 Complex 类中“+”和“++”运算符的重载进行了介绍，表 6-3 也清晰地表现了用成员函数和用友元函数重载这两种不同方式的对比。下面再介绍几种运算符的重载，注意它们各自可以重载的方式。

1. 赋值运算符“=”的重载

赋值运算符“=”比较特殊，只能被重载为成员函数，并且是**不能被继承**的。当运算对象不是基本类型时，应当给出“=”运算符重载函数，以实现对该类型的赋值运算。

其类内声明的一般形式为：

```
类名  & operator = ( const 类名 & ) ;
```

在一般情况下，系统为每个类都生成一个默认的赋值运算符，实现将赋值号右边对象的各个数据成员的值依次赋值给赋值号左边对象各个对应的数据成员，要求左右两边的对象属于同一种类型。在没有特殊处理的情况下（如对内存的动态分配等），只使用这个默认的赋值运算符就足够了。

在 3.5 节中讲到，如果一个类包含指针数据成员，并且在构造函数中用该指针成员申请了动态内存空间，则该类中不仅要定义析构函数释放内存空间，还要定义复制构造函数以实现深复制。

深复制与浅复制的问题同样存在于赋值运算。例 6-4 直接使用系统提供的默认赋值运算符，注意观察运行程序时的现象。

例 6-4　使用系统提供的默认赋值运算符。

该程序包含两个文件：li03_11.h（代码见第 3 章）和 li06_04.cpp。

```
1     //li06_04.cpp：使用系统提供的默认赋值运算符
2     #include "li03_11.h"
3     int main()
4     {
5         CMessage Mes1("中国一点也不能少!");
6         CMessage Mes2;     //使用默认参数值“爱我中华!”
7         Mes1.show();
8         Mes2.show();
9         cout << "after Mes2=Mes1: \n" ;
10        Mes2 = Mes1;       //使用系统默认的赋值运算符
11        Mes1.show();
12        Mes2.show();
13        return 0;
14    }
```

例 6-4 讲解

运行结果：

```
中国一点也不能少!
```

```
爱我中华!
after Mes2=Mes1:
中国一点也不能少!
中国一点也不能少!
Destructor called.
Destructor called.
```

但是，在输出以上结果之后，**弹出一个意外终止框**。显然，程序的运行出现了异常。

分析一下原因，仍然是深复制与浅复制的问题。用系统默认的 “=” 运算符只能实现按成员赋值，只是将对象 Mes1 的 pmessage 指针值赋给对象 Mes2 的 pmessage 指针，在对象 Mes2 析构后，对象 Mes1 的 pmessage 指针成了悬挂指针，在析构 Mes1 时就发生运行时错误。因此，**必须重载赋值运算符**，在该函数中为当前对象的指针成员重新申请动态内存空间，复制动态内存空间的值完成深复制，从而消除运行时的错误。

在文件 li03_11.h 的基础上修改，增加了赋值运算符函数的重载声明及定义，将修改后的文件命名为 li06_04.h，具体代码如下。

例 6-4V2 讲解

```
1   //li06_04.h:增加了赋值运算符重载的类 CMessage 定义
2   #include<iostream>
3   #include<cstring>
4   using namespace std;
5   class CMessage    //定义类
6   {
7   private:
8       char* pmessage;                          //指向文本的指针成员
9   public:
10      CMessage(const char* text = "爱我中华!")   //构造函数
11      {
12          pmessage = new char[strlen(text) + 1]; //申请动态空间
13          strcpy_s(pmessage, strlen(text) + 1 , text);  //复制字符串
14      }
15      void show()                              //输出文本
16      {
17          cout << pmessage <<endl;
18      }
19      ~CMessage()                              //析构函数
20      {
21          cout << "Destructor called.\n";        //仅作为调用标记
22          delete[] pmessage;                   //释放动态空间
23      }
24      CMessage & operator = (const CMessage &s); //新增加的重载声明
25  };
26  CMessage & CMessage::operator = (const CMessage &s)  //新增
27  {                                    //新增加的重载赋值运算符的定义
28      if ( pmessage )                   //先释放当前对象原来申请的动态空间
29          delete [ ] pmessage ;
30      int len = strlen ( s.pmessage ) + 1 ;
31      pmessage = new char[ len ];     //重新申请动态空间
32      strcpy_s ( pmessage, len, s.pmessage );     //复制动态空间中的值
33      return *this ;
34  }
```

分析： li 06_04.h 中新增加的重载赋值运算符在本类中必须提供，因为类中有指针数据成员并利用它申请了动态内存空间。关注新增函数的代码，首先要负责释放原来的动态内存空间，因为赋值运算符是在对象已经存在，重新为它赋一个新值时执行的；然后根据赋值运算符的第二运算

对象的字符串长度，用当前对象（即赋值运算符的第一运算对象，左值）的指针成员重新申请大小等于被复制串长+1 的动态内存空间；最后用 strcpy_s 完成串的复制。

同时，将 li06_04.cpp 代码的第一行由“#include " li03_11.h"”修改为“#include " li06_04.h"”，修改过之后的文件为 li06_04_V2.cpp，重新编译链接运行程序，输出结果与之前的结果完全相同，但是不会再出现意外终止框，程序完全正确。

例 6-4 应重点理解赋值运算符函数的调用。图 6-1～图 6-3 显示了在执行“Mes2 = Mes1;”前后的 Mes1 和 Mes2 对象。图 6-2 展示了调用系统默认的赋值运算符导致的指针悬挂问题，使程序运行在成功析构 Mes2 对象之后再析构 Mes1 对象时出错。

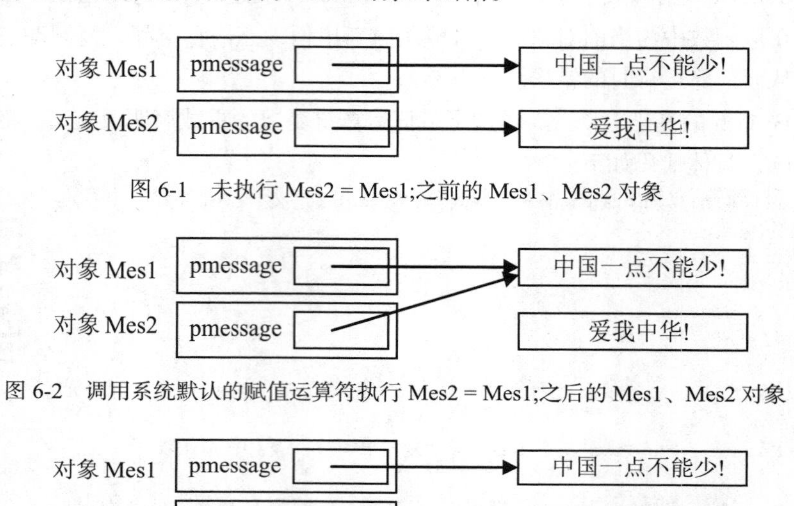

图 6-1　未执行 Mes2 = Mes1;之前的 Mes1、Mes2 对象

图 6-2　调用系统默认的赋值运算符执行 Mes2 = Mes1;之后的 Mes1、Mes2 对象

图 6-3　调用用户重载的赋值运算符执行 Mes2 = Mes1;之后的 Mes1、Mes2 对象

例 6-4 的思考题：

① 比较 li06_04.h 文件中新增的赋值运算符函数的代码和 3.6 节中复制构造函数的代码，二者有什么相同和不同之处？试分析解释。

② 例 6-4 主函数中如果有语句“CMessage Mes3 (Mes1) ;”，则文件 li06_04.h 需要做怎样的改变？

2. 下标运算符“[ ]”的重载

下标运算符“[ ]”重载函数是可以带一个右操作数的运算符函数，下标运算符函数重载只能使用成员函数，其类内声明的形式如下。

```
返回类型  & operator[  ]（形式参数表）;
```

（1）一定以某类型的引用返回，目的是使函数返回值可以作为左值使用。

（2）形式参数表中有一个形式参数。

下面来看一个动态一维数组的例子，重载下标运算符“[ ]”函数用来返回数组中特定位置的元素。

例 6-5　在一维数组类 Array 中重载下标运算符“[]”，关注每行的注释。本程序由 li06_05.h、

li06_05.cpp 和 li06_05_main.cpp 3 个文件组成。代码如下。

```
1    //li06_05.h:定义一维数组类 Array
2    #include <iostream>
3    using namespace std;
4    class Array                                  //定义一维数组类
5    {
6    private:
7        int  *m ;                                //利用 m 申请动态一维数组空间
8        int  num;                                //动态一维数组的元素个数
9    public:
10       Array( int n = 3 );                      //构造函数，默认元素个数为 3
11       ~Array ( ) ;                             //析构函数
12       int & operator[] ( int ) ;               //重载下标运算符“[]”函数
13       void show( );                            //显示数组的所有元素
14   };
```

Array 类中的 4 个成员函数的实现代码见 li06_05.cpp。

```
1    //li06_05.cpp: Array 类中各函数的实现
2    #include "li06_05.h"
3    #include <iomanip>      //用到了 setw 控制格式
4    using namespace std;
5    Array::Array( int n )  //定义构造函数
6    {
7        num = n;            //为元素个数成员 num 赋初值
8        m = new int [num]; //利用 m 指针申请动态一维数组
9        if ( m == NULL )   //判断是否申请成功
10       {
11           cout << "allocation failure.\n";
12           exit ( 0 );
13       }
14       for (int i = 0 ; i < num ; i++ )
15           m[i] = i*10 + 1 ;                     //为数组的每个元素赋初值
16   }
17   Array::~Array ( )
18   {
19        delete [] m ;                            //释放动态空间
20   }
21   void Array::show( )
22   {
23       for ( int i = 0 ; i < num ; i++ )    //控制下标
24           cout << setw(4) << m[i] ;         //每个元素占 4 列输出所有元素
25       cout << endl ;
26   }
27   int & Array::operator[ ]( int r )         //重载下标运算符函数，1 个形参
28   {
29       if ( r >= 0 && r < num )              //r 下标在数组有效下标范围内
30           return * ( m + r ) ;              //则返回对应下标的元素
31       return *m ;                           //其余情况返回首元素
32   }
```

例 6-5 讲解

在 li06_05_main.cpp 文件中定义 Array 类的对象并测试下标运算符“[]”。

```
1    //li06_05_main.cpp: 定义 Array 类的对象并测试下标运算符“[]”
2    #include "li06_05.h"
3    int main()
4    {
5        Array  ar(5);      //创建一维数组对象 ar
6        ar.show( );        //第一次显示所有元素值
```

```
7        ar [2] = 800;      //将下标为 2 的元素值改为 800
8        ar.show( );        //第二次显示所有元素值，关注下标为 2 的元素
9        ar [23] = -100;     //23 超出了下标有效范围，于是下标为 0 的元素值为-100
10       ar.show( );        //第三次显示所有元素值，关注下标为 0 的元素
11       return 0;
12   }
```

运行结果：

```
   1  11  21  31  41          //最初的 5 个元素值
   1  11 800  31  41          // ar [2] = 800;后，m[2]的值更新为 800
-100  11 800  31  41          // ar [23] = -100;后，m[0]的值更新为-100
```

例 6-5 展示了下标运算符“[ ]”函数的重载，函数调用运算符“( )”的重载方式与此类似，只是函数调用运算符可以带多个参数，读者可以仿照例 6-5 完成，在此不再赘述。

3. 提取运算符“>>”和插入运算符“<<”的重载

在 C++语言中，对于标准类型变量的输入可以用“**cin>>变量名**”的方式，输出则可以用“**cout<<表达式**”方便地进行。如果对于用户自定义类型数据的输入/输出也可以用这样的方式，就非常方便了。因此，C++语言允许以**友元函数**的形式重载提取运算符“>>”和插入运算符“<<”，以方便地实现用户自定义类型数据的输入和输出。

（1）重载提取运算符“>>”的声明与定义格式如下。

① 类内声明语句：

```
friend istream &  operator >> (istream & in , 用户类类型 & obj);
```

② 类外定义的程序段形如：

```
istream &  operator >> (istream & in , 用户类类型 & obj)
{
    in >> obj.item1;                    //输入类对象的数据成员 item1
    in >> obj.item2;                    //输入类对象的数据成员 item2
    …                                   //其他语句
    return  in;
}
```

① 因为第一操作数必须是流类对象而非本类对象，所以只能以友元函数形式重载提取运算符“>>”。

② 函数返回输入流 **istream 的引用**，函数体返回第一个形式参数，便于用形如“**cin>>对象 1>>对象 2;**”的形式连续输入多个对象的值，也可以在同一条输入语句中输入本类对象及其他变量。

③ 有两个形式参数，第一个必须为输入流 istream 的引用，第 2 个必须为本类的对象引用，不可以用常引用或值形式参数。

（2）重载插入运算符“<<” 的声明与定义格式如下。

① 类内声明语句：

```
friend ostream &  operator << ( ostream & out , const 用户类类型 & obj);
```

② 类外定义的程序段形如：

```
ostream &  operator <<  ( ostream & out ,  const 用户类类型 & obj )
{
    out << obj.item1;                   //输出类对象的数据成员 item1
    out << obj.item2;                   //输出类对象的数据成员 item2
```

```
    …                                        //其他语句
    return  out;
}
```

① 因为第一操作数必须是流类对象而非本类对象，所以只能以友元函数形式重载插入运算符“<<”。

② 函数返回输出流 ostream 的引用，函数体返回第一个形式参数，便于用形如“**cout<<对象 1<<对象 2;**”的形式连续输出多个同类对象的值，也可以在同一条输出语句中输出本类对象及其他输出项。

③ 有两个形式参数，第一个必须为输出流 ostream 的引用，第 2 个是本类的对象引用，为保护对应实参和提高效率，一般用常引用参数。

例 6-6　在类 Complex 中，用友元函数重载提取运算符“>>” 和插入运算符“<<”，输入/输出 Complex 的对象。

本程序由 li06_06.h、li06_06.cpp 和 li06_06_main.cpp 3 个文件组成，代码如下。

```
1    //li06_06.h：在复数类 Complex 中重载“>>”“<<”运算符
2    #include <iostream>
3    using namespace std;
4    class Complex        //定义类 Complex
5    {
6       float  real;
7       float  imag;
8    public:
9       Complex ( float r = 0 , float i = 0 );       //形参带有默认值
10      friend istream & operator >> ( istream &in , Complex &com);
11      friend  ostream & operator << ( ostream &out , const Complex &com);
12   };
```

类 Complex 的构造函数及两个友元函数的定义在文件 li06_06.cpp 中，代码如下。

```
1    //li06_06.cpp：各个函数的实现代码
2    #include "li06_06.h"
3    Complex::Complex(float r, float i)
4    {
5       real = r;
6       imag = i;
7    }
8
9    ostream & operator << ( ostream &out , const Complex &com)
10   {
11      out << com.real ;
12      if( com.imag != 0 )                  //虚部为 0，则不需要输出
13      {
14         if( com.imag > 0 )                //虚部为正数，则要输出“+”号
15            out << "+" ;
16         out << com.imag << "i" ;        //输出数学上虚部的标识 i
17      }
18      out << endl;
19      return out;
20   }
21   istream & operator >> ( istream &in , Complex &com)
22   {   in >> com.real >> com.imag ;        //输入实部和虚部
23      return in ;
24   }
```

例 6-6 讲解

在 li06_06_main.cpp 文件中定义 Complex 类的对象，用“>>”“<<”输入/输出对象。

```
1    //li06_06_main.cpp：调用重载“>>”“<<”完成输入、输出
```

```
2    #include "li06_06.h"
3    int main( )
4    {
5        Complex c1 (1.5 , 2.5) , c2 ;
6        cout << "c1=" ;    //显式调用形式为 operator << (cout,"c1=");
7        cout << c1 ;       //显式调用形式为 operator << (cout , c1);
8        cout << "c2=" << c2 ;
9            //显式调用形式为 operator << (operator << (cout , "c2=") ,c2);
10       cout << "input c1,c2:\n" ;
11           //显式调用形式为 operator << ( cout , "input c1,c2:\n" );
12       cin >> c1 >> c2 ;
13           //显式调用形式为 operator >> (operator >> (cin , c1) , c2);
14       cout << "c1=" << c1 << "c2=" << c2 ; //调用四次 operator <<函数
15       return 0 ;
16   }
```

运行结果：

```
c1=1.5+2.5i
c2=0
input c1,c2:
9.34  -6.69<回车>       //此行是从键盘上输入的内容
23.45  90.56<回车>      //此行是从键盘上输入的内容
c1=9.34-6.69i
c2=23.45+90.56i
```

分析：源程序中所有对重载的提取运算符“>>”和插入运算符“<<”的调用均采用隐式调用的形式，其等效的显式调用形式见每行的注释。系统根据实际参数的类型来确定调用哪一个重载版本的函数。对于程序中的语句“cout << "c2=" << c2 ;”，实际上可以理解为调用了两次插入运算符“<<”函数。第1次调用为“cout << "c2=";”，由于第2参数是字符串，所以自动调用系统预定义的函数，其等效的显式调用语句为“operator << (cout , "c2=");”。第2次调用为“cout << c2;”，由于第2个实际参数是Complex类的对象c2，因此调用了本程序中重载的“ operator <<”函数，其等效的显式调用语句为“operator << (cout , c2); ”，其余各输出语句请读者对照注释理解。

特别注意：这两个函数重载时，只能以**友元函数**的形式，且**必须返回流类的引用**。读者可以尝试修改程序，将返回引用修改为普通的值返回，观察编译程序时出现的现象。

4. 前缀“++”“--”和后缀“++”“--”的重载

运算符“++”是用来对变量实现自增1的运算，但是放置在变量的前面和后面，其作用是有区别的。例如，有定义“int a=0,b=1;”，则“a=++b;”和“a=b++;”语句的执行结果不完全相同前者是先改变b的值，再将增1以后的b值赋给a，所以执行后，a和b的值均为2；而后者是先将未改变的b值赋给a，再对b增1，所以执行后，a的值为1，而b的值均为2。前缀“++”和后缀“++”对于变量b本身的效果一样，都是自增1，但是作为表达式的运算对象使用时不一样。

在前面的例中重载的“++”运算符都是前缀“++”，那么，后缀“++”的重载该如何实现?

后缀“++”无论是用成员函数还是用友元函数重载，与前缀“++”相比较，都是在函数原型中增加一个int形式参数加以区别。

下面在保留例6-6所有代码的基础上，增加前缀“++”“--”和后缀“++”“--”的重载。其中前缀“++”和后缀“++”用友元函数实现，前缀“--”和后缀“--”用成员函数实现。

例6-7 在例6-6的基础上，增加前缀“++”“--”和后缀“++”“--”的重载。

本程序由li06_07.h、li06_07.cpp和 li06_07_main.cpp 3个文件组成。

```
1   //li06_07.h：在复数类 Complex 中重载前缀“++”“--”和后缀“++”“--”
2   #include <iostream>
3   using namespace std;
4   class Complex          //定义类 Complex
5   {
6       float  real;
7       float  imag;
8   public:
9       Complex ( float r = 0 , float i = 0 );  //形参带有默认值
10      Complex operator -- ( );       //成员函数重载运算符前缀“--”，无形参
11      Complex operator -- (int);//成员函数重载运算符后缀“--”，int 型参数
12      friend Complex operator ++ ( Complex &a);
13                          //友元重载单目运算符前缀“++”，提供一个引用参数
14      friend Complex operator ++ ( Complex &a,int);
15                          //友元重载单目运算符后缀“++”，多增加一个 int 型参数
16      friend istream & operator >> ( istream &in , Complex &com);
17      friend ostream & operator << ( ostream &out , const Complex &com);
18  };
```

7 个函数的实现代码见文件 li06_07.cpp。

```
1   //li06_07.cpp：各个函数的实现代码
2   #include "li06_07.h"
3   Complex::Complex(float r, float i)
4   {
5       real = r;
6       imag = i;
7   }
8   Complex Complex::operator -- ( )
9   {                               //成员函数重载前缀“--”，无参数
10      --real;                 //实部减 1
11      --imag;                 //虚部减 1
12      return *this;           //返回当前对象
13  }
14  Complex Complex::operator -- (int)
15  {                               //成员函数重载后缀“--”，有一个 int 型参数
16      Complex temp(*this);    //将当前对象复制到临时对象 temp 中
17      real--;                 //实部减 1
18      imag--;                 //虚部减 1
19      return temp;            //返回临时对象
20  }
21  Complex operator ++ ( Complex &a)  //友元重载前缀“++”，一个引用参数
22  {
23      ++a.real;               //引用参数的实部加 1
24      ++a.imag;               //引用参数的虚部加 1
25      return a;               //返回 a
26  }
27  Complex operator ++ ( Complex &a,int) //友元重载后缀“++”，增加 int 型参数
28  {
29      Complex temp(a);        //复制 a 对象到临时对象 temp 中
30      a.real++ ;              //对 a 对象的实部自增 1
31      a.imag++ ;              //对 a 对象的虚部自增 1
32      return temp;            //返回 temp，即改变以前的 a
33  }
34  istream & operator >> ( istream &in , Complex &com)
35  {
36      in >> com.real >> com.imag ;
37      return in ;
```

例 6-7 讲解

```
38  }
39  ostream & operator << ( ostream &out , const Complex &com)
40  {
41      out << com.real ;
42      if( com.imag != 0 )         //虚部为 0，则不需要输出
43      {
44          if( com.imag > 0 )      //虚部为正数，则要输出“+”号
45              out << "+" ;
46          out << com.imag << "i" ;//输出数学上虚部的标识 i
47      }
48      out << endl;
49      return out;
50  }
```

在 li06_07_main.cpp 文件中定义主函数，其中定义类的对象，并进行前缀“++”“--”和后缀“++”“--”的运算，所有的输出都是调用重载的插入运算符“<<”进行的。

```
1   //li06_07_main.cpp：定义对象并调用各种函数完成运算
2   #include "li06_07.h"
3   int main( )
4   {
5       Complex c1 (1.5 , -2.5) , c2(-5 , 10), c3 , c4;
6       cout << "original c1 is:  " << c1;
7       cout << "original c2 is:  " << c2;
8       c3 = ++c2 ;          //相当于 c3=operator ++(c2);，调用的是前缀++
9       cout << "after c3=++c2\n";
10      cout << "c2 is:  " << c2 << "c3 is:  " <<c3;
11      c4 = --c2;           //相当于 c4=c2.operator --;，调用的是前缀--
12      cout << "after c4=--c2\n";
13      cout << "c2 is:  " << c2 << "c4 is:  " <<c4;
14      c3 = c1++ ;          //相当于 c3=operator ++(c1,0)，调用的是后缀++
15      cout << "after c3=c1++\n";
16      cout << "c1 is:  " << c1 << "c3 is:  " <<c3;
17      c4 = c1--;           //相当于 c4=c1.operator --(0)，调用的是后缀++
18      cout << "after c4=c1--\n";
19      cout << "c1 is:  " << c1 << "c4 is:  " <<c4;
20      return 0;
21  }
```

运行结果：

```
original c1 is:  1.5-2.5i
original c2 is:  -5+10i
after c3=++c2
c2 is:  -4+11i              //前++， c2 自增 1
c3 is:  -4+11i              //前++，c3 与 c2 肯定相等
after c4=--c2
c2 is:  -5+10i              //前--， c2 自减 1
c4 is:  -5+10i              //前--，c4 与 c2 肯定相等
after c3=c1++
c1 is:  2.5-1.5i            //后++， c1 自增 1
c3 is:  1.5-2.5i            //后++，c3 是 c1 自增前的值，二者不相等
after c4=c1–
c1 is:  1.5-2.5i            //后--， c1 自减 1
c4 is:  2.5-1.5i            //后++，c3 是 c1 自增前的值，二者不相等
```

分析：本程序用成员函数重载前缀“--”和后缀“--”，二者的唯一运算对象都是当前对象，在后缀“--”中增加一个 int 型形参以示区别；用友元函数重载前缀“++”和后缀“++”，二者的唯一运算对象都是引用形参代表的第一参数对象，在后缀“++”中增加一个 int 型形参以示区别。

在程序中调用运算符函数都采用隐式方式，这样，这些运算符的运算对象，无论是自定义的类对象还是标准类型数据，整个表达式的形式完全相同，这正是运算符重载要达到的效果。

例 6-7 的思考题：

① 后缀“++”和后缀“--”的实现代码中首先定义了一个临时对象保存未改变的原对象，最后返回这个临时对象，为什么要这么做？

② li06_07.cpp 文件中的第 10、第 11、第 17、第 18 行这几行的“--”以及第 23、第 24、第 30、第 31 行这几行的“++”运算符的位置放前面或后面，对程序的结果有没有影响？为什么？

请关注主函数中对每一处隐式调用等效的显式调用注释，以及运行结果后面的注释，以便更好地理解这几个运算符的重载。

6.3　动态多态性的实现

本节要点：

- 动态多态性如何实现
- 虚函数的定义
- 虚析构函数的价值
- 虚函数与同名覆盖的区别

前面讲述的函数重载和运算符的重载实现了静态多态性。

本节讲述如何通过在公有继承下的虚函数定义、基类的指针或引用来实现动态多态性。公有继承、基类的指针或引用这些知识在第 5 章已经讲述，因此下面重点介绍虚函数。

6.3.1　虚函数的定义

回顾例 5-6，在派生类 Derive 中重新定义了基类中已有的 Print()函数，产生了同名覆盖现象。在主函数中，无论基类的指针是指向基类对象还是派生类对象，都始终调用基类中的 print()函数；同样，无论基类的引用是基类对象的别名还是派生类对象的别名，都始终调用基类中的 print()函数。而派生类中的 print()函数只能通过派生类的对象或派生类的对象引用才能调用。

如果希望达到这样的效果：当基类的指针指向基类对象时，调用基类中的同名函数，而指向派生类对象时，就调用派生类的同名函数，也就是说，语句“pb -> Print( ); ” 究竟执行哪一个类中的同名函数，要等到运行到这条语句时才能决定，这就是动态联编能达到的效果。

为了实现动态联编，首先要将该同名函数（函数原型必须完全一样）声明为虚函数。

1. 虚函数的声明方法

虚函数必须是类的非静态成员函数，在类体内声明，函数原型声明方式如下。

```
virtual <返回类型> <成员函数名>(形式参数表)；
```

与类的普通成员函数相比，虚函数的声明前面增加一个关键字“virtual”。实现部分可以在类体内，也可以在类体外，在类体外定义时，前面不能再加“virtual”。

虚函数在基类中一定要加“virtual”声明，在公有派生类中，该原型相同的函数前可以省略“virtual”关键字，自动默认该成员函数就是虚函数。

2. 虚函数的作用

虚函数可以通过基类指针或引用访问基类和派生类中被声明为虚函数的同名函数。存在继承关系是首要条件，而且派生类一定是以公有方式继承了基类。要特别注意，该同名虚函数在基类和派生类中，其函数**原型完全一致**，即函数的返回值类型、函数名、形式参数表完全相同，否则将无法通过虚函数实现动态多态性。另外，还必须定义基类的指针或引用。

下面通过例 6-8 展示动态多态性的实现。

例 6-8 修改例 5-6，将基类 Base 和公有派生类 Derive 中的同名函数 Print()声明为虚函数，以实现动态多态性，其余代码均不变。本程序存于文件 li06_08.cpp 中。4 个函数的实现代码见文件 li06_08.cpp。

例 6-8 讲解

```
1  //li06_08.cpp:将 li05_06.cpp 中的 Print( )声明为虚函数
2  #include <iostream>
3  using namespace std;
4  class Base
5  {
6  public:
7      Base(int x)
8      {
9          a = x;
10     }
11     virtual void Print( )      //增加了 virtual,声明为虚函数
12     {
13         cout << "Base::a = " << a << endl;
14     }
15     int a;
16 };
17 class Derived: public Base
18 {
19 public:
20     int a;
21     Derived(int x, int y): Base(x)
22     {
23         a = y;            //派生类内部直接访问的是新增成员 a
24         Base::a *= 2 ;        //访问基类的同名成员要使用 Base::
25     }
26     void Print( )
27     {
28         Base::Print( );      //访问基类的同名成员要使用 Base::
29         cout << "Derived::a = " << a << endl ;
30     }
31 };
32 void f1(Base &obj)           //基类引用可以对应 Base 类或 Derived 类的对象
33 {
34     obj.Print( );            //调用 Base 或 Derived 类的 Print,体现动态多态性
35 }
36 void f2(Derived &obj)        //派生类引用只能对应 Derived 类的对象
37 {
38     obj.Print( );
39 }
40 int main( )
41 {
42     Base b(8);               //新增语句，定义基类对象 b
43     Derived d(200,300) ;
44     d.Print( );              //①调用派生类中的同名函数
45     d.a = 400;               //改变派生类中新增的同名数据成员
```

```
46       d.Base::a = 500;          //改变基类中的同名数据成员
47       d.Base::Print( ) ;        //②调用基类的同名函数
48       Base *pb;                 //定义基类指针
49       pb = &b;                  //新增语句，基类指针指向基类对象 b
50       pb -> Print( );           //③新增语句，基类指针调用基类的 Print( )函数
51       pb = &d;                  //基类指针指向了派生类对象
52       pb -> Print( );           //④基类指针调用派生类的函数，体现动态多态性
53       f1(b);                    //⑤新增语句，基类引用是基类对象别名，调基类函数
54       f1(d);                    //⑥基类引用是派生类对象别名，调用派生类的函数
55       Derived *pd;
56       pd = &d;                  //派生类指针指向派生类对象
57       pd -> Print( );           //⑦派生类指针调用的是派生类的 Print( )函数
58       f2(d);                    //⑧派生类引用调用的是派生类的 Print( )函数
59       return 0;
60   }
```

运行结果：

```
Base::a = 400          //① 调用派生类的 Print，产生的第一行输出
Derived::a = 300       //① 调用派生类的 Print，产生的第二行输出
Base::a = 500          //② 调用基类的 Print，产生一行输出
Base::a = 8            //③ 基类指针指向基类对象，调用基类的 Print 函数
Base::a = 500          //④ 基类指针指向派生类对象，调用派生类的 Print 函数
Derived::a = 400       //④ 产生两行输出，体现动态多态性
Base::a = 8            //⑤ 基类引用是基类对象别名，调用基类函数
Base::a = 500          //⑥基类引用是派生类对象别名，调用派生类的 Print 函数
Derived::a = 400       //⑥ 产生两行输出，体现动态多态性
Base::a = 500          //⑦ 派生类指针调用的是派生类的 Print 函数
Derived::a = 400       //⑦ 产生两行输出
Base::a = 500          //⑧ 派生类引用调用的是派生类的 Print 函数
Derived::a = 400       //⑧ 产生两行输出
```

分析：本例在例 5-6 的基础上稍加改进，注意与例 5-6 进行对比。第 11 行增加了 virtual 关键字，使得函数 Print 成为了虚函数，第 26 行最前面不需要加 virtual 了，因为与基类的函数原型完全一样，自动成为虚函数。为了测试动态多态性，增加了第 42、第 49、第 50、第 53 这 4 行，注意代码的注释，第 49～第 54 行体现了动态多态性——基类的指针指向基类或公有派生类对象时，分别调用基类或派生类的虚函数；基类的引用代表基类或公有派生类对象时，就分别调用基类或派生类的虚函数。这种直到运行到某个位置才能确定调用哪一个类中的同名函数，是动态多态性的特点。输出结果的第 4～第 9 行（用粗体字突出）体现的是动态多态性，注意输出结果后的注释。

在虚函数定义和动态多态性的应用中，要**注意**以下几点。

① 一旦在基类中用 **virtual** 声明某成员函数为虚函数，那么，不管在公有派生类中是否给出 virtual 声明，派生类（甚至是派生类的派生类）中重新定义的原型一样的成员函数均自动为虚函数。为了增强可读性，建议在派生类中仍然加上关键字 virtual。

② 只有类非静态成员函数才可以是虚函数。因为，通过虚函数表现多态性是一个类的派生关系，普通函数不具备这种派生关系。

③ 派生类必须以公有方式继承基类，这是赋值兼容规则的使用前提，派生类只有从基类公有继承，才允许基类的指针指向派生类对象，基类的引用才允许是派生类对象的别名。

将一个类的成员函数声明为虚函数有利于编程，尽管它会引起一些额外的开销。是不是任何

成员函数都可以声明为虚函数呢？一般说来，可以将类层次中具有共性的成员函数声明为虚函数，而个性的函数往往只有某一个类具有，没有必要声明为虚函数。关于虚函数再作以下几点说明。

① 静态成员函数不能声明为虚函数。因为静态成员函数不属于某一个对象，没有多态性的特征。

② 内联成员函数不能声明为虚函数。因为内联函数的执行代码是明确的，没有多态性的特征。即使对那些在类声明时就给出函数定义代码的成员函数，若已声明为虚函数，此时函数就是非内联形式了，它们也以多态性出现。

③ 构造函数不能是虚函数。构造函数在对象创建时调用，完成对象的初始化，此时对象还没有完全建立，所以，将构造函数声明为虚函数是没有意义的。

④ 析构函数可以是虚函数，且往往被声明为虚函数。

6.3.2 虚析构函数

前面刚讲过，构造函数不能是虚函数，那么，析构函数也不能是虚函数吗？答案是否定的，析构函数可以定义为虚函数，在某些情况下还必须定义为虚析构函数。

有这样一种情况，动态多态性需要通过基类的指针或引用来实现。基类的指针可以指向公有派生类对象，该指针的值既可以直接将派生类对象的地址赋值给它，也可以通过动态申请空间获得。如果用基类指针申请派生类对象的空间，则基类的指针指向了动态派生类的对象。在这种情况下，需要将析构函数声明为虚析构函数。因为，当用语句"**delete 该基类指针;**"释放动态派生类对象时，就会调用该指针指向的派生类的析构函数，而派生类的析构函数又自动调用基类的析构函数，这样整个派生类的对象被完全释放。如果析构函数不是虚函数，则编译器实施静态绑定，在删除基类指针指向的动态派生类对象时，只调用指针所属基类的析构函数，而不调用派生类的析构函数，这会导致析构不完全。

下面通过一个简单的实例来说明这种用法。

例 6-9 将析构函数声明为虚函数的必要性示例。

本程序由 li06_09.h、li06_09.cpp 和 li06_09_main.cpp 3 个文件组成。

```
1   //li06_09.h：将析构函数声明为虚函数
2   #include <iostream>
3   using namespace std;
4   class A
5   {
6   public:
7       virtual  ~A( ) ;    //将析构函数声明为虚函数
8   };
9   class B: public A      //定义公有派生类
10  {
11  public:
12      B ( int i ) ;
13      ~B ( ) ;            //派生类的析构函数自动成为虚函数
14  private:
15      char *buffer;       //指针数据成员用于管理动态空间
16  };
```

3 个构造函数、析构函数的实现代码见文件 li06_09.cpp。

```
1   //li06_09.cpp：各析构函数的实现
2   #include "li06_09.h"
```

```
3    A::~A( )
4    {
5        cout << "A::~A() is called\n" ;
6    }
7    B::B( int i )
8    {
9        buffer = new char[i] ;
10   }
11   B::~B()
12   {
13       delete [] buffer ;
14       cout << "B::~B() is called\n" ;
15   }
```

在文件 li06_09_main.cpp 中定义基类的指针，用此指针申请派生类的动态对象，代码如下。

```
1    //li06_09_main.cpp：析构函数声明为虚函数后的检验
2    #include "li06_09.h"
3    int main( )
4    {
5        A *a = new B ( 5000 ) ;  //利用基类指针申请派生类动态对象
6        delete a ;               //调用派生类的析构函数
7        return 0 ;
8    }
```

运行结果：

```
B::~B() is called
A::~A() is called
```

分析：由于析构函数是虚函数，因此编译器运行时绑定。因为基类的指针 a 指向 B 类的动态对象，所以调用的是 B 类的析构函数而不是 A 类的。而析构派生类对象时，先调用派生类析构函数，再调用基类的析构函数。

如果将程序中的关键字 virtual 删除，再重新编译、链接、运行该程序，得到的输出结果是 A::~A() is called，B 类的析构函数没有调用。这是因为，编译器进行了静态绑定，所以调用的是 A 类的析构函数。这就意味着，通过 B 的构造函数申请的 5 000 字节的内存空间未被正常释放，在程序设计中应当避免这样的错误发生。

例 6-9 的思考题：

① 将文件 li06_09_main.cpp 代码中的第 5、第 6 行修改为“B bb (5000) ;”和 “A* a = &bb ;”，重新运行程序，结果是什么？解释这一结果。

② 在上一步修改的基础上，再将文件 li06_09.h 中第 7 行的“virtual”关键字删除，重新运行程序，结果是什么？解释这一现象。

6.3.3　虚函数与同名覆盖

在基类的成员函数被声明为虚函数后，其公有派生类中要有该虚函数的重新定义版本，也就是说，派生类中的函数原型（包括函数返回值类型、函数名、形式参数表）与基类中的虚函数原型必须完全一致，这样才可以利用基类的指针或引用实现动态多态性。

一个函数，如果在基类和其公有派生类中拥有相同的函数名，但是函数返回值类型不同，或者是形式参数表不同，即使在基类中被声明为虚函数，也不具备动态多态性。在这种情况下，基类中的函数无虚函数特性，当作普通成员函数使用，而在派生类中存在的同名函数，就是之前讲到的同名覆盖现象，无法通过基类的指针或引用实现动态多态性。

下面通过例 6-10 来理解虚函数与同名覆盖的区别。

例 6-10 虚函数与同名覆盖问题示例，该程序包含 li06_10.h 和 li06_10_main.cpp 两个文件。

```
1   //li06_10.h：虚函数与同名覆盖问题
2   #include <iostream>
3   using namespace std;
4   class base                      //声明并定义基类 base
5   {
6   public:
7       virtual void f1( )          //声明为虚函数
8       {
9           cout << "f1 function of base \n" ;
10      }
11      virtual void f2( )          //声明为虚函数
12      {
13          cout << "f2 function of base \n" ;
14      }
15      void f3()                   //声明为普通函数
16      {
17          cout << "f3 function of base \n" ;
18      }
19  };
20  class derive:public base    //声明并定义派生类 derive
21  {
22   public:
23      void f1( )                  //具有虚函数特征
24      {
25          cout << "f1 function of derive \n" ;
26      }
27      void f2 (int x)             //改变参数，同名覆盖,不具有虚函数特征
28      {
29          cout << "f2 function of derive \n" ;
30      }
31      void f3()                   //仍为普通函数，同名覆盖
32      {
33          cout << "f3 function of derive \n" ;
34      }
35  };
```

例 6-10 讲解

在 li06_10_main.cpp 文件中定义基类指针、基类对象和派生类对象，然后基类指针分别指向不同的对象，分别调用 f1、f2、f3 函数，注意每一次调用的是哪一个类中的同名函数。

```
1   //li06_10_main.cpp:虚函数与同名覆盖现象测试
2   #include "li06_10.h"
3   int main()
4   {
5       base ob1, *p ;          //创建基类的对象 ob1 和指针 p
6       derive ob2 ;            //创建派生类的对象 ob2
7       p = &ob1 ;              //将指针 p 指向基类的对象 ob1
8       cout << "p point to base class object ob1:\n" ;
9       p -> f1 ( );            //调用基类函数 f1
10      p -> f2 ( );            //调用基类函数 f2
11      p -> f3 ( );            //调用基类函数 f3
12      p = &ob2;               //将指针指向派生类的对象 ob2
13      cout << "p point to derive class object ob2:\n" ;
14      p -> f1 ( );            //调用派生类的函数 f1（动态联编）
15      p -> f2 ( );            //调用基类的函数 f2
16  //  p ->f2(1);              //此行会报错，因为基类中的 f2()是不带参数的
17      p -> f3 ( );            //调用基类函数 f3
18      cout << "derive class object ob2: call member functions:\n" ;
```

```
19      ob2.f1 ( );          //通过派生类对象只能直接调用本类的 f1()函数
20  //  ob2.f2 ( );          //此行会报错，因为派生类中的 f2()是带一个形式参数的
21      ob2.base::f2( );     //同名覆盖，调用 f2()函数加基类名 base::访问
22      ob2.f2 (1);          //调用派生类重新定义的 f2()函数
23      ob2.f3 ( );          //调用派生类重新定义的 f3()函数
24       return 0;
25  }
```

分析：基类和公有派生类中都定义了 3 个成员函数，其中 f2( )与 f3( )不具有动态多态性，只有 f1( )具有动态多态性。虽然上述 3 个函数在派生类中都进行了重新定义，但只有 f1 被声明为虚函数，且在派生类中，其原型保持不变，具有动态多态性。而成员函数 f2( )尽管被声明为虚函数，但在派生类中重载时，改变了形式参数表，虚函数特性消失，不具有动态多态性，这种情况就是同名覆盖现象。至于函数 f3( )，在基类中未被声明为虚函数，不具备多态性，派生类中的 f3( )就是对基类函数的同名覆盖。

运行结果：

```
p point to base class object ob1:
f1 function of base
f2 function of base
f3 function of base
p point to derive class object ob2:
f1 function of derive
f2 function of base
f3 function of base
derive class object ob2: call member functions:
f1 function of derive
f2 function of base
f2 function of derive
f3 function of derive
```

例 6-10 的思考题：

将文件 li06_10.h 代码中第 15 行“void f3( )”改为“virtual void f3( )”，重新编译链接运行程序，观察结果并解释不同之处。

6.4　纯虚函数与抽象类

本节要点：

- 什么是纯虚函数
- 纯虚函数的声明与定义
- 抽象类的概念及意义

纯虚函数与抽象类是两个密切相关的问题，拥有至少一个纯虚函数的类才可以称为抽象类。

6.4.1　纯虚函数

定义虚函数可以实现动态多态性。在 C++语言中有一种虚函数，仅仅为多态机制提供一个界面而没有任何实体定义，这就是纯虚函数。纯虚函数只给出了函数的原型声明而没有具体的实现内容，其声明方式为：在虚函数原型的最后赋值 0，其函数原型声明的一般形式如下。

```
virtual  <返回类型>  <成员函数名>  (<形式参数表>)=0;
```

通常是在一个**基类中声明**纯虚函数，在该基类的**所有派生类中**都应该重新**定义**该函数（保持函数原型完全一致），给出特定的实现代码。

例 6-11 纯虚函数的声明、定义及使用示例。本程序由 3 个文件组成：li06_11.h、li06_11.cpp 和 li06_11_main.cpp。

```
1    //li06_11.h：纯虚函数的定义
2    #include <iostream>
3    using namespace std;
4    class Point
5    {
6    public:
7        virtual void Draw () = 0 ; //定义纯虚函数
8    };
9    class Line:public Point
10   {
11   public:
12       void Draw ( ) ;    //在派生类 Line 中定义 Draw 函数，给出实现代码
13    };
14   class Circle:public Point
15   {
16   public:
17       void Draw ( ) ;    //在派生类 Circle 中定义 Draw 函数，给出实现代码
18   };
```

例 6-11 讲解

在文件 li06_11.cpp 中的派生类 Line 和 Circle 中，给出抽象类 Point 中声明的纯虚函数 void Draw ()的实际定义。

```
1    //li06_11.cpp：成员函数的定义
2    #include "li06_11.h"
3    void Line::Draw()
4    {
5        cout << "Line::Draw is called.\n" ;
6    }
7    void Circle::Draw()
8    {
9        cout << "Circle::Draw is called.\n" ;
10   }
```

在文件 li06_11_main.cpp 中，定义了 DrawObject 函数和 main 函数，理解通过基类的指针指向不同类的对象实现动态多态性。

```
1    //li06_11_main.cpp：纯虚函数的测试
2    #include "li06_11.h"
3    void DrawObject ( Point *p ) //定义顶层函数，以基类指针为形式参数
4    {
5        p -> Draw ( ) ;           //通过基类指针调用虚函数 Draw
6    }
7    int main( )
8    {
9        Line L;
10       Circle C;
11       DrawObject ( &L ) ; //相当于 Point *p=&L;语句，基类指针指向 L 对象
12       DrawObject ( &C ) ; //相当于 Point *p=&C;语句，基类指针指向 C 对象
13       return 0;
14   }
```

运行结果：

```
Line::Draw is called.
Circle::Draw is called.
```

从例 6-11 中可以看出纯虚函数的特点及用法。

（1）纯虚函数是一种没有函数体的特殊虚函数，在声明时，将“=0”写在虚函数原型最后，表示这是一个纯虚函数。

（2）纯虚函数不能被调用，因为它只有函数名，而无具体实现代码，无法实现具体的功能。该函数只有在派生类中被具体定义后才可调用。

（3）虚函数的作用在于基类给派生类提供一个标准的函数原型，统一的接口为实现动态多态性打下基础，派生类将根据需要给出纯虚函数的具体实现代码。

6.4.2　抽象类

如果在例 6-11 的主函数中，增加 **Point　P;**语句，编译时会产生错误信息：

```
“error C2259: “Point”: 不能实例化抽象类”。
```

抽象类是类中**至少**包含了**一个纯虚函数**的类。它不同于普通的基类，是类的更高级的抽象，为所有的派生类提供了统一的接口。对于抽象类，注意以下几点。

（1）抽象类不能生成对象，因为该类中的纯虚函数无实现代码。

（2）可以定义抽象类的指针或引用，用来实现动态多态性。但是，不能用抽象类作为参数类型、函数返回值类型或显式转换的类型。

（3）抽象类的基类不能是普通类（即不是抽象类的类），抽象类是下面诸多的派生类的集中归宿。通常抽象类要有它的派生类，如果派生类中还有纯虚函数，则该派生类仍为抽象类。但是最终总会有具体类来给出纯虚函数具体的实现，这样才有意义。

（4）抽象类除了必须至少有一个纯虚函数以外，还可以定义普通成员函数或虚函数。

抽象类和纯虚函数是一对密不可分的概念，例 6-12 介绍如何使用纯虚函数和抽象类实现接口统一和高度抽象。

例 6-12　计算几何图形的面积和体积。

基类是抽象类 Shape，由于 Shape 仅仅代表几何图形，并不具体指定为某一特定的图形（如三角形），所以在 Shape 类中可以声明纯虚函数 area()，这样，在其所有的派生类中，area 函数有统一的接口并且最终有一个对应的实现，可以结合 Shape 类的指针或引用实现动态多态性。对更多几何图形的定义，可参照例 6-12 声明派生类。

本程序由 3 个文件组成：li06_12.h、li06_12.cpp 和 li06_12_main.cpp。

```
1    //li06_12.h: 包含抽象类的定义
2    #include <iostream>
3    using namespace std;
4    const double PI = 3.1415 ;
5    class Shape  //定义抽象基类 Shape
6    {
7    public:
8       virtual double area ( ) const = 0 ; //纯虚函数
9    };
10   class Triangle: public Shape        //定义派生三角形类 Triangle
11   {
12   public:
13      Triangle ( double b , double h ):base(b) , hight(h)
14      {  }
15      double area() const ;            //在派生类中定义纯虚函数的实现代码
16   private:
17      double base , hight ;            //数据成员，代表底和高
```

例 6-12 讲解

```
18  };
19  class Rectangle:public Shape       //定义派生矩形类 Rectangle
20  {
21  public:
22     Rectangle  (double h , double w ): hight(h) , width(w)
23     {   }
24     double area() const ;            //在派生类中定义纯虚函数
25  private:
26     double hight , width;            //数据成员，代表长和宽
27  };
28  class Circle:public Shape          //定义派生圆类 Circle
29  {
30  public:
31     Circle(double r) : radius ( r )
32     {   }
33     double area() const ;            //在派生类中定义纯虚函数
34  private:
35     double radius ;                  //数据成员，代表半径
36  };
```

在文件 li06_12.cpp 中，抽象基类 Shape 中声明的函数 area()在 3 个公有派生类中分别给出完整定义。

```
1   //li06_12.cpp: 纯虚函数在派生类中的实现
2   #include "li06_12.h"
3   double Triangle::area( ) const
4   {
5      return 0.5 * base * hight ;    //三角形的面积
6   }
7   double Rectangle::area() const
8   {
9      return hight * width ;        //矩形的面积
10  }
11  double Circle::area() const
12  {
13     return PI * radius * radius;   //圆的面积
14  }
```

在文件 li06_12_main.cpp 中，定义抽象基类 Shape 的指针，分别创建 3 个派生类的动态对象，然后调用虚函数 area( )实现动态多态性。

```
1   //li06_12_main.cpp: 抽象类与纯虚函数在求图形面积中的使用
2   #include "li06_12.h"
3   int main( )
4   {
5     Shape *ptr[3] ;                           //定义抽象类的指针数组
6      ptr[0] = new Triangle (2.5 , 10.0 );     //创建 Triangle 类的对象
7      ptr[1] = new Rectangle(15 , 22);         //创建 Rectangle 类的对象
8      ptr[2] = new Circle( 3.0 );              //创建 Circle 类的对象
9      cout << "The area of Triangle(2.5,10.0) is: " ;
10     cout << ptr[0]->area( ) << endl ;        //调用 Triangle 的 area()函数
11     cout << "The area of Rectangle(15, 22) is: " ;
12     cout << ptr[1]->area( ) << endl ;        //调用 Rectangle 的 area()函数
13     cout << "The area of Circle(3.0); is: " ;
14     cout << ptr[2]->area( ) << endl;         //调用 Circle 类的 area()函数
15     return 0;
16  }
```

运行结果：

```
The area of Triangle(2.5,10.0) is: 12.5
```

```
The area of Rectangle(15, 22) is: 330
The area of Circle(3.0); is: 28.2735
```

说明

因为本程序在抽象类中声明的 area 函数是一个常成员函数，所以在后面 3 个派生类中定义该函数的不同实现版本时，仍然要定义为常成员函数，即 const 也是函数首部的有效组成部分。

6.5　程序实例——学生信息管理系统

本节要点：

- 纯虚函数与抽象类的定义
- 运算符的重载实现静态多态性
- 公有继承、虚函数（纯虚函数）、基类指针或引用实现动态多态性
- 定义界面类，以菜单方式体现人机交互

本程序综合运用本章的知识，主要展示两种多态性。

程序定义了以下 4 个类。

（1）Student 类。这是一个抽象类，作为大学生类 Undergraduate 和小学生类 Pupil 的基类。其中定义了 4 个共性的数据成员，一个纯虚函数 input、一个虚函数 output，这两个函数将体现动态多态性。另外重载了运算符“==”，被两个派生类所继承，体现的是静态多态性。

（2）Undergraduate 类。是 Student 类的第一个公有派生类，增加了一个表示专业的数据成员，该类给出了纯虚函数 input 的具体定义，重新定义了虚函数 output，实现动态多态性。

（3）Pupil 类。是 Student 类的第二个公有派生类，增加了两个数据成员，表示就读学校和入学时间。该类给出了纯虚函数 input 的具体定义，重新定义了虚函数 output，实现动态多态性。

（4）Interface 类。定义了一个界面类，数据成员有 Undergraduate 类和 Pupil 类的对象数组，以及表示数组有效元素个数的整数；该类中定义了所有功能函数，完成输入、输出、查询功能，这些功能函数提供一个整型参数来区分是对大学生还是小学生的信息进行管理。各函数中通过基类指针指向不同的派生类对象体现多态性，需要好好体会这种用法。

系统以菜单方式提示功能选项，配合 switch 语句选择执行，这是开发较综合的系统需要掌握的方法。

系统对大学生和小学生提供基本相同的功能，但是具体调用的函数代码不同，这正是多态性的体现，注意体会程序中两种多态性的实现方法。

本程序由 5 个文件组成：li06_13.h、li06_13.cpp、li06_13_interface.h、li06_13_interface.cpp 和 li06_13_main.cpp。

文件 li06_13.h 给出了 Student 类、Undergraduate 类和 Pupil 类的定义。

```
1    //li06_13.h:3个类的定义
2    #include <iostream>
3    #include <string>
4    using namespace std;
5
```

```
6   class Student                              //定义学生类，抽象类
7   {
8   protected:
9       string name;                           //姓名
10      string number;                         //学号
11      char sex;                              //性别
12      int age;                               //年龄
13  public:
14      bool operator == (string p);           //重载==运算符
15      virtual void input( ) =0 ;             //纯虚函数
16      virtual void output( ) ;               //虚函数
17  };
18  class Undergraduate:  public Student       //定义大学生类，公有派生类
19  {
20  private:
21      string speciality;                     //新增专业数据成员
22  public:
23      virtual void input( ) ;                //纯虚函数需要给出定义
24      virtual void output( );                //虚函数需要给出重新定义
25  };
26  class Pupil:  public Student               //定义小学生类，公有派生类
27  {
28  private:
29      string school;                         //新增就读学校
30      int startstudy;                        //新增入学年份
31  public:
32      virtual void input( ) ;                //纯虚函数需要给出定义
33      virtual void output( );                //虚函数需要给出重新定义
34  };
```

文件 li06_13.cpp 给出了 Student、Undergraduate 和 Pupil 类中函数的定义。

```
1   //li06_13.cpp: 3 个类中函数的定义
2   #include "li06_13.h"
3   //Student 类中的函数实现
4   void Student::output( )                    //虚函数的定义
5   {
6       cout << name << '\t';
7       cout << number << '\t';
8       cout << sex << '\t';
9       cout << age << '\t';
10  }
11  bool Student::operator == (string p)       //运算符函数的重载
12  {
13      return name==p;
14  }
15  //Undergraduate 类中的函数实现
16  void Undergraduate::output( )              //虚函数的重新定义
17  {
18      Student::output( );                    //调用基类继承过来的同名函数
19      cout << speciality << '\n';            //输出增加的数据成员
20  }
21  void Undergraduate::input( )               //纯虚函数在派生类中的定义
22  {
23      cout << "姓名: ";  cin >> name;
24      cout << "学号: ";  cin >> number;
25      cout << "性别: ";  cin >> sex;
```

```
26      cout << "年龄: ";  cin >> age;
27      cout << "专业: ";  cin >> speciality;
28  }
29  //Pupil 类中的函数实现
30  void Pupil::input( )                    //纯虚函数的定义
31  {
32      cout << "姓名: ";  cin >> name;
33      cout << "学号: ";  cin >> number;
34      cout << "性别: ";  cin >> sex;
35      cout << "年龄: ";  cin >> age;
36      cout << "就读学校: ";   cin >> school;
37      cout << "入学时间: ";    cin >> startstudy;
38  }
39  void Pupil::output( )                   //虚函数的重新定义
40  {
41      Student::output( );                 //调用基类继承过来的同名函数
42      cout << school << '\t' ;
43      cout << startstudy << '\n';         //输出增加的数据成员
44  }
```

li06_13_interface.h 文件定义了界面类 Interface，该类包含 Undergraduate 类和 Pupil 类的对象数组，以及各功能函数。

```
1   //li06_13_interface.h: 定义界面类 Interface
2   #include "li06_13.h"
3   const int N = 20;           //常量 N 的值可根据实际需要调整
4
5   class Interface             //定义界面类
6   {
7   protected:
8      Undergraduate udt[N];
9      Pupil pup[N];
10     int numU , numP;         //分别是大学生、小学生人数
11  public:
12     Interface( );            //构造函数
13     void Browse(int c );     //浏览信息
14     void Run( int c );       //系统启动
15     void Input( int c );     //输入信息
16     bool Search(int c );     //按姓名查询信息
17  };
```

li06_13_interface.cpp 给出了界面类 Interface 中各函数的实现代码，以及一个顶层函数 Display。

```
1   //li06_13_interface.cpp:类 Interface 中各函数的实现代码及函数 Display
2   #include "li06_13_interface.h"
3   #include <string>
4   #include <iostream>
5   using namespace std;
6
7   void Display( )        //普通函数，在成员函数 Run 中调用
8   {
9         cout<<"\n**********0.退    出**********" << endl;
10        cout << "**********1.录入信息**********" << endl;
11        cout << "**********2.查询信息**********" << endl;
12        cout << "**********3.浏览信息**********" << endl;
13  }
14  Interface::Interface(  )
15  {
```

```
16          numU = numP = 0 ;     //初始记录条数均为 0
17    }
18    void Interface::Input ( int c )
19    {
20          Student *ptr;
21          switch (c)
22          {
23          case 1:
24             if(numU == N)
25             {
26                 cout << "\n 大学生数据已经存满! \n";
27                 return;
28             }
29             ptr =  & udt[numU] ; //基类指针指向 undergraduate 类对象
30             ptr -> input( ) ;    //动态多态性，这里读入一条大学生记录
31             numU ++ ;
32             break;
33          case 2:
34             if(numP == N)
35             {
36                 cout << "\n 小学生数据已经存满! \n";
37                 return;
38             }
39             ptr =  & pup[numP];   //基类指针指向 Pupil 类对象
40             ptr -> input( );     //动态多态性，这里读入一条小学生记录
41             numP ++;
42          }
43    }
44    void Interface::Browse( int c)
45    {
46          Student *ptr;
47          int num;
48          if ( c==1 )
49             num = numU ;
50          if ( c==2 )
51             num = numP ;
52          cout << "\n 你要浏览的数据! \n";
53          if( num == 0)
54        {
55           cout<<"\n 没有数据! \n";
56           return;
57        }
58        switch (c)
59        {
60        case 1:
61             cout <<"姓名"<<'\t'<<"学号"<<'\t'<<"性别"<<'\t';
62         cout << "年龄"<<'\t'<<"专业"<<'\n';
63             for ( int i=0 ; i< numU ; i++ )
64             {
65                  ptr = &udt[i];
66                  ptr -> output( );  //动态多态性
67             }
68             break;
69        case 2:
70             cout <<"姓名"<<'\t'<<"学号"<<'\t'<< "性别"<<'\t';
71         cout << "年龄"<<'\t'<<"就读学校"<<'\t'<< "入学时间"<<'\n';
72             for ( int i=0 ; i< numP ; i++ )
73             {
74                  ptr = &pup[i];
75                  ptr -> output( ); //动态多态性
```

```
76              }
77          }
78  }
79  bool Interface::Search(int c)
80  {
81        string  na ;
82        Student *ptr ;
83        int i  , num ;
84        cout << "\n 输入你要查找的学生姓名:" ;
85        cin >> na;
86        switch  (c)
87  {
88        case 1:
89            num = numU  ;
90            for  (  i=0  ; i< num  ; i++ )
91            {
92                ptr = &udt[i];
93                if  ( *ptr == na )   //调用重载的 operator ==运算符
94                    break;
95            }
96          break;
97        case 2:
98            num = numP  ;
99            for  (  i=0  ; i< num  ; i++ )
100           {
101               ptr = &pup[i];
102               if  ( *ptr == na ) //调用重载的 operator ==运算符
103                   break;
104           }
105       }
106       if  ( i == num )
107       {
108           cout << "\n 没有此人信息\n" << endl;
109           return false;
110       }
111       else                              //表示找到了，就是 ptr 指针指向的元素
112          ptr -> output( );        //动态多态性,调用 ptr 指向对象所在类的 output
113       return true;
114 }
115 void Interface::Run ( int c )  //c==1 大学生，c==2 小学生
116 {
117     int choice;
118     do
119     {
120        Display( );              //显示菜单
121        cout << "\n 请输入你的选择:";
122        cin >> choice;
123        switch  ( choice )
124        {
125        case 0 :break;
126        case 1 :
127            Input( c );       //输入信息
128            break;
129        case 2 :
130            Search( c );      //查找记录
131            break;
132        case 3 :
133            Browse( c );      //输出所有记录信息
134            break;
135        default:
136            cout << "error input ! \n ";
```

```
137             }
138         } while ( choice );      //必须输入 0 才终止
139 }
```

文件 li06_13_main.cpp 定义了一个 Interface 类的对象 in，并调用两次 Run 函数分别管理大学生信息和小学生信息。

```
1    //li06_13_main.cpp:定义 in 对象并调用 Run 函数实现管理功能
2    #include "li06_13_interface.h"
3    int main( )
4    {
5        Interface in ;
6        cout << "大学生信息管理:\n" ;
7        in.Run( 1 );
8        cout << "小学生信息管理:\n" ;
9        in.Run( 2 );
10       return 0;
11   }
```

下面给出大学生信息管理部分的运行结果，小学生信息管理部分大家自行运行程序观察。

运行结果：

```
*********0.退    出*********
*********1.录入信息*********
*********2.查询信息*********
*********3.浏览信息*********

请输入你的选择: 1<回车>
姓名: AAA<回车>
学号: 101<回车>
性别: F<回车>
年龄: 21<回车>
专业: computer<回车>

*********0.退    出*********
*********1.录入信息*********
*********2.查询信息*********
*********3.浏览信息*********

请输入你的选择:1<回车>
姓名: BBB<回车>
学号: 102<回车>
性别: M<回车>
年龄: 20<回车>
专业: information<回车>

*********0.退    出*********
*********1.录入信息*********
*********2.查询信息*********
*********3.浏览信息*********

请输入你的选择:3<回车>

你要浏览的数据!
姓名    学号    性别    年龄    专业
```

```
AA    101    F     21     computer
BB    102    M     20     information

*********0.退    出*********
*********1.录入信息*********
*********2.查询信息*********
*********3.浏览信息*********

请输入你的选择:2<回车>

输入你要查找的学生姓名:BB <回车>
BB    102    M     20     information

*********0.退    出*********
*********1.录入信息*********
*********2.查询信息*********
*********3.浏览信息*********

请输入你的选择:2 <回车>

输入你要查找的学生姓名:CC<回车>

没有此人信息
*********0.退    出*********
*********1.录入信息*********
*********2.查询信息*********
*********3.浏览信息*********

请输入你的选择:0<回车>
```

本程序重在理解多态性，定义前3个类的对象时都自动调用了系统默认的无参构造函数，对象的值通过调用input成员函数输入得到。输入也可以在Undergraduate类和Pupil类中分别重载运算符“>>”实现。另外，对象数组使用了固定大小的数组来存储，不够灵活，读者可以继续改进和完善程序。

本章小结

本章介绍了面向对象的第3个重要特性——多态性，多态性使得发送同一消息产生不同的响应成为可能，方便了编程。本章主要内容如下。

（1）多态性的两种形式：静态多态性和动态多态性。静态多态性通过函数重载和运算符重载实现；动态多态性通过公有继承、虚函数、基类的指针或引用等技术实现。

（2）运算符的重载可以有两种实现方式——以成员函数或友元函数形式重载，对几种常用运算符的重载方法做了较详细的介绍。在C++语言中，只有5个运算符不能重载；赋值运算符“=”、下标运算符“[ ]”、函数调用运算符“()”和指针运算符“->”只能用成员函数形式重载；提取运算符“>>”和插入运算符“<<”只能以友元函数形式重载；其他运算符在用成员函数重载或

用友元函数重载时，形式参数的个数相差 1，并且显式调用重载运算符的方式也不一样；后缀“++”“--”运算符重载时，比前缀“++”“--”运算符需要增加一个 int 型参数。

（3）继承、虚函数、基类的指针和引用共同实现了动态多态性，虚函数在基类和公有派生类中要求函数原型完全一致，否则将变成同名覆盖而不具有动态多态性。静态成员函数、构造函数、内联函数都不能作为虚函数，而析构函数往往被声明为虚函数，保证对象生命期结束时完全析构。

（4）只给出了函数声明而没有给出具体实现的虚成员函数称为纯虚函数，纯虚函数必须赋初值为 0。至少包含了一个纯虚函数的类称为抽象类。抽象类不可以定义对象，但是可以定义指针或引用，以实现动态多态性。抽象类存在的价值在于被继承，抽象类中的纯虚函数为所有派生类中功能类似的函数提供了一个统一的接口，在派生类中需要给出该函数的具体实现代码，通过基类的指针或引用实现动态多态性。

习 题 6

一、单选题

1. 下列运算符中，________运算符在 C++语言中不能重载。

   A. +=　　B. [ ]　　C. ::　　D. new

2. 定义重载函数的下列要求中，________是错误的。

   A. 要求参数的个数不同

   B. 要求参数中至少有一个类型不同

   C. 要求参数个数相同时，参数类型不同

   D. 要求函数的返回值不同

3. 下列关于运算符重载的描述中，________是正确的。

   A. 运算符重载可以改变运算符的个数

   B. 运算符重载可以改变优先级

   C. 运算符重载可以改变结合性

   D. 运算符重载不可以改变语法结构

4. 静态多态性可以使用________获得。

   A. 虚函数和指针　　B. 函数重载和运算符重载

   C. 虚函数和对象　　D. 虚函数和引用

5. 下列关于纯虚函数和抽象类的描述中，错误的是________。

   A. 纯虚函数是一种特殊的虚函数，它没有具体的实现代码

   B. 抽象类是指具有纯虚函数的类

   C. 一个基类中声明有纯虚函数，该基类的派生类一定不再是抽象类

   D. 抽象类只能作为基类来使用，其纯虚函数的实现由派生类给出

二、填空题

1. C++语言支持的两种多态性分别是________多态性和________多态性。

2. 静态联编通过________和________实现，动态联编通过________、________和________实现。

3. 虚函数有一定的限制，不能是________、________和________。

4. 不可以通过友元函数重载的运算符有________、________、________和________。

三、问答题

1. 静态多态性与动态多态性有什么区别？它们的实现方法有什么不同？

2. 对虚函数的定义有哪些注意点？

3. 定义虚函数的目的是什么？定义纯虚函数的目的是什么？

四、读程序写结果

1. 写出下面程序的运行结果。

```
//answer6_4_1.cpp
#include <iostream>
using namespace std;
class base
{
public:
    base( )
    {
        cout << "构造base对象" << endl;
    }
    virtual void f()
    {
        cout << "调用base::f()" << endl;
    }
};
class derived: public base
{
public:
    derived()
    {
        cout << "构造derived对象" << endl ;
    }
    void f( )
    {
        cout << "调用derived::f()" << endl ;
    }
};
int main( )
{
    base *p ;
    derived  d ;
    d.f( );
    p = &d;
    p -> f( ) ;
    return 0;
}
```

2. 写出下面程序的运行结果。

```
//answer6_4_2.cpp
#include<iostream>
using namespace std;
class base1                          //定义基类base1
{
public:
    virtual void who()               //函数who()为虚函数
    {
```

```
        cout << "this is the class of base1!" << endl ;
    }
};
class base2                        //定义基类 base2
{
public:
    void who()                     //函数 who()为一般函数
    {
        cout << "this is the class of base2!" << endl ;
    }
};
class derive:public base1,public base2
{
public:
    void who()
    {
        cout << "this is the class of derive!" << endl ;
    }
};
int main()
{
    base1 obj1 , *ptr1 ;
    base2 obj2 , *ptr2 ;
    derive obj3 ;
    ptr1 = &obj1 ;
    ptr1 -> who( ) ;
    ptr2 = &obj2 ;
    ptr2 -> who() ;
    ptr1 = &obj3 ;
    ptr1 -> who() ;
    ptr2 = &obj3 ;
    ptr2 -> who();
    return 0 ;
}
```

3. 写出下面程序的运行结果。

```
//answer6_4_3.cpp
#include<iostream>
using namespace std;
class point
{
private:
    float x , y;
public:
    point(float xx = 0 , float yy = 0 )
    {
        x = xx ;
        y = yy ;
    }
    float get_x()
    {
        return x ;
    }
    float get_y()
    {
        return y ;
    }
    point operator++ ( ) ;      //重载前置运算符“++”
    point operator-- ( ) ;      //重载前置运算符“--”
};
point point::operator++ ( )
{
```

```
    if( x < 640 )
            ++x ;
    if(y < 480)
            ++y ;
    return *this ;
}
point point::operator-- ( )
{
    if( x > 0 )
        --x ;
    if( y > 0 )
        --y ;
    return *this;
}
int main()
{
    point p1(10 , 10) , p2(200 , 200) ;    //声明point类的对象
    int i;
    for( i = 0 ;i < 5 ; i++)
    {
        cout << "p1:x=" << p1.get_x() << ",y=" << p1.get_y() << endl;
        ++p1 ;
    }
    for( i = 0 ; i < 5 ; i++)
    {
        cout << "p2:x=" << p2.get_x() << ",y=" << p2.get_y() << endl;
        --p2 ;
    }
    return 0;
}
```

五、编程题

1. 定义一个表示三维空间坐标点的类，并重载下列运算符，主函数定义类对象并调用重载的运算符。

（1）插入运算符<<：按 (x,y,z) 格式输出该点坐标（坐标为整型）。

（2）关系运算符>：如果 A 点到原点（0,0,0）的距离大于 B 点到原点的距离，则 A>B 为真，否则为假。

2. 设计一个矩阵类，要求在矩阵类中重载运算符加（+）、减（−）、乘（*）、赋值（=）和加赋值（+=），主函数定义类对象并调用重载的运算符。

3. 设计一个基类 Shapes，包含成员 display()声明为纯虚函数。Shapes 类公有派生 Rectangle 类和 Circle 类，分别定义 display()实现其主要几何元素的显示。使用抽象类 Shapes 类型的指针，当它指向某个派生类的对象时，可以通过它访问该对象的虚成员函数 display()。

4. 定义一个产品类 Product 表示某类电子产品，该类有两个私有属性的 int 类型的数据成员:level 和 price，分别表示该产品的等级和对应的定价，产品默认等级为 1，价格为 50，此后每增加一个等级，相应价格增加 50。

根据下列 main( )函数的代码完成类的定义，定义构造函数及输出函数，并且用成员函数重载前置++，表示等级加 1，对应价格加 50；用友元函数重载单目运算符后置--，表示等级减 1，对应价格减 50，请写出完整的程序。主函数代码如下。

```
int main( )
{
    Product obj1( 2 , 100 ) , obj2 (3 , 150 ) , obj3;
    obj1.print( ) ;
```

```
    obj2.print( ) ;
    obj3 = ++obj2 ;
    obj2.print( ) ;
    obj3.print( ) ;
    obj3 = obj1-- ;
    obj1.print( ) ;
    obj3.print( ) ;
    return 0 ;
}
```

第 7 章 模板

三日不编程，食肉无味。

After three days without programming, life becomes meaningless.

——《编程之道》(The Tao Of Programming)

学习目标：

- 掌握模板的概念与作用
- 掌握函数模板的定义与使用
- 掌握类模板的定义与使用

模板是 C++语言的一个重要特性。它能够让程序员设计、编写与类型无关的代码，从而提高代码的复用性，有利于开发大规模的软件。本章将介绍模板的概念、定义和使用模板的方法。

7.1 模板的概念

本节要点：

- 模板的概念与种类
- 模板的作用

在软件开发时，程序员经常要在不同的数据类型上进行同样的操作。这样，就要针对不同的数据类型，编写功能相同的多个函数。

观察表 7-1 列出的两个 swap( )函数，一个是实现两个 double 型数据的交换，另一个是实现两个 char 型数据的交换。这两个函数的逻辑功能完全一样，区别只在于操作数据的类型不同。

表 7-1 两个 swap( )函数对比

<table>
<tr>
<td><pre>void swap(double &x, double &y)
{
    double temp = x;
    x = y;
    y = temp;
}</pre></td>
<td><pre>void swap(char &x, char &y)
{
    char temp = x;
    x = y;
    y = temp;
}</pre></td>
</tr>
</table>

由于函数重载机制，这两个函数可以存在于同一个程序中，但对于程序员来说，同样功能的代码开发了两遍，仍然是一种时间与精力的浪费。

如何解决这个问题呢？C++语言引入了**模板**机制。所谓模板机制，就是指对功能、形式相同的程序进行抽象，提取共性，得到一个通用的模板，不同的数据类型则以参数的形式存在。在实际使用中，再根据具体需求，对参数赋以不同的数据类型，从而得到不同版本的程序。这样，同一段程序代码就可以处理多种不同类型的数据，代码复用程度大大提高了。

以上述 swap( )函数为例，可以对这两个函数提取共性，抽象得到**函数模板**（具体语法将在 7.2 节介绍），代码如下。

```
1    template <class T>                               //函数模板定义
2    void swap(T&x, T&y)
3    {
4        T temp=x;
5        x=y
6        y=temp;
7    }
```

这个模板实现了两个 T 类型数据的交换，T 可以代表不同的类型。在实际使用中，可以对 T 赋以 double、char 等不同的类型，就得到了多个版本的 swap( )函数。在整个过程中，程序员只需要编写一次数据交换的代码，提高了开发效率，代码也更为精简。

引入模板机制的主要目的，就是让程序员能编写与数据类型无关的通用代码，从而提高开发效率与代码的可复用性。C++中有两种模板：**函数模板和类模板**。函数模板是对功能、形式相同的一组函数的抽象，类模板是对功能、形式相同的一组类的抽象。需要注意的是，函数模板和类模板**不能直接使用**，因为它们含有形式化的类型参数，代表了同一类函数或者同一类类的集合。需要使用时，必须对类型参数赋以具体的数据类型，才能得到可使用的**模板函数和模板类**。这个过程称为**实例化**。模板、函数模板、类模板、模板函数、模板类和对象之间的关系如图 7-1 所示。

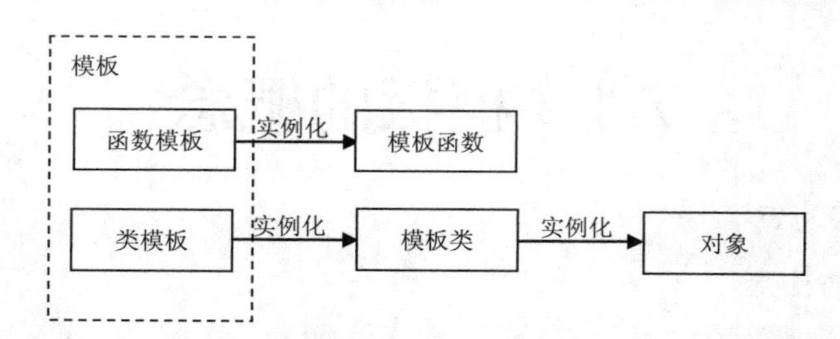

图 7-1　模板、函数模板、类模板、模板函数、模板类和对象之间的关系

7.2　函数模板

本节要点：

- 函数模板的定义
- 函数模板的使用

函数模板是数据类型参数化后形成的函数样板。需要使用函数时，用实际的数据类型对类型参数进行实例化，即能得到可使用的模板函数。

7.2.1　函数模板的定义与使用

函数模板的定义形式如下。

```
template  < class 类型参数 1 [ , class 类型参数 2, …, class 类型参数 n ] >
```

```
返回值类型 函数名( 形式参数表 )
{
        …    // 函数体
}
```

或者

```
template  < typename 类型参数 1 [ , typename 类型参数 2, …,
            typename 类型参数 n ] >
返回值类型 函数名( 形式参数表 )
{
        …    // 函数体
}
```

其中，

（1）template 是一个声明模板的关键字。

（2）class 和 typename 关键字指明其后是一个类型参数。C++语言早期使用 class 关键字来指明类型参数。由于 class 更多地用于定义类的场合，为避免混淆，C++后期引入了 typename 关键字来指明类型参数。在模板定义中，两者大多数情形下可互换。

（3）类型参数是形式化的参数，在使用中可以用 char、int、double、数组、类等任意数据类型进行实例化。

前面提到过，函数模板代表了一组函数的集合，不是一个实实在在的函数，不可以直接使用，**编译系统也不为它产生任何可执行代码**。需要使用函数功能时，应为函数模板中的类型参数赋值，将其实例化为模板函数。实例化的方法有显式实例化和隐式实例化两种，本书介绍隐式实例化。它是指在函数调用之时，编译器根据调用语句中的类型参数生成模板函数。下面结合例 7-1 来说明函数模板的定义与实例化。

例 7-1　函数模板的定义与实例化。

```
1   //li07_01.cpp：函数模板示例
2   #include<iostream>
3   using namespace std;
4   template <class T>                              //函数模板定义
5   T Max( T x, T y )
6   {
7       return x>y ?x :y ;
8   }
9   int main( )
10  {
11      cout << Max( 2, 8 ) << endl;                //实例化，T 为 int 型
12      cout << Max( 2.5, 8.5 ) << endl;            //实例化，T 为 double 型
13  //  cout << Max( 2, 8.5 ) << endl;              //有错
14      cout << Max<int>( 2, 8.5 ) << endl;
15      cout << Max<double>( 2, 8.5 ) << endl;
16      return 0;
17  }
```

例 7-1 讲解

运行结果：

```
8
8.5
8
8.5
```

说明

（1）例 7-1 中的第 11 行，当编译器遇到 Max(2, 8)调用时，由于 2、8 均为 int 类型，编译器将类型参数 T 赋值为 int，并创建一个模板函数，其代码如下。

```
int Max( int x, int y )
```

```
    {
        return x>y ? x:y;
    }
```

类似地，在第 12 行，编译器会创建一个 double 类型的模板函数，其代码如下。

```
    double Max( double x, double y )
    {
        return x>y ? x:y;
    }
```

（2）当编译器遇到 Max(2, 8.5)调用时，由于两个实参分别为 int、double 类型，编译器无法判断 T 应为什么类型，故产生语法错误。在这种情况下，需人工指定 T 的类型，如 Max<int>(2, 8.5)或 Max<double>(2, 8.5)。此时，编译器将根据指定的类型，调用对应版本的模板函数。（这里不会再产生 int 类型和 double 类型的模板函数，而是调用前面已经生成的同类型模板函数。）

7.2.1 节的思考题：

请读者上机验证下列程序能否通过编译，能否得到运行结果，并分析原因。

```
#include<iostream>
using namespace std;
template <class T>
T Max( T x, T y )
{
     皇家邮电学院;
}
int main( )
{
     cout << "Example" << endl;
     return 0;
}
```

7.2.2 模板函数的重载

由函数模板实例化后得到的所有模板函数，都执行完全相同的任务，仅仅是操作的数据类型不同。但是，如果执行的任务有所差异，就无法通过实例化函数模板来达到目标。此时，可以像重载普通函数那样，重载模板函数。

例 7-2 模板函数的重载。

```
1    //li07_02.cpp：模板函数的重载
2    #include<iostream>
3    #include<string>
4    using namespace std;
5    template <class T>
6    T Max( T x, T y )
7    {
8       return x>y ?x :y ;
9    }
10   char* Max( char* x, char* y )
11   {
12      return ( strcmp(x,y)>0?x:y );
13   }
14   int main( )
15   {
16      cout << Max( '2', '8' ) << endl;                // 生成模板函数
17      cout << Max( "gorilla", "star" ) << endl;       // 调用重载函数
18      return 0;
19   }
```

例 7-2 讲解

运行结果：

```
8
```

```
star
```

（1）字符串的比较与普通数据的比较不同，函数模板生成的模板函数无法使用。因此，例 7-2 中另外编写了一个 char* Max(char* x, char* y)函数，从而对模板函数形成了重载。

（2）编译器遇到这种情况时，优先选择函数名、参数都匹配的函数，不成功再匹配模板，生成模板函数。在例 7-2 中，因为 Max("gorilla", "star")先匹配了 char* Max(char* x, char* y)函数，故不再生成模板函数。

例 7-2 的思考题：

请读者上机验证：例 7-2 如果删除重载函数“char* Max(char* x, char* y)”，只保留函数模板，编译能通过吗？如果编译通过，得到的运行结果是什么？

7.3　类模板

本节要点：

- 类模板的定义
- 类模板的使用

类模板是数据类型参数化后形成的类的样板。当需要定义对象时，用实际的数据类型对参数进行实例化，即可得到可使用的模板类。在此基础上，就可以用模板类来定义对象了。

7.3.1　类模板的定义

类模板的定义形式如下。

```
template  < class 类型参数 1  [ , class 类型参数 2, …, class 类型参数 n ] >
class 类名
{
        …     // 数据成员与成员函数的定义与实现
};
```

或者

```
template  < typename 类型参数 1  [ , typename 类型参数 2, …,
typename 类型参数 n ] >
class 类名
{
        …     // 数据成员与成员函数的定义与实现
};
```

其中，template、class、typename、类型参数等的含义与函数模板定义中的类似，不再赘述。

在实现类模板时，成员函数既可以在类模板内定义，也可以在类模板外定义。在类模板内定义时，与普通类的成员函数定义方法完全一样。在类模板外定义时，需采用如下形式。

```
template  < class 类型参数 1  [ , class 类型参数 2, …, class 类型参数 n ] >
返回值类型 类名<类型参数表>::成员函数名（形式参数表）
{
 …  // 函数体
```

```
}
```

或者

```
template  < typename 类型参数 1  [ , typename 类型参数 2, …,
              typename 类型参数 n ] >
返回值类型 类名<类型参数表>::成员函数名（形式参数表）
{
        …     // 函数体
}
```

与普通类的成员函数类外定义相比，在类模板外定义成员函数有两点不同之处。

（1）定义的最开始，要有与类模板定义完全一致的前缀。

（2）在类名后面，多了一对用尖括号括起来的“类型参数表”。“类型参数表”是所有类型参数以逗号隔开的序列，即“类型参数 1, 类型参数 2, …, 类型参数 n”。

下面通过一个简单的例子来演示类模板的定义。

例 7-3 类模板的定义。

```
1   //li07_03.h：类模板的定义
2   #include<iostream>
3   using namespace std;
4   template < class T1 , class T2 >//类模板中用到两种类型参数
5   class Example
6   {
7   public:
8       Example( T1, T2 );
9       void print( )                       //在类模板中实现成员函数
10      {
11          cout << "x = " << x << ", y = " << y << endl;
12      }
13  protected:
14      T1 x;
15      T2 y;
16  };
17  template<class T1,class T2>          //在类模板外实现成员函数
18  Example <T1, T2>::Example( T1 a, T2 b )
19  {
20      x = a;
21      y = b;
22  }
```

例 7-3 讲解

说明

（1）模板可以有多个类型参数，例 7-3 就使用了 T1、T2 两个。

（2）成员函数可以在类模板体内定义，也可以在类模板体外定义。在体外定义时，在定义的最开始，要有与类模板定义完全一致的前缀。

例 7–3 的思考题：

请读者以类外实现的方式改写例 7-3 中的成员函数 print（ ）。

7.3.2 类模板的使用

类模板不是一个实实在在的类，是一组类的集合。它也没有任何可执行代码。需要使用类模板时，应对其中的类型参数进行赋值，将其实例化为模板类。下面介绍类模板隐式实例化的方法。隐式实例化是指在使用类模板时，编译器根据语句中的类型参数生成模板类。下面结合例 7-4 来说明类模板的实例化。

例 7-4 类模板的使用。

```
1    //li07_04.cpp：类模板的使用
2    #include "li07_03.h"
3    int main( )
4    {
5        Example<int, int> a( 10, 10 );       //实例化
6        Example<int, double> b( 20, 20.5 ); //实例化
7        Example<char, int> c( 'M', 30);     //实例化
8        a.print( );
9        b.print( );
10       c.print( );
11       return 0;
12   }
```

例 7-4 讲解

运行结果：

```
x = 10, y = 10
x = 20, y = 20.5
x = M, y = 308
```

说明

类模板只有经过实例化生成模板类后，才能用来定义对象。实例化时， T1、T2 可以是不同类型，也可以是相同类型。

7.4 程序实例——学生信息管理系统

本节要点：

- 类模板的应用

本章介绍的学生信息管理系统，主要是对学生的学号 ID、姓名 name、成绩 score 等信息进行维护。考虑到学生的成绩可能是百分制的，也可能是等级制的，并且百分制也可能是整数或者允许出现小数等情况，因此这里不指定 score 的类型，而把它定义成通用类型 T。在此基础上，定义了一个类模板 Student。Student 包含 ID、name、score 3 个数据成员，并定义了相应的构造函数、赋值函数和取值函数。

在功能方面，本程序主要是对一组学生的信息进行管理。因此，本程序设计了一个 Group 类。类中包括一个存储学生信息的对象数组 st、一个记录学生人数的数据成员 sum，以及构造、输入、输出和排序等几个成员函数。

该程序由两个文件组成：li07_05.h 和 li07_05.cpp。完整代码如下。

（1）li07_05.h：用于类模板 Student 的定义。

```
1    //li07_05.h
2    #include<iostream>
3    #include<string>
4    using namespace std;
5
6    template < typename T >
7    class Student
8    {
9    protected:
10       string ID;
11       string name;
```

```
12      T score;
13  public:
14      Student( string id="000", string na=" ", T sc=0 )
15      {
16          ID = id;
17          name = na;
18          score = sc;
19      }
20      void Set( string id, string na, T sc )
21      {
22          ID = id;
23          name = na;
24          score = sc;
25      }
26      string GetID( )
27      {
28          return ID;
29      }
30      string GetName( )
31      {
32          return name;
33      }
34      T GetScore( )
35      {
36          return score;
37      }
38  };
```

（2）li07_05.cpp：用于 Group 类的定义及 main 函数的实现。

```
1   //li07_05.cpp
2   #include <iomanip>
3   #include "li7_05.h"
4   const int SUM = 5;                //学生总数
5
6   class Group
7   {
8   protected:
9       Student<int> st[SUM];
10      int sum;
11  public:
12      Group( );
13      void Input( );
14      void SortByName( );
15      void SortByScore( );
16      void Output( );
17  };
18  Group::Group( )
19  {
20      sum = SUM;
21  }
22  void Group::Input( )
23  {
24      int i;
25      string id, na;
26      int sc;
27      for ( i=0; i<sum ; i++ )
28      {
29          cin >> id >> na >> sc;
30          st[i].Set( id, na, sc);
31      }
32  }
33  void Group::SortByName( )
34  {
35      int index, i, k;
36      Student<int> temp;
```

```
37      for ( k=0 ; k<sum-1 ; k++ )
38      {
39          index = k;
40          for ( i=k+1 ; i<sum ; i++ )
41              if ( st[i].GetName( ) < st[index].GetName( ) )
42                  index = i;
43          if ( index != k )
44          {
45              temp = st[index];
46              st[index] = st[k];
47              st[k] = temp;
48          }
49      }
50  }
51  void Group::SortByScore( )
52  {
53      int index, i, k;
54      Student<int> temp;
55      for ( k=0 ; k<sum-1 ; k++ )
56      {
57          index = k;
58          for ( i=k+1 ; i<sum ; i++ )
59              if ( st[i].GetScore( ) > st[index].GetScore( ) )
60                  index = i;
61          if ( index != k )
62          {
63              temp = st[index];
64              st[index] = st[k];
65              st[k] = temp;
66          }
67      }
68  }
69  void Group::Output( )
70  {
71      int i;
72      cout << "\n学号   姓名   成绩" << endl;
73      for ( i=0; i<sum ; i++ )
74      {
75          cout << st[i].GetID( )  << setw(8) << st[i].GetName( )  << setw(7) <<
76  st[i].GetScore( ) <<endl;
77      }
78  }
79  int main( )
80  {
81      Group g;
82      g.Input( );
83      g.SortByName( );
84      g.Output( );
85      g.SortByScore( );
86      g.Output( );
87      return 0;
88  }
```

本章小结

本章对模板进行了介绍。利用模板机制可以减少冗余信息，提高开发效率，实现更高层次的代码重用。本章主要内容如下。

（1）C++的模板有两种：函数模板和类模板。函数模板是对功能、形式相同的一组函数的抽象，类模板是对功能、形式相同的一组类的抽象。

（2）函数模板和类模板本身不会编译成可执行代码，不能直接使用，必须对其中的类型参数进行赋值，使函数模板实例化为模板函数，使类模板实例化为模板类，才可以使用它们。

（3）隐式实例化。它是指在编译时，编译器根据语句中的类型参数生成相应的模板函数和模板类。实例化时，参数类型可以是标准类型，也可以是用户自定义的类型。

习 题 7

一、单选题

1. 假设定义如下函数模板。

```
template <class T>
T max(T x, T y)
{
    return(x>y)?x:y;
}
```

并有定义“int i; char c;”，则错误的调用语句是________。

A. max(i, i) ;　　B. max(c, c) ;　　C. max((int)c, i);　　D. max(i, c) ;

2. 模板的使用是为了________。

A. 提高代码的可重用性　　B. 提高代码的运行效率

C. 加强类的封装性　　D. 实现多态性

3. 假设定义如下函数模板。

```
template < class T1, class T2 >
void sum(T1 x, T2 y)
{
    cout << sizeof( x+y );
}
```

函数调用 sum('1', 99.0) 的输出结果是________。

A. 100　　B. 1　　C. 8　　D. 4

二、问答题

1. 什么是类模板？什么是模板类？

2. 定义类模板后，能否以该类为基类派生新的类？

三、读程序写结果

1. 写出下面程序的运行结果。

```
//answer7_3_1.cpp
#include<iostream>
using namespace std;
template<class T>                    //模板声明，类型参数 T
T abs( T x )                         //定义函数模板
{
   return x<0?-x:x;
}
int main( )
{
   int n = -5;
   double d = -5.5;
   cout << abs(n) << endl;           //生成模板函数，实例类型 int
```

```
    cout << abs(d) << endl;           //生成模板函数，实例类型 double
    return 0 ;
}
```

2. 写出下面程序的运行结果。

```
//answer7_3_2.cpp
#include<iostream>
using namespace std;
template <class  T>
void s( T &x, T &y )
{
    T z;
z=y;
    y=x;
x=z;
}
int main( )
{
    int m=1, n=8;
    double u=-5.5, v=99.3;
    cout << "m=" << m << " n=" << n << endl;
    cout << "u=" << u << " v=" << v << endl;
    s( m, n );                          //整型
    s( u, v );                          //双精度型
    cout << "m 与 n, u 与 v 交换以后: " << endl;
    cout << "m=" << m << " n=" << n << endl;
    cout << "u=" << u << " v=" << v << endl;
    return 0 ;
}
```

3. 写出下面程序的运行结果。

```
// answer7_3_3.cpp
#include <iostream>
#include <cstdlib>
using namespace std;

struct student
{
    int id, score;
};
template <class T>
class buffer
{
private:
    T  a;
    int empty;
public:
    buffer( );
    T get( );
    void put( T x );
};
template <class T>
buffer <T>::buffer( ):empty(0)
{   }
template <class  T>
T buffer <T>::get( )
{
    if ( empty == 0 )
    {
       cout << "the buffer is empty!" << endl;
       exit(1);
     }
    return a;
}
```

```
template <class  T>
void buffer <T> :: put(T  x)
{
   empty++;
   a = x;
}
int main( )
{
   student s = {1022, 78};
   buffer <int> i1, i2;
   buffer <student> stu1;
   buffer <double> d;
   i1.put(13);
   i2.put(-101);
   cout << i1.get( ) << " " << i2.get( ) << endl;
   stu1.put(s);
   cout << "the student's id is " << stu1.get( ).id << endl;
   cout << "the student's score is " << stu1.get( ).score << endl;
   cout << d.get( ) << endl;
   return 0;
}
```

四、编程题

1. 用函数模板实现在数组 list 中查找关键字 key，若找到，则返回对应元素下标，否则返回-1。

2. 试使用函数模板实现 swap（&x，&y）交换两个实参变量 a 和 b 的值。

3. 编写一个函数模板，用直接插入排序法对数组 A 中的元素进行升序排列。

4. 编写一个函数模板，实现用起泡法对数组 A 的 n 个元素进行排序操作。

5. 编写一个复数类模板 Complex，其数据成员 real 和 image 的类型未知，定义相应的成员函数，实现构造、输出、加、减等功能，在主函数中定义模板类对象，分别以 int 和 double 实例化类型参数，实现复数中的相关操作。

第 8 章 C++文件及输入/输出控制

在一个瞬息万变的世界里，不冒任何险是唯一保证会失败的策略。

In a world that's changing really quickly, the only strategy that is guaranteed to fail is not taking risks.

——马克·扎克伯格（Mark Zuckerberg）
Facebook 创办人

学习目标：

- 了解 C++中控制输入/ 输出的 I/O 流、相关流类及常用函数
- 熟练运用“>>” “<<”和相关函数进行输入/输出操作
- 能用格式控制的两种方式控制输出结果的形式
- 理解 C++中文件的概念和作用
- 学习文件操作的完整过程，重点是读写文件函数的使用
- 了解通过文件指针函数实现文件的随机读写

任何一个程序，都至少有一个输出，在绝大部分情况下也需要输入。那么，C++中支持键盘输入和屏幕输出的 I/O 流有哪些？能否控制输入/输出的格式？格式控制的方式有几种？这些是本章要解决的问题。

提供程序运行的数据除了可以通过赋值、键盘输入外，还有没有其他途径？程序的运行结果除了在屏幕上显示过不留痕迹之外，能不能长久地保存下来？本章的文件将解决这些问题。

本章首先全面介绍 C++语言的 I/O 流、相应的流类库以及库中常用函数的功能与用法；然后介绍在输入/输出处理时，C++语言提供的两种格式控制方法；最后，介绍 C++语言中的两类文件——二进制文件和文本文件的操作步骤和方法，从而为永久保存程序中数据提供有效手段。

8.1 I/O 流的概念及流类库

本节要点：

- C++流的概念及分类
- streambuf 类及其 3 个派生类
- ios 类及其各种派生类
- 用“cin>>” 和“ cout<<” 实现输入/输出

与C语言一样，C++语言的输入/输出（以下简写为I/O）操作是通过一组标准I/O函数和I/O流来实现的。C++语言的标准I/O函数从C语言继承而来，同时对C语言的标准I/O函数进行了扩充。C++语言的I/O流不仅拥有标准I/O函数的功能，而且比标准I/O函数功能更强、更方便、更可靠。

C++语言把数据之间的传输操作称作**流**。每个流都是一种与设备相联系的对象。C++语言的流具有方向性，根据方向的不同分为3种流。

（1）与输入设备（如键盘）相联系的流称为**输入流**，表示数据从某个载体或设备传送到内存缓冲区，cin是标准输入流。

（2）与输出设备（如显示器）相联系的流称为**输出流**，表示数据从内存传送到某个载体或设备中，cout是最常用的标准输出流。另外，输出流中还有cerr和clog这两种标准出错流。

（3）与输入/输出设备（如磁盘）相联系的流称为**输入/输出流**。

C++语言的流类比C语言的I/O函数具有更大的优越性。

首先，流是类型安全的，可以防止用户输出数据与类型不一致的错误发生。另外，在C++语言中，可以将移位运算符“>>”和“<<”分别重载为提取符“>>”用于输入、插入符“<<”用于输出，使之能识别用户定义的类型，并且像预定义类型一样有效方便地使用。

其次，流的书写形式简单、清晰，使代码具有更好的可读性。虽然在C++语言中，也可以使用C语言的I/O库函数，但最好用流进行I/O，以便发挥其优势。与C++语言I/O流相关的类为用户提供了可扩充的类库，利用重载运算符和其他面向对象技术，可以帮助用户进行可靠的格式化I/O，I/O的数据既可以是预定义类型，也可以是用户自定义类型。

在C++语言中，数据的I/O包括3个方面。

（1）对标准输入设备键盘和标准输出设备显示器的I/O，简称为标准I/O。

（2）对在外存磁盘上文件的I/O，简称为文件I/O。

（3）对内存中指定的字符串存储空间的I/O，简称为串I/O。

对流对象进行抽象就得到流类，C++语言的I/O流库含有两个平行基类，即streambuf和ios，所有的流类都可以由它们派生出来，流类形成的层次结构就构成了流类库。

8.1.1 streambuf类

streambuf类用来提供物理设备的接口，它提供缓冲或处理流的通用方法，几乎不需要任何格式。缓冲区由1个字符序列和2个指针组成，这2个指针分别指向字符要被插入或被取出的位置。

streambuf类提供对缓冲区的低级操作，如设置缓冲区、对缓冲区指针进行操作、从缓冲区取字符、向缓冲区存储字符等。

streambuf类可以派生出filebuf类、strstreambuf类和conbuf类3个类，它们都是属于流库中的类。它们之间的类层次关系如图8-1所示。

（1）filebuf类使用文件来保存缓冲区中的字符序列。写文件时，将缓冲区的字符写到指定的文件中，之后刷新缓冲区；读文件时，将指定文件中的内容读到缓冲区中，将filebuf同某个文件的描述字相联系就称打开这个文件。

（2）strstreambuf类扩展了streambuf类的功能，它提供了在内存中进行提取和插入操作的缓冲区管理。

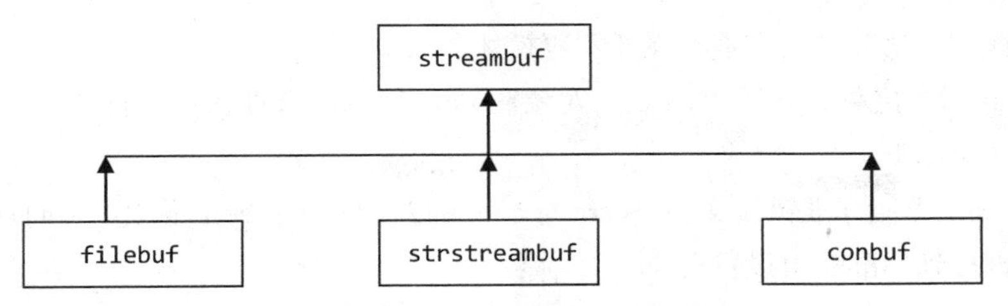

图 8-1　streambuf 类及其派生类

（3）conbuf 类扩展了 streambuf 类的功能，可用于显示器处理输出。它提供了控制光标、设置颜色、定义活动窗口、清屏、清一行等功能，为显示器输出操作提供缓冲区管理。

一般情况下，很少直接使用 streambuf 类，均使用它的这 3 个派生类。

8.1.2　ios 类

ios 类及其派生类为用户提供使用流类的接口，它们均有一个指向 streambuf 的指针。它使用 streambuf 完成检查错误的格式化 I/O，并支持对 streambuf 的缓冲区进行 I/O 时的格式化或非格式化转换。

ios 作为流库中的一个基类，可以派生出流库中的许多类，其类层次如图 8-2 所示。

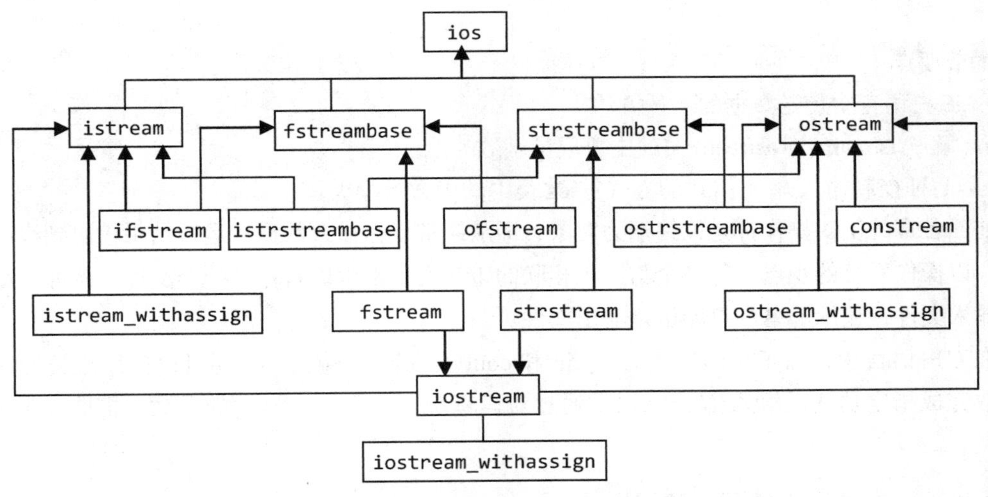

图 8-2　ios 类及其派生类的层次关系

ios 类有 4 个直接派生类，即输入流（istream）、输出流（ostream）、文件流（fstreambase）和串流（strstreambase），这 4 种流作为流库中的基本流类。

以 ios 类的直接派生类为基础，组合出多种实用的流，包括 I/O 流（iostream）、I/O 文件流（fstream）、I/O 串流（strstream）、屏幕输出流（constream）、输入文件流（ifstream）、输出文件流（ofstream）、输入串流（istrstream）和输出串流（ostrstream），等等。

在 istream、ostream 和 iostream 类的基础上分别重载赋值运算符“=”，就得到 istream_withassign、ostream_withassign 和 iostream_withassign 类。

在编写 C++语言程序时，可以通过重载**插入运算符**“<<”和**提取运算符**“>>”执行 I/O 操作：用“**cin>>变量名列表;**”实现输入，用“**cout<<输出项列表;**”完成输出。**6.2.4** 节给出了重载这

两种运算符的详细方法并举例实现，在此不再赘述。

除了用 cout 对象之外，还可以用 cerr 对象和 clog 对象配合插入运算符“<<”控制输出，这两个对象简单介绍如下：

（1）cerr：cerr 类似标准错误文件。cerr 与 cout 的差别在于：cerr 不能重定向且不能被缓冲，它的输出总是直接到标准输出设备上。

（2）clog：clog 不能重定向，但是可以被缓冲。在某些系统中，由于缓冲，使用 clog 代替 cerr 可以提高显示速度。

istream 类提供了对 streambuf 进行插入时的格式化或非格式化转换，并对所有系统预定义的类型重载提取运算符“>>”，它提供了流的大部分输入操作。

ostream 类提供了 streambuf 的格式化或非格式化输出，对于预定义类型，重载了插入运算符“<<”，它提供了流的主要输出操作。

fstreambase 类提供文件流的公共操作，如打开文件、关闭文件、连到打开的文件描述字、返回所用的缓冲区以及使用指定的缓冲区等。

8.2 键盘输入与屏幕输出

本节要点：

- C++语言中传送数据的 4 种方法
- 解读 istream 与 ostream 类的主要成员函数
- 两种控制输入/输出格式的方式：ios 类中的函数及操纵符

前面各章的 I/O 操作都是以终端为对象，即从终端键盘输入数据，运行结果输出到终端显示器上。以操作系统的观点，每一个与主机相联的 I/O 设备都可以看作是一个文件。例如，终端键盘是输入文件，显示屏幕和打印机是输出文件。

在 C++语言中，除了可以用流对象 cin 和 cout 实现输入/输出外，还可以使用流类的其他成员函数完成指定功能的输入/输出，以及通过对运算符“<<”和“>>”的重载，扩展 I/O 处理的功能。

8.2.1 一般的输入/输出

1. C++语言中传送数据的方法

传送数据实际上是使数据“流动”。在 C++语言中，使数据“流动”的方法主要有以下 4 种。

（1）使用在标准输入/输出头文件 stdio.h 中声明的库函数。

stdio.h 中声明的库函数支持 C 语言的输入/输出操作，C++语言是 C 语言的超集，因此，完全可以用这些库函数来传送数据。本书很少涉及 stdio.h，但这并不意味着不能使用在其中声明的库函数。因为 C 语言的 I/O 系统不支持用户定义的对象，所以在 C++语言中，不提倡使用这种 I/O 系统，而是使用 C++语言的 I/O 流。C++语言的 I/O 方法有助于以面向对象的方式思考问题，并有助于理解“同一接口，多种方法”这种思想的意义。因此，尽管 C 语言的 I/O 系统功能很强，而且十分灵活，也不主张使用这种系统。

（2）使用标准名空间 std 中的输入输出流类文件 iostream 中定义的流对象 cin 和 cout。

C++语言把进行数据传送操作的设备也看作是对象。用 cin 代表标准输入设备——键盘，用 cout 代表标准输出设备——显示器。此外，预定义的 cerr 和 clog 代表输出错误信息的标准输出设备——显示器。

（3）使用插入运算符“<<”。

插入运算符“<<”的左操作数代表输出设备的对象，如 cout；右操作数是要输出的内容。插入符“<<”是重载的左移位运算符。C++语言编译程序首先检查“<<”的左操作数和右操作数，以判别应该执行左移位还是执行插入操作，因此不会出现二义性。

把数据写入标准输出流对象 cout（显示器）的格式如下。

```
cout << 输出项;
```

其中“输出项”可以是常量、变量、字符串、转义符、表达式等，前面的程序一直使用这种输出方式。

为了便于记忆，可以把插入符“<<”看作是箭头。这样，就能把插入符的作用想象成使内存中的数据按箭头“<<”所指的方向流入输出流对象所代表的输出设备中。

（4）使用提取运算符“>>”。

提取运算符“>>”的左操作数代表输入设备的对象，如 cin；右操作数是内存缓冲区变量。提取符“>>”是重载的右移位运算符。在遇到该运算符时，C++语言编译程序首先检查“>>”的左操作数和右操作数，以确定是应该执行向右移位操作还是执行提取操作，因此不会出现二义性。

从标准输入流对象 cin（键盘）向变量（或对象）传送数据的格式如下。

```
cin >> 变量名;
```

和“<<”类似，为了便于记忆，可以把提取符看作是向右的箭头，并将其作用想象成使输入流对象代表的输入设备中的数据按箭头“>>”所指方向流入内存变量中。

2. 输入/输出类的定义

istream 和 ostream 提供了流库的主要输入/输出界面，是研究流库的关键。下面分别对它们进行分析。

（1）istream 在流库中提供主要的输入操作，是用户使用流库的主要界面之一。这里简要介绍 istream，以帮助读者理解流库的使用，尤其是进行文件输入输出时。首先给出类 istream 的定义如下。

```
class istream:public ios
{public:
    istream(streambuf *);
    istream & get(signed char *,int len,char='\n');
    istream & get(unsigned char *,int len, char='\n');
    istream & get(unsigned char &);
    istream & get(signed char &);
    istream & get(streambuf &,char='\n');
    int get();
    istream & getline(signed char *,int, char='\n');
    istream & getline(unsigned char *,int, char='\n');
    istream & read(signed char *,int);
    istream & read(unsigned char *,int);
    int gcount();
    int peek();
```

```
    istream & ignore(int n = 1,int delim = EOF);
    istream & putback(char);
    istream & seekg(long);
    istream & seekg(long,seek_dir);
    long tellg();
    //…              //以下是对预定义类型重载运算符“>>”函数（略）
};
```

下面进行分类解释。

① istream 类重载了 6 个 get 函数。

```
istream & istream::get(signed char *,int len,char='\n');
istream & istream::get(unsigned char *,int len,char='\n');
```

上述代码表示从流中将字符输入给定的 char *，直到遇到分界符、文件结尾或已读完（len-1）字节为止。

```
istream & istream::get(unsigned char &);
istream & istream::get(signed char &);
```

上述代码表示从流中输入单个字符到给定的引用 char &中。

```
istream & istream::get(streambuf &, char ='\n');
```

上述代码表示从流中输入字符到给定的 streambuf，直到碰到分界符为止。

```
int  istream::get();
```

上述代码表示从流中输入下一个字符或 EOF。

② getline 函数。

```
istream & istream::getline(signed char *, int,char='\n');
istream & istream::getline(unsigned char *, int,char='\n');
```

功能同 get 函数，只是分界符也被读入。

③ read 函数。

```
istream & istream::read(signed char *, int);
istream & istream::read(unsigned char *, int);
```

上述代码表示输入给定数目的字符到数组 char * 中，可以用 gcount()得到出错时实际已输入的字符数。

④ 辅助操作。

```
int istream::peek();
```

上述代码表示不输入而返回下一个字符。

```
istream & istream::putback(char);
```

上述代码表示回放字符到流中。

```
istream & istream::ignore(int n=1, int delim = EOF);
```

上述代码表示从输入流中越过 n 个字符，若碰到 delim 则停止。

```
int istream::gcount();
```

上述代码表示返回上次输入的字符数。

⑤ 随机移动文件的指针。

```
istream & istream::seekg(long);
```

上述代码表示在输入流中移动文件指针，返回 long 参数规定的偏移量（移动的起始位置 tellg）。

```
istream & istream::seekg(long, seek_dir);
```

上述代码表示在输入流中移动文件读指针，返回 long 参数规定的偏移量，seek_dir 提供移动的起始位置。seek_dir 是一个枚举类型，具体定义如下。

```
enum seek_dir {beg, cur,end};
```

beg 表示相对于文件的开始位置。

cur 表示相对于文件指针的当前位置。

end 表示相对于文件的结束位置。

可使用（input 是类似 cin 的流对象）如下形式。

```
input  seekg(-10, ios::cur);
long istream::tellg();
```

表示返回当前文件指针的位置。

从 istream 派生的所有类的对象均可以使用相应的输入操作。

（2）ostream 在流库中提供主要的输出操作，是用户使用流库的主要界面之一。这里简单介绍 ostream，以帮助读者理解流库的使用。

```
class ostream : public ios
{public:
    ostream(streambuf *);
    ostream & flush();              //刷新流
    ostream & put(char);            //输出字符
    ostream & seekp(long);
    ostream & seekp(long, seek_dir);
    long tellp();
    ostream & write(const signed char *, int n);
    ostream & write(const unsigned char *, int n);
    //…                     //以下对预定义类型重载运算符“<<”函数（略）
};
```

下面进行分类解释。

① 输出操作。

```
ostream & ostream::flush();
```

上述代码表示将输出流刷新，即把流缓冲区的内容输出到与流相关的输出设备上。

```
ostream & ostream::put(char);
```

上述代码表示将字符输出到流中。

```
ostream & ostream::write(const signed char *,int n);
ostream & ostream::write(const unsigned char *,int n);
```

上述代码表示向流中输出 n 个字符，第一个参数指向输出的字符串。

② 随机移动文件指针。

```
ostream & ostream::seekp(long);
ostream & [WB]ostream::seekp(long, seek_dir);
long ostream::tellp();
```

它们用于移动写指针，功能类似于 seekg、tellg。

（1）不能将文件读指针移到文件的开始之前，也不能移到文件结束标志的后面。

（2）不能将文件写指针移到文件的开始之前，但能将写指针移到文件结束标志的后面。这时，文件结束标志和移动后的文件指针之间的数据是不确定的。

3. 输入/输出运算符的使用

在前面讨论的 istream 类和 ostream 类的类定义中，分别重载了提取运算符 “>>”和插入运算符“<<”，它们都是相对于系统的预定义类型进行的重载。对于系统的预定义类型，用户可以方便地使用运算符“>>”和“<<”进行 I/O 操作。

（1）插入运算符“<<”的使用。

流输出使用运算符“<<”完成，此运算符有两个操作数，左操作数为 ostream 类的对象，右操作数为一个预定义类型的常量、变量或表达式。示例如下。

```
cout << "Object-Oriented Programming in C++\n";
```

完成的功能为将字符串“Object-Oriented Programming in C++”写到流 cout，而 cout 是指标准输出流，通常为显示器。

此输出运算符采用左结合方式，并且返回它的左操作数，因此，可以将多个输出组合到一个语句中，使用非常方便。

在使用插入运算符“<<”进行输出操作时，可以输出不同类型的常量、变量、表达式的值。编译程序在检查时，根据出现在“<<”运算符右边的常量、变量或表达式的类型来决定调用哪一个“<<”的重载版本。

（2）提取运算符“>>”的使用。

流输入的操作是通过运算符“>>”来完成的，它也是一个双目运算符，有两个操作数，左面的操作数是 istream 类的对象，右面的操作数是系统预定义的任何数据类型的变量。示例如下。

```
int i;
cin >> i;
```

因为 i 为整型，所以“>>”要求输入一个整数赋给 i，若输入时输入了实数，则先进行类型转换，将实数转换成整数（取整）后再赋给变量 i，而转换工作是系统自动完成的。

在默认情况下，运算符“>>”将跳过空白符（**包括空格、Tab 键、回车**），因此，对一组变量输入值时，用空白符将各个数值隔开。示例如下。

```
int i;   float x;
cin >> i >> x;
```

在输入时只需输入下面形式。

```
11   12.34<回车>
```

（3）字符串的输入。

由于用“cin>>”输入数据时自动跳过空格、Tab 键、回车符，也就是说，遇到这些符号时，一个输入项结束。

字符串在大部分情况下是带有空格的串，这时就需要启用 istream 类中定义的其他函数来实现了。

例 8-1 给出了字符串在两种不同表示方式（用字符数组表示、直接用 string 类对象表示）下输入方法，对照输出结果，认真体会。

例 8-1 分别使用“cin >>”以及其他函数输入字符串示例。

```
1   //li08_01.cpp：字符串输入的多种控制方式
2   #include <iostream>
3   #include <string>
4   using namespace std;
5   const int SIZE =80;
6   int main()
7   {
8       char buffer1[SIZE] , buffer2[SIZE] ;
9       char buffer3[SIZE] ;  //字符数组表示字符串
10      string str1 , str2 ;  //string类对象表示字符串
11      cout << "Enter a sentence: " << endl ;
12      cin >> buffer1 ;  //用cin>>输入字符串，不能输入带空格字符串
13      cout << "buffer1 read with cin was :" << buffer1 << endl ;
14      cin.get ( buffer2 , SIZE ) ;      //调用istream类的成员函数
15      cout << "buffer2 read with cin.get was:" << buffer2 << endl ;
16      cout << "Enter another sentence: " << endl ;
17      cin.getline ( buffer3 , SIZE ) ;  //调用istream类的成员函数
18      cout << "buffer3 read with cin.getline was:" << buffer3 << endl ;
19      cout << "Enter strings: " << endl ;
20      cin >> str1 ;
```

例 8-1 讲解

```
21      cout << "str1 read with cin was :" << str1 << endl ;
22      getline ( cin ,str2 ) ;          //调用函数 getline
23      cout << "str2 read with getline was:" << str2 << endl ;
24      return 0 ;
25  }
```

运行程序，输入和输出的内容如下。

```
Enter a sentence:
C++ is beautiful!<回车>
buffer1 read with cin was :C++
buffer2 read with cin.get was: is beautiful!
Enter another sentence:
buffer3 read with cin.getline was:
Enter strings:
We all love programming! <回车>
str1 read with cin was :We
str2 read with getline was: all love programming!
```

分析：运行程序第 1 行的输入为“**C++ is beautiful! <回车>**”。由于 buffer1 是用“**cin>>**”输入的，遇到第一个空格结束，因此 buffer1 字符串的值为“**C++**”；而 buffer2 是用 **cin.get** 输入的，遇到回车符才结束，因此得到了“**is beautiful!**”的结果。接下来的结果需要注意了，程序中用 **cin.getline** 继续输入 buffer3 字符串，但是运行时并没有输入就输出结果了，buffer3 字符串的值在屏幕上显示为空白。这是由于用 **cin.get** 输入 buffer2 时，遇到回车符输入结束，但是该回车符并没有作为 buffer2 串的内容被读入，而是作为下一个串 buffer3 的内容被接受了，所以 buffer3 的内容就是这个回车符，从屏幕上看是空白的。所以，如果想要连续输入多个带空格的字符串，建议都使用 **cin.getline** 函数。

接下来是输入两个 string 类的字符串对象，同样，用“**cin>>**”输入也是遇到第一个空格就停止了，因此 str1 字符串的值为“**C++**”；要读入带空格的 string 类对象，直接调用函数 **getline**，该函数的两个实参分别是 cin 和 string 类对象 str2，结果验证了此功能。

例 8–1 的思考题：

① 将源程序的第 14 行修改为“cin.getline (buffer2 , SIZE) ;”，重新编译链接运行程序，输入时有什么不同？请说明原因。

② 继续将源程序的第 20 行修改为“getline (cin ,str1) ; ”，重新编译链接运行程序，输入时有什么不同？请说明原因。

8.2.2　格式化的输入/输出

前面介绍了 C++语言的一般输入/输出操作，这种输入/输出的数据没有指定格式，它们都按默认的格式输入/输出。然而，有时程序员需要控制数据格式。例如，规定浮点数的精度、设定要显示的整数的最大位数等。C++语言提供了两种控制格式的方法：一种是使用 ios 类中的有关格式控制的成员函数；另一种是使用操纵符。

1. 用 ios 类成员函数控制格式

ios 类中有几个成员函数可以控制输入/输出格式，控制格式主要是通过对状态标志、域宽、填充字符以及输出精度的操作来完成的。

（1）格式控制状态标志。

输入/输出的格式由各种状态标志确定，这些状态标志在状态量中占一位，它们在 ios 类中定义为枚举量，如表 8-1 所示。

表 8-1　ios 标志位

标志位	值	含义	输入/输出
skipws	0x0001	跳过输入中的空白符	用于输入
left	0x0002	输出数据按输出域左对齐	用于输出
right	0x0004	输出数据按输出域右对齐	用于输出
internal	0x0008	数据的符号左对齐，数据本身右对齐，符号和数据之间为填充符	用于输出
dec	0x0010	转换基数为十进制形式	用于输入/输出
oct	0x0020	转换基数为八进制形式	用于输入/输出
hex	0x0040	转换基数为十六进制形式	用于输入/输出
showbase	0x0080	输出的数值数据前面带有基数符号	用于输入/输出
showpoint	0x0100	浮点数输出带有小数点	用于输出
uppercase	0x0200	用大写字母输出十六进制数值	用于输出
showpos	0x0400	正数前面带有“+”符号	用于输出
scientific	0x0800	浮点数输出采用科学表示法	用于输出
fixed	0x1000	使用定点数形式表示浮点数	用于输出
unitbuf	0x2000	完成输入操作后，立即刷新流的缓冲区	用于输出
stdio	0x4000	完成输入操作后，刷新系统的 stdout、stderr	用于输出

（2）用成员函数对状态标志进行操作。

ios 类中有 3 个成员函数可以对状态标志进行操作。在 ios 类中定义一个 long 型的长整型数据成员来记录当前格式化的状态，即各标志位设置值，这个数据成员被称为标志字。例如，若在状态标志中设定了 skipws 和 dec，其他均未设定，则值为 0000000000010001，即为十六进制的 0x0011，十进制的 17。这些状态值之间是或的关系，可以并存。

① 设置状态标志。要设置一个状态标志可以使用 setf 函数，该函数的一般格式如下。

```
long ios::setf(long flags)
```

使用方法为“流.setf(ios::格式化标志);”，其中流为 cin 或 cout。

例如，cout.setf(ios::left);语句设置输出左对齐。

② 清除状态标志。要清除一个状态标志可以用 unsetf 函数，该函数的一般格式如下。

```
long ios::unsetf(long  flags)
```

使用方法为“流.unsetf(ios::格式化标志);”，其中流为 cin 或 cout。

③ 取状态标志。取一个状态标志可以用函数 flags，flags 有以下两种形式。

```
long ios::flags()
long ios::flags(long flag)
```

第 1 种形式返回与流相关的当前状态标志值。第 2 种形式将流的状态标志值设置为 flag，并返回设置前的状态标志值。

例 8-2　iOS 类的 setf( )、unsetf( ) 函数使用示例。

```
1    //li08_02.cpp: setf()、unsetf() 函数使用示例
2    #include <iostream>
3    using namespace std ;
4    int main( )
5    {
6       cout.setf ( ios::showpos ) ;    //正数前面输出
```

```
7        cout.setf ( ios::scientific ) ; //用科学计数法
8        cout << 123 << "  " << 123.23 << "\n" ;
9        cout.unsetf ( ios::showpos ) ; //取消正数前面输出+
10       cout << 123 << "  " << 123.23 << "\n" ; //保留科学计数法输出实数
11       return 0;
12   }
```

运行结果：

```
+123  +1.232300e+002
123  1.232300e+002
```

分析：该程序首先用 setf 函数和 showpose、scientific 格式化标志，使得数值按科学记数法输出，并在正数前加上正号“+”。然后用 unsetf 函数清除 showpose 状态标志，而 scientific 状态标志继续保留。可见，状态标志一旦设定，对其后的输出均有作用，直到用 unsetf 函数清除。

可以用“按位或”运算符“|”把多个格式化标志连在一起，例 8-2 中的第 6 行和第 7 行两行可以合并为一条语句：“**cout.setf(ios::scientific | ios::showpos);**”，效果一样。

（3）设置域宽、填充字符、设置精度。

ios 类除提供操作状态标志的成员函数外，还提供设置域宽、填充字符和设置精度的成员函数。

① 设置域宽。设置域宽函数有以下两种形式。

```
int ios::width(int len) ;        //设置域宽并返回原来的域宽
int ios::width() ;               //返回当前域宽，默认时域宽为 0
```

例如，cout.width(8);语句表示将输出宽度设置为 8。

② 填充字符。填充字符的作用是当输出值不满域宽时，用填充字符填充，因为在默认情况下，填充字符为空格。所以在使用时，它与 width()函数相配合，否则没有意义（因为无空可填充），填充字符函数有以下 2 种形式。

```
char ios::fill(char ch) ;          //重新设置填充字符并返回设置前的填充字符
char ios::fill() ;                 //返回当前的填充字符
```

③ 设置精度。

在 ios 类中，有 2 个函数用于对浮点数输出显示精度进行操作，代码如下。

```
int ios::precision(int p) ;        //重新设置显示精度并返回设置前的显示精度
int ios::precision() ;             //返回当前的显示精度
```

2. 用操纵符进行格式化控制

改变格式变量比较简单的方法是使用特殊的、但类似于函数的运算符，在 C++语言中，这些运算符称为操纵符。操纵符以一个流引用作为其参数，并返回同一个流的引用，因此，它可以嵌入输入或输出操作中。例如，操纵符 setw(int w)是将域宽设置为 w。

例 8-3　用操纵符 setw 设置域宽示例。

```
1    //li08_03.cpp: 用操纵符 setw 设置域宽示例
2    #include<iostream>
3    #include<iomanip>
4    using namespace std;
5    int main()
6    {
7       int i=6789;
8       int j=1234;
9       int k=-10;
10      cout << setw(6) << i << j << k << "\n";
11      cout << setw(6) << i << setw(6) << j << setw(6) << k << "\n";
12      return 0;
13   }
```

运行结果：

```
67891234-10
6789  1234   -10
```

分析：操纵符 setw(6)是将域宽设置为 6，由运行结果可以直观得到：因为 setw 仅对下一个流输出操作有效，所以第 10 行代码中的 setw 只对 i 变量的输出宽度有效，后面的 j 和 k 变量就按实际宽度输出，于是得到第 1 行的输出效果。因为程序代码的第 11 行在每个输出项之前都用了 setw，所以输出结果第二行的每一项输出都占 6 列宽度。

C++语言提供了标准（或称预定义）的操纵符，如表 8-2 所示。

表 8-2　　标准操纵符

操纵符	含义	输入/输出
dec	数值数据采用十进制表示	用于输入/输出
hex	数值数据采用十六进制表示	用于输入/输出
oct	数值数据采用八进制表示	用于输入/输出
ws	提取空白符	用于输入
endl	插入换行符	用于输出
ends	插入空字符	用于输出
flush	刷新与流相连接的缓冲区	用于输出
setbase(int n)	设置数制转换基数为 n	用于输出
resetiosflags(long f)	清除参数指定的标志位	用于输入/输出
setiosflags(long f)	设置参数指定的标志位	用于输入/输出
setfill(int c)	设置填充字符	用于输入/输出
setprecision(int n)	设置浮点数输出精度	用于输入/输出
setw(int n)	设置输出数据项的域宽	用于输入/输出

C++语言也提供了用户建立自己的控制符函数的方法，为用户控制一些特殊的输出设备提供了有效的表达方法。

3. 用户自定义控制符函数

C++语言除了提供标准的操纵符和控制符函数外，还允许用户建立自己的控制符函数。

（1）输出控制符函数，其定义形式如下。

```
ostream & manip_name(ostream & stream)    //调用时不带输出流实际参数
{
//…                                        //自定义代码
    return stream;
}
```

其中，manip_name 是控制符函数的名称，返回值是 ostream 流类的引用，stream 是 ostream 流类的引用参数，为用户自定义标识符。

例 8-4　自定义输出控制符函数并调用示例。

```
1   //li08_04.cpp: 自定义输出控制符函数 setup 并调用
2   #include <iostream>
3   #include <iomanip>
4   using namespace std;
5   ostream & setup ( ostream &stream )
6   {
```

```
7       stream.setf ( ios::left ) ;//左对齐
8       stream << setw(10) << setfill('$') ; //域宽为 10
9       return stream;
10  }
11  int main()
12  {
13      cout <<10 << "Hello!" << endl ;
14      cout << setup << 10 << "Hello!" << endl ;
15      cout << setup << 10 << setup  << "Hello!" << endl ;
16      return 0;
17  }
```

运行结果：

```
10Hello!
10$$$$$$$$Hello!
10$$$$$$$$Hello!$$$$
```

分析：该程序建立了一个控制符函数 setup，设置了左对齐格式化标志，把域宽置为 10，并把填充字符定义为“$”。在 main 函数中引用该函数时，只写 setup 即可。

对比运行结果可以看到，自定义的控制符函数与系统预定义的一样，只对下一个流输出操作有效。

（2）建立输入控制符函数，定义形式与输出控制符函数类似，格式如下。

```
istream &manip_name(istream &stream)     //调用时不带输入流实际参数
{
//…                                      //自定义代码
   return stream;
}
```

其中，manip_name 是控制符函数的名称，返回值是 istream 流类的引用，stream 是 istream 流类的引用参数，为用户自定义标识符。

用户自定义的数据类型的输入/输出也可以像系统标准类型的输入/输出那样直接方便，在 C++语言中，采用重载提取运算符“>>”和插入运算符“<<”来实现。

关于在类中如何以友元函数形式重载提取运算符“>>”和插入运算符“<<”的内容，在 6.2.4 章节中已经详细给出了这两种函数定义的一般方式，在此再通过一个实例加以巩固。

例 8-5 对例 3-2 进行改造，将用于设置成员变量值的函数 SetDate 修改为重载提取运算符“>>”，从键盘输入值；将用于输出的 Display( )函数修改为重载插入运算符“<<”，按同样的格式输出。

```
1   //li08_05.cpp：重载提取运算符“>>”和插入运算符“<<”
2   #include <iostream>
3   using namespace std;
4   class CDate
5   {
6       int Date_Year, Date_Month, Date_Day;
7   public:
8       friend istream & operator >> (istream &in , CDate &dt );
9       friend ostream & operator << (ostream &out , const CDate
        &dt );
10   };
11  istream & operator >> (istream &in , CDate &dt )
12  {
13      in >> dt.Date_Year >> dt.Date_Month >> dt.Date_Day;
14      return in;
15  }
16  ostream & operator << (ostream &out , const CDate &dt )
17  {
```

例 8-5 讲解

```
18      out << dt.Date_Year << "-" << dt.Date_Month << "-"
19                              << dt.Date_Day << endl;
20      return out ;
21  }
22  int main()
23  {
24      CDate d;
25      cin >> d;
26      cout << "the day is :" << d ;
27      return 0;
28  }
```

运行结果：

```
2019  8  20<回车>
the day is :2019-8-20
```

分析：

（1）这两个函数的返回值一定是引用返回，而不能是值返回。

（2）在插入运算符“<<”的重载中，第 2 个参数一般为本类对象的常引用，这是为了从语法上保证输出过程中不能改变被输出实际参数对象的值。

（3）在提取运算符“>>”的重载中，第 2 个参数为本类对象的引用，不能是常引用，因为通过该函数读入的值要通过引用参数使对应实际参数对象获得值。

例 8–5 的思考题：

① 将源程序的第 8、第 9、第 11、第 16 行这 4 行中的返回值类型修改为值返回，即各去掉第一个引用标记符号&，然后重新编译链接程序，观察现象。

② 修改源程序的第 18、第 19 行代码，使得日期的输出形如 2019/08/20，即年份占 4 列，月和日都占 2 列，不足补 0，中间用斜线相隔。请写出修改后的代码，并重新运行验证程序。

8.3 文件的输入/输出

本节要点：

- C++中的文件分为二进制文件和文本文件两种
- C++文件操作的 4 个步骤：定义文件流，打开、读写、关闭文件
- 文件的顺序访问和随机访问

计算机以文件的形式管理所有的软件和硬件资源，大家熟悉的文件有很多种，如音频文件、视频文件、图像文件、可执行文件、源代码文件、压缩文件，等等，它们的后缀名各异，用途、特征、打开方式也各不相同。尽管如此，从计算机的角度来看，它们本质上都是一致的，都可看作是**一系列的数据按照某种次序组织起来的数据流**，或者更简单地说，它们都是一些**数据的集合**，这就是**文件**。

对于文件只有两种操作——**读**和**写**。

如果将数据从磁盘文件读取至内存，这个数据输入的过程就称为**读文件**；反之，如果将数据从内存存放至磁盘文件上，这个数据输出的过程就称为**写文件**。由此可见，数据的**输“入”**和**输“出”**都是**相对于内存**而言的。

根据**数据的组织形式**，C++语言将文件**分为两种：文本文件和二进制文件**。文本文件又称**ASCII 文件**，它是一个**字符序列**，即文件中的内容以 ASCII 字符的形式存在。二进制文件是一个**字节序列**，即文件中的内容与其在内存中的形式相同（以二进制形式存在）。例如，一个 short 型的整数 127，在文本文件中存储的是 1、2、7 这 3 个字符的 ASCII 码，即 49、50、55，共占用了 3 字节，这 3 字节的内容依次是 00110001、00110010、00110111。而在二进制文件中直接存储的是 127 的等效二进制数，这两字节的内容是 000000000、01111111。因此同样的信息存储为不同形式的文件，其存储形式不同。当然，如果存储的信息是字符，则文本文件和二进制文件内容一样，都存储字符对应的 ASCII 码。

任何类型的数据都可以选择用文本文件或二进制文件存储。文本文件可以很方便地用文本编辑器等程序直接编辑、处理，以字符的形式直接输出，能直接查看文件的内容，缺点是占用存储空间较多，而且要花费二进制形式与 ASCII 形式之间的转换时间。对于需要经常编辑查看原内容的文件，存储为文本文件比较合适。二进制文件在外存与内存中的表达形式一致，可以节省外存空间和转换时间，但一字节不能对应一个字符，不能直接输出字符形式，即直接查看文件会出现乱码。对于需要暂时保存在外存上，以后又需要输入内存的中间结果数据，通常用二进制形式保存。

在使用文件时，需要开辟一个缓冲区。从内存向磁盘文件输出数据时，必须先送到内存中的缓冲区，装满缓冲区后，一起送到磁盘上。如果从磁盘向内存读入数据，则一次从磁盘文件将一批数据输入内存缓冲区，缓冲区充满后，再从缓冲区逐个地把数据送到程序数据区（或赋给程序变量）。

在 C++语言中进行文件操作的一般步骤如下。

（1）为要进行操作的文件定义一个流。

（2）建立（或打开）文件。如果文件不存在，则建立该文件；如果磁盘上已存在该文件，则打开它。

（3）进行读/写操作。在建立（或打开）的文件上执行所要求的输入/输出操作。

（4）关闭文件。当不需要进行其他输入输出操作时，应把已打开的文件关闭。

8.3.1　文件的打开与关闭

在 C++语言中，打开一个文件就是将这个文件与一个流建立连接。关闭一个文件就是取消文件与流的这种连接。

C++语言有 3 种类型的文件流，即输入文件流 ifstream、输出文件流 ofstream 和输入/输出文件流 fstream。这些文件流类都定义在名字空间 std 的 fstream 文件中。

如果程序中有文件操作，则必须在程序的开头用“#include <fstream>” 以及“using namespace std;”做必要的文件包含。

1．打开文件

C++中打开文件有**两种方式**：一种是先定义文件流对象，然后调用成员函数 open 打开文件，即建立文件与流之间的关联；另一种是在定义文件流对象时，直接利用其构造函数打开文件。下面分别介绍。

（1）定义文件流对象。因为前文介绍过，共有 3 种文件流，所以 3 种流对象定义如下。

```
ifstream  in;              //定义一个输入流类对象 in
ofstream  out;             //定义一个输出流类对象 out
fstream  io;               //定义一个输入/输出流类对象 io
```

（2）使用 open()函数打开文件，也就是使某一文件与上面的某一流相联系。

open()函数在 ifstream、ofstream 和 fstream 类中均有定义。其原型如下。

```
void open(char *filename, int mod);
```

说明

① 第 1 个参数 filename 用来传递**文件名**，其实际参数是需要访问的文件名（可以是字符串常量、字符数组变量或字符指针）。

② 第 2 个参数 mod 用来表示文件的**打开方式**，不同的打开方式决定了可以对文件执行不同的操作，与 mod 对应的实际参数必须取表 8-3 中的某一个。

表 8-3　　mod 的取值及对应的文件可执行操作

mod 的取值	可以对文件执行的操作
ios::app	使输出追加到文件尾部
ios::ate	寻找文件尾
ios::in	文件可以输入
ios::nocreate	若文件不存在，则 open()失败
ios::noreplace	表示若文件存在，则 open()失败
ios::out	文件可以输出
ios::trunc	同名文件被删除
ios::binary	以二进制方式打开，默认时为文本文件

对于 ifstream 流，mod 的默认值为 ios::in；对于 ofstream 流，mod 的默认值为 ios::out。因此，打开文件的一般格式如下。

```
定义流类的对象;
流类对象.open(文件名，使用方式);
```

示例如下。

```
ofstream out;                    //定义输出流类的对象 out
out.open("test", ios::out);     //打开文件 test，打开方式为 out，可输出
```

在这里，out 是 ofstream 的对象，test 是文件名，ios::out 是文件打开方式。

以上是打开文件的一般操作步骤。实际上，由于文件使用方式有默认值，因此可以简化打开文件的操作。

对于类 ifstream，使用方式的默认值为 ios::in；对于类 ostream，使用方式的默认值为 ios::out，访问方式的默认值也为 0；对于类 fstream，使用方式的默认值为 ios::in | ios::out。

根据默认，语句“out.open("test", ios::out);”可以用语句“out.open("test");”简化。

当一个文件需要用两种或多种方式打开时，可以用“或”运算符“|”把几种方式连接在一起。例如，假定要打开一个用于输入和输出的流，必须把使用方式设置为“ios::in”和“ios::out”，用以下形式打开文件。

```
fstream mystream;
mystream.open("test", ios::in | ios::out);
```

前面讲的打开文件都使用了函数 open，这完全是合法的，但在大多数情况下不必如此。这是因为，类 ifstream、ofstream 以及 fstream 都有自动打开文件的构造函数，这些构造函数的参数及

默认值与函数 open 完全相同。因此，实际编程时，打开一个文件的最常见形式如下。

```
文件流类名   流对象名（文件名）；        //使用自动打开文件的构造函数
```

例如，ostream out("test");

只有在打开文件之后，才能对文件进行读写操作。如果由于某些原因打不开文件，则流变量的值将为 0。在对文件进行操作前，必须确保文件已打开，否则要进行相应的处理。为了确认是否成功打开一个文件，可以使用类似下面的方法。

```
ifstream mystream("myfile"); //打开文件，输入操作
if(! mystream)                    //表示如果流变量 mystream==0，则打开出错
{
    cout<<"Cannot open the file ! \n"; //输出错误提示信息
    …                                     //错误处理代码
}
```

为了确保文件后续操作顺利进行，在打开各类文件时，通常都要判断文件打开是否成功。

2. 关闭文件

当结束一个文件的操作后，要及时将该文件关闭，防止它再被误用，关闭文件使用流类的成员函数 close 来实现，其一般格式如下。

```
流类对象. close( );
```

例如，“mystream. close();”语句将关闭与流 mystream 相连接的文件。

8.3.2　文件的读写

文件在打开之后关闭之前必定要做一些读写操作，C++语言提供一些函数实现文件的这些操作。

1. 使用提取运算符“>>”与插入运算符“<<”

使用提取运算符“>>”可以将文件中的信息读入内存，但这时要用与文件相连接的输入流对象名来代替 cin；使用插入运算符“<<”可以将内存中的信息写到磁盘文件，但这时需要用与文件相连接的输出流对象名来代替 cout。

例 8-6　使用提取运算符“>>”和插入运算符“<<”流运算符“<<”和“>>”操作文本文件示例。

```
1   //li08_06.cpp:使用运算符“>>”和“<<”操作文本文件
2   #include <fstream>                  //文件操作需要包含此文件
3   #include <iostream>
4   #include <string>
5   using namespace std;
6   void CreateFile ( string fname );
7   void ReadFile ( string fname );
8   int main( )
9   {
10      CreateFile ( "d:\\f1.txt" ) ;
11  ReadFile ( "d:\\f1.txt" ) ;
12  return 0;
13  }
14  void  CreateFile( string fname )    //建立一个文本文件
15  {
16      ofstream outf ( fname ) ;        //定义输出流对象 outf，打开文件
17      if( ! outf )                     //判断文件是否正常打开
18      {   cout << "Cannot open the file\n";
19          return ;
```

例 8-6 讲解

```
20      }
21      outf << 10 << " " << 71.2718 ;  //向文件中写入一个整数、一个实数
22      outf << "\"This is a short text file.\"\n" ;  //写入一个字符串
23      outf.close( ) ;                 //关闭文件
24  }
25  void ReadFile( string fname )       //读取文本文件的内容并显示
26  {
27      int i = 0 ;                     //定义若干内存变量
28      double d = 0 ;
29      string str ;
30      ifstream inf ( fname );         //定义输入流对象 inf，打开 s 文件
31      if( !inf )                      //判断文件是否正常打开
32      {   cout << "Cannot open the file\n" ;
33          return ;
34      }
35      inf >> i >> d ;                 //从文件中读数据赋给内存变量
36      cout << i << " " <<d ;          //向屏幕输出内存变量的值
37      getline ( inf , str) ;          //从文件中读出含空格的字符串
38      cout << str << "\n" ;           //向屏幕输出字符串的值
39      inf.close( ) ;                  //关闭文件
40  }
```

运行结果：

```
10 71.2718"This is a short text file."
```

（1）函数 CreateFile 用于建立一个文件，主函数中的第一条语句在调用该函数时给定不同的文件名，以建立不同的文件。

（2）如果希望建立的文件内容不是固定的，则可以在“**outf <<**”后面用变量来代替程序中的常量。

（3）函数 ReadFile 用于从一个已有文件读出数据并在显示器上显示，该函数中对字符串 str 的读入，使用 getline()函数。这在第 2 章中曾经讲过，是为了能读入带空格的字符串。如果将第 37 行写成“**inf >> str;**”，则输出结果为 **10 71.2718"This**，这时遇空格输入就结束。

（4）在主函数中，先调用了建立文件的函数，再调用读取文件的函数，在实际使用中，建立文件的函数只需要调用一次，以后再运行时，可将第 10 行的语句注释掉，这时一样能得到运行结果，因为经过第一次运行，磁盘文件 f1.txt 已经存在，这就是数据永久保存的意义。

（5）除了用程序读取文件内容在屏幕显示之外，磁盘文件 f1.txt 内容的查看还有多种方法。

① 在集成开发环境下，选择主菜单 File，再选下拉菜单中的 Open，在弹出的“打开”窗口中选择 f1.txt 所在的文件夹，选中 f1.txt 文件，单击“打开”按钮，在编辑窗口中可以看到源文件。

② 通过 Windows 的资源管理器找到该文件，双击后在记事本中打开。

③ 进入 DOS 命令行，进入 d 盘，然后用 DOS 命令 type f1.txt 打开文件。

例 8–6 的思考题：

删除源程序的第 27、第 28、第 35、第 36 行这 4 行，重新编译链接运行程序，结果有变化吗？为什么？

2. 使用函数 get( )与 put( )

get( )与 put( )函数一般成对使用，既可以用于读写文本文件，也可以用于读写二进制文件，每次读写 1 字节（字符）。

get( )是在输入流类 istream 中定义的成员函数，它可以从与流对象连接的文件中读出数据，每次读出 1 字节（字符）。get()函数有多种重载的版本，其最常用的函数原型如下。

```
istream & get ( unsigned char &ch ) ;
```

每次从文件读出一字节（字符）值放入 ch 中，由于 ch 是引用参数，因此读入的值能赋给实际参数变量。

put( )是在输出流类 ostream 中定义的成员函数，它可以向与流连接的文件中写入数据，一次写入一字节（字符）。put()函数有多种重载的版本，其最常用的函数原型如下。

```
ostream & put( char ch ) ;
```

该函数将 ch 的值写入文件中。

下面通过原样复制文件的例子来学习这两个函数的用法。

例 8-7　利用 get( )和 put( )函数将文本文件 abc.txt 的内容复制到文本文件 xyz.txt 中（abc.txt 文件需要事先建立）。

```
1   //li08_07.cpp:get( )和 put( )函数的使用
2   #include <fstream>
3   #include <iostream>
4   using namespace std;
5   int main ( )
6   {
7       ifstream ifile ( "d:\\abc.txt" ) ;//打开源文件
8       if( !ifile )              //判断文件是否被正常打开
9       {
10          cout << "abc.txt cannot be openned!" << endl ;
11          return 0 ;
12      }
13      ofstream ofile ( "d:\\xyz.txt" ) ;  //在 d 盘根目录下建立目标文件
14      if( !ofile )                          //判断文件是否被正常打开
15      {
16          cout << "xyz.txt cannot be openned!" << endl ;
17          return 0;
18      }
19      char ch;
20      while( ifile .get( ch ) )             //从源文件中读入一个字符
21          ofile.put( ch ) ;                 //将变量 ch 写入目标文件
22      ifile. close( );                      //关闭源文件
23      ofile. close( );                      //关闭目标文件
24      return 0;
25  }
```

例 8-7 讲解

运行该程序，在显示器上不会产生任何输出。因为该程序完成的是文件的复制，直接将 abc.txt 文件复制到 xyz.txt 中了，并没有向显示器输出内容。如果 abc.txt 文件事先未建立，则显示器上只会提示“abc.txt cannot be openned!”，程序结束。

说明

（1）源文件 abc.txt 是一个已经存在的文本文件，该文件既可以用 C++语言程序事先建立，也可以用写字板或记事本建立，存放 D 盘根目录下（在程序中也可指定其他路径，注意在串中是用“\\”表示转义字符“\”，不可以直接写成“\”）。

（2）如果希望在复制文件的同时能看到源文件的内容，只需要在原来的 while 循环

体内增加 **cout<<ch;**语句，也就是将循环改写成如下形式。

```
while( ifile.get(ch) )
{
    cout << ch ;
    ofile.put( ch ) ;
}
```

运行后会在显示器上显示出文件 abc.txt 的内容。

（3）例 8-7 中循环条件的正确使用如下：当遇到文件结束符时，与该文件相连的输入流为空，流的值将变为 0。因此，当到达文件尾时，流 ifile 的值变为 0，循环终止。

例 8–7 的思考题：

修改源程序的相关内容，将文件 abc.txt 中的非字母字符复制到文件 xyz.txt 中保存，而所有的字母以大写字母形式显示在显示器上。

3. 使用函数 read( )与 write( )

read()与 write()函数一般成对使用，既可以用于读写文本文件，也可以用于读写二进制文件，每次读写一个数据块，一般主要用于读写二进制文件。

read()是在输入流类 istream 中定义的成员函数，其最常用的函数原型如下。

```
istream & read(char *buf , int num ) ;
```

该函数可以从与流对象连接的文件中读取 num 字节（字符），并把它们放入指针 buf 所指的缓冲区中。该函数有 2 个参数，第 1 个参数 buf 是一个字符型指针，它是将读入的数据存在内存的首地址；第 2 个参数 num 是一个整数值，它规定了一次读入的字节（字符）数。

write()是在输出流类 ostream 中定义的成员函数，其最常用的函数原型如下。

```
ostream & write(const char *buf,int num) ;
```

该函数可以将内存中从 buf 开始的连续 num 字节内容写到与流对象连接的文件中。该函数有 2 个参数，第 1 个参数 buf 是一个字符型常指针，它是文件的数据块写入内存的首地址；第 2 个参数 num 是一个整数值，它规定了一次写入文件的字节（字符）数。

注意以下 3 点。

（1）这两个函数的第一个参数都是字符型指针，因此如果是其他类型的地址值，则要进行指针的强制类型转换。

（2）对于 read 函数，如果还没有读出规定的 num 字节就已经到达文件尾，则 read()停止执行。此时缓冲区包含所有可能的字符，可以用 istream 类的另一个成员函数 int gcount()统计有多少个字符被读出。

（3）对于 write 函数，如果内存中的字节数不足 num，则有多少就向文件中写入多少。

例 8-8 利用 read()与 write()函数实现二进制文件 test.dat 的读写。

```
1   //li08_08.cpp:read( )和 write( )函数的使用
2   #include <iostream>
3   #include <fstream>
4   #include <string>
5   using namespace std ;
6   void CreateBiFile( string fname ) ;
7   void ReadBiFile( string fname ) ;
8   int main()
9   {
10      CreateBiFile ( "d:\\test.dat" ) ;//建立二进制文件 test.dat
11      ReadBiFile ( "d:\\test.dat" ) ;  //读取二进制文件 test.dat
12      return 0;
```

例 8-8 讲解

```
13  }
14  void CreateBiFile( string fname )  //建立二进制文件
15  {
16      ofstream out ( fname ) ;        //定义流对象 out 并打开文件
17      if( !out )                      //检查文件是否正常打开
18      {
19          cout << "Cannot open output file.\n" ;
20          return ;
21      }
22      double num = -23.407 ;
23      string str = "This is a test of read and write\n" ;
24      char s[100] ;
25      out.write ( (const char *) &num , sizeof(double) ) ; //写入
26      strcpy ( s , str.c_str( ) ) ;   //string 类对象先转换为 C 风格的串
27      out.write ( s , strlen(s) ) ;   //向文件写入一个 C 风格的字符串
28      out.close ( ) ;                 //关闭文件
29  }
30  void ReadBiFile( string fname )    //读取二进制文件的内容
31  {
32      ifstream in( fname ) ;          //定义流对象 in 并打开文件
33      if( !in )                       //检查文件是否正常打开
34      {
35          cout << "Cannot open input file.\n" ;
36          return ;
37      }
38      double num ;
39      char s[100] = "" ;
40      in.read( ( char *) &num , sizeof(double) ) ; //读出 double 值
41      in.read( s , 100 ) ;            //继续读出字符串
42      cout << num << ' ' << s ;       //输出从文件中获得值的变量
43      in.close();                     //关闭文件
44  }
```

运行结果：

```
-23.407 This is a test of read and write
```

（1）函数 CreateBiFile 负责建立一个新的二进制文件，具体文件名由调用时提供（本程序中直接提供字符串常量名作为文件名，也可以从键盘读入一个文件名，这将更加灵活），向文件中写入的内容可以是常量、变量、表达式。

（2）调用 write 函数时，要保证第一参数是字符型指针，如果写入数据的内存地址不是该类型，则一定要进行指针的强制类型转换。本程序的第 26 行，将 string 类的字符串，用 str.c_str( )函数转换为 C 风格的字符串，复制到 s 数组管理的 C 风格字符串中，这样，第 27 行用 write 写文件时，第一实参用 s 就符合函数的要求了。ostream 流类中并没有提供第一参数为 string 类参数的 write 函数版本。

（3）函数 ReadBiFile 负责从一个已经存在的二进制文件中读出数据，读出的数据必须放到内存变量中，这时调用 read 函数，要保证第一参数类型是字符型指针，必要时进行强制类型转换。

（4）如果不了解原始文件中数据的结构，在读出时就可能出现无法解释的结果或错误。例如，在函数 ReadBiFile 的实现代码中，如果将“**double num;**”修改为“**int num;**”，则结果与原始存入的数据不同。

（5）如果用记事本打开磁盘文件 test.dat，可以看到文件内容如下：“**詛?1h7 緉 his is**

a test of read and write”，这里出现了乱码，因为这是一个二进制文件，如果直接按文本方式打开，即文件中的内容以文本来解释，对于非字符类型的数据就可能会以乱码显示。所以如果想要查看二进制文件的内容，应当按照例 8-8 的方法，编程从文件中按原来的格式读取数据，然后在显示器上显示。

（6）真正运行程序时，从第二次运行开始，就应当将主函数中第一条建立文件的语句注释掉，因为文件建立一次已经存在，以后可以直接访问其中的数据了。

在实际编程中，read( )和 write( )常用于处理成批的记录，为大量记录的永久保存及通过文件提供原始数据提供便利。

例 8–8 的思考题：

① 将第 38 行代码修改为“int num；”，同时将第 40 行修改为“in.read((char *) &num , sizeof(int));”，重新运行程序，观察结果并解释现象。

② 将第 38、第 40 行代码还原，再将第 41 行代码改为“in.read(s , 6) ;”，也就是说，将第 2 个实参修改为 6，重新运行程序，观察结果并解释现象。

③ 在②的基础上，将第 41 行代码还原，再将第 39 行代码修改为“char s[100];”，也就是说，去掉初始化为空串，重新运行程序，观察结果并解释现象。

例 8-9 利用 read()与 write()函数实现二进制文件 stu.dat 的读写，文件中存放的是学生记录。本程序由 3 个文件组成：li08_09.h、li08_09.cpp 和 li8_09._main.cpp。

```
1   //li08_09.h:定义 student 类
2   #include <fstream>
3   #include <iostream>
4   #include <iomanip>
5   #include <string>
6   using namespace std ;
7   class Student
8   {
9      char num[10] ;
10     char name[20] ;
11     char sex[3] ;
12     int score ;
13  public:
14     Student(char *nu="" , char *na="" , char *se="" , int s=0 ) ;
15     friend ostream & operator<< (ostream &out , const Student &s ) ;
16  };
```

例 8-9 讲解

文件 li08_09.cpp 是 Student 类的实现，代码如下。

```
1   //li08_09.cpp:Student 类的实现
2   #include "li08_09.h"
3   Student::Student(char *nu,char *na,char *se,int s)  //构造函数
4   {
5      strcpy_s ( num , nu ) ;
6      strcpy_s ( name , na ) ;
7      strcpy_s (sex , se ) ;
8      score = s ;
9   }
10  ostream & operator<< (ostream &out , const Student &s )  //重载“<<”
11  {
12     out << setw(10) << s.num << setw(10) << s.name << setw(4)
13  << s.sex << setw(5) << s.score << endl;
14     return out;
15  }
```

在文件 li08_09_main.cpp 中定义用于建立和读取文件的函数，在 main 函数中调用这些函数实现二进制文件的读写。

```
1   //li08_09_main.cpp
2   #include "li08_09.h"
3   void CreateBiFile( char *filename )                    //建立一个二进制文件
4   {
5      ofstream out( filename ) ;                          //打开文件
6      Student stu[3] = { Student("B19041028" , "陈秋驰" , "男" , 94 ),
7                         Student("B19011012" , "宋文姝" , "女" , 98),
8                         Student("B19020908" , "米琪琳" , "女" ,87) };
9      out.write( (char *)stu , sizeof(Student) * 3 ) ; //写入 3 条记录
10     out.close( ) ;                                         //关闭文件
11  }
12  void ReadBiFile( char *filename )        //从二进制文件读取信息输出
13  {
14     Student stu[5] ;
15     int i = 0 ;
16     ifstream in( filename ) ;              //打开文件
17     while ( !in.eof() )                    //当文件结束标记未被标识时
18        in.read((char * )&stu[i++] , sizeof(Student) );//逐条读取
19     for ( int j = 0 ; j < i - 1 ; j++ )
20        cout << stu[j] ;                    //实际记录条数为 i-1
21     in.close();                            //关闭文件
22  }
23  int  main()
24  {
25      CreateBiFile( "d:\\stu.dat" );      //调用函数建立文件 stu.dat
26      ReadBiFile( "d:\\stu.dat" );        //调用函数读取文件 stu.dat
27      return 0;
28  }
```

运行结果：

```
B19041028    陈秋驰  男    94
B19011012    宋文姝  女    98
B19020908    米琪琳  女    87
```

（1）函数 CreateBiFile 负责建立一个新的二进制文件，具体文件名由调用时提供（本程序中直接提供字符串常量名作为文件名，也可以从键盘读入一个文件名，这将更加灵活），因为例 8-9 的重点不是类对象的值如何获取，所以在该函数中直接定义对象数组并初始化，然后用语句“out.write((char *)stu , sizeof(Student) * 3) ;”直接将 3 个对象写入文件，通过 write 函数的第二实参指定字节数。

（2）函数 ReadBiFile 用于读出文件中的记录，通常我们打开一个已经存在的旧文件读取内容，并不知道有多少条记录，所以一般都采用逐条读取记录的方式。在语句 **“in.read((char *)&stu[i++] , sizeof(Student));”** 中，函数的第二个实参为 sizeof(Student)，表明一次读一条记录的字节数，第一个实参也表达成对应数组元素的地址，而不能直接用数组名，注意与 write 函数调用时，两个实参的区别。

（3）逐条读取记录的终止条件肯定是到文件结束停止。函数中用到了一种判断文件是否结束的成员函数——**eof()函数**。如果文件结束，则函数为真，否则为假，所以循环条件必然是“**!in.eof()**”。在每个文件的结束处有一个标志位 endBit，由函数 read()、get()

等读文件操作在读指定大小的数据块不够时才会标记，而输入流的成员函数 eof()判断 endBit 是否已被标记，只有当 endBit 被标记时，eof()函数值才为真。li08_09_main.cpp 中的文件有 3 条记录，在循环逐条读取记录时，读前 3 条记录都不会为 endBit 做标记，在试图读取第 4 条记录时，才给 endBit 打上标记。这样，循环事实上执行了 4 次，在下一次循环条件判断时，才因为 in.eof()为真而停止循环，最后一次循环结束时，i 值为 4，而从文件中读出的实际有效记录条数为 i–1。因此最后用“**for (int j = 0 ; j < i – 1 ; j++)** ”控制循环输出 i-1 条记录值。

（4）真正运行程序时，从第二次运行开始，就应当将主函数中第一条建立文件的语句注释掉，因为文件建立一次就已经存在，以后可以直接访问其中的数据。

实际上，任何文件，无论它是包含格式化的文本还是包含原始数据，都能以文本方式或二进制方式打开。在默认情况下，文件是用文本方式打开的，文本文件是字符流，而二进制文件是字节流。前面介绍的“>>”与“<<”“get()”与“put()”“read()”与“write()”都可以用于文本文件和二进制文件的操作。

文本文件与二进制文件的主要区别是：文本文件在输入时，回车和换行两个字符要转换为字符“\n”；在输出时，字符“\n”要转换为回车和换行两个字符，而在二进制文件方式下不进行这些转换。

例 8–9 的思考题：

① 将 li08_09_main.cpp 文件中的第 17～第 20 行代码修改为以下 4 行。

```
while ( !in.eof() )
{
    in.read( (char * )&stu[i] , sizeof(Student) ) ;
    cout << stu[i++];
}
```

再重新运行观察输出结果，并分析。

② 在 li08_09.h 文件中，定义 Student 类的类体内增加一条重载提取运算符的友元函数声明；在 li08_09.cpp 中增加对应的实现代码，实现输入一条学生记录；在 li08_09_main.cpp 的 CreateBiFile 函数中，将记录数组的初始化修改为从键盘读入 3 条记录，重新编译链接运行程序。

8.3.3 随机文件的读写操作

前面介绍的文件操作都是按一定顺序读写的，因此称为顺序文件。对于顺序文件来说，只能按实际排列的顺序，一个一个地访问文件中的各个元素。也就是说，在访问完第 i 个元素之后，只能访问第 i+1 个元素，既不能访问第 i+2 或 i+3 个元素，也不能访问第 i–1 个元素。

在文件中有一个指针，它指向当前读写的位置。当顺序读写一个文件时，每次读写 n(n≥1)个字符（字节）后，该位置指针自动向后移动 n 个字符（字节）位置，以便继续读写文件。

与顺序文件不同，随机存取文件（又称直接存取文件）在访问文件中的元素时，不必考虑各个元素的排列次序或位置，可以根据需要访问文件中的任意一个元素。

1. 文件指针函数

为了进行随机存取，必须先确定文件指针的位置。C++语言提供一些函数来确定指针位置。

（1）seekg(pos)和 seekp(pos)这两个函数都是从文件头开始，把文件指针向后移动 pos 个字符（字节），其中 seekg 用于输入文件，seekp 用于输出文件，参数 pos 是相对于文件头的位移量，是 long 型值，并以字节数为单位，它在头件 iostream 中定义。

（2）seekg(pos,origin)和 seekp(pos,origin)这两个函数是从指定位置开始移动文件指针。

seekg 函数用于输入文件，seekp 函数用于输出文件。示例如下。

input.seekg(-100,ios::cur);语句表示使读指针以当前位置为基准向前移动 100 字节。

input.seekg(100,ios::beg);语句表示使读指针从流开始位置后移 100 字节。

input.seekg(-100,ios::end);语句表示使读指针相对于流结尾处前移 100 字节。

（3）tellg() 和 tellp()这两个函数用来返回文件指针的当前位置，其中 tellg 函数用于输入文件，tellp 函数用于输出文件。

2. 随机读写操作

对流式文件可以进行顺序读写，也可以进行随机读写，关键在于控制文件的位置指针。如果文件指针是按字节位置顺序移动的，就是顺序读写；如果可以用文件指针函数把指针移到任意位置，就可以实现随机读写。随机读写是指读写完前一字节后，并不一定要读写其后的字节，而可以通过文件指针函数将指针定位到需要读写的位置实现随机读写操作。

例 8-10　文本文件随机读写示例，将文本文件 d:\\test.txt 中的开头 5 个字符颠倒。

该文本文件事先已建立，其内容如下。

```
ABCDEFG1234
5678mymath
```

本程序只有一个文件 li08_10.cpp，注意文件指针函数的使用。

```
1    //li08_10.cpp: 随机读写文件
2    #include<iostream>
3    #include<fstream>
4    using namespace std;
5
6    int main()
7
8        fstream inout("d:\\test.txt", ios::in | ios::out);
9        if (!inout)              //判断文件是否正常打开
10       {   cout<<"Cannot open input file.\n";
11           return 0;
12       }
13       long e=5, i, j;
14       char c1, c2;
15       for(i=0, j=e-1; i<j; i++, j--)        //控制互换 i、j 位置上的字符交换
16       {
17           inout.seekg(i, ios::beg);
18           inout.get(c1);
19           inout.seekg(j, ios::beg);
20           inout.get(c2);
21           inout.seekg(i, ios::beg);
22           inout.put(c2);
23           inout.seekg(j, ios::beg);
24           inout.put(c1);
25       }
26       inout.close();                         //关闭文件
27       return 0;
28   }
```

例 8-10 讲解

运行程序，显示器上无内容，因为是对文件的操作。打开文件，现在的文件内容如下。

```
EDCBAFG1234
5678mymath
```

分析：程序展示了用 seekp()、seekg()实现指针在文件中随机移动，达到随机操作文件的效果。

通过例 8-10 再说明 3 点。

（1）如果打开一个文件后既要写又要读，则必须定义 fstream 流类的对象。

（2）例 8-10 中的文本文件需要事先建立。刚打开文件时，文件指针都是指向文件头，即文件的第 1 字节（第 1 条记录处）。

（3）在读写过后，文件指针都会自动移动到下一个读取单元的首字节处，因此在例 8-10 中同一个位置需要移动两次，一次移到指定位置取字符，另一次再移回原位置存入新的字符。

8.4 程序实例——学生信息管理系统

本节要点：

- 相同的数据可以以二进制或文本文件存储
- 自定类中以友元函数重载“>>”和“<<”，方便文件的读写
- 以菜单方式结合 switch 语句方便地选择执行不同功能

一个信息管理系统必然会有大量的数据，从键盘提供原始数据，或者运行结果不保存，都无法科学持久地管理数据。前几章给出的程序实例中因为没有文件的支持而导致实用性大大降低。

本节给出对同一组对象数组信息以文本文件和二进制文件进行操作的综合范例。本节的重点是文件的各种操作，用到了文件读写的每一个函数，读者需要对照代码和注释认真体会。

通过菜单选择执行多种功能：文本文件的读出、二进制文件的写入、二进制文件的读出、文本文件和二进制文件的复制、屏幕显示所有记录信息、清空所有记录信息等。

对本程序先做一些**说明**。

程序首先定义了一个学生类 Student，有 4 个数据成员，分别对应学号（int 型）、姓名（string 类串）、性别（string 类串）、成绩（double 型），在该类中未定义成员函数，声明了 3 个友元函数，分别为重载“>>”“<<”以及清空对象值的 **Clear** 函数。

该程序中的各个函数解读如下。

① **ReadTextFile** 函数实现从文本文件读取内容，存放到对象数组中，并返回记录条数（为屏幕显示对象数组、计算读写二进制文件字节数提供了依据），主要用到重载的提取运算符“>>”直接从文件读出数据。

② **WriteBiFile** 函数实现将对象数组的内容一次性写入一个二进制文件中，主要用到流类的成员函数 **write**。

③ **ReadBiFile** 函数实现从二进制文件中一次性读取所有数据存放到对象数组中，主要用到流类的成员函数 **read**。

④ **CopyFile** 函数实现文件的原样复制，文本文件和二进制文件都可以复制，采用的是从源文件逐字符（逐字节）读出，然后立即写到目标文件中，主要用到流类的成员函数 **get** 和 **put**。

⑤ **PrintScreen** 函数是为了验证读文件操作的正确性，无论是从文本文件还是从二进制文件中读出所有记录之后，通过调用该函数将读出的内容原样显示在屏幕上，以验证读取正确。

⑥ **Clear** 函数的作用是清空对象数组中每一个对象的各个成员的值，置为 0 或空串。因为需

要访问类中的私有成员，所以声明为 Student 类的友元函数。该函数存在的价值在于，程序会多次从不同的文件中读出数据然后显示，在每次读出数据之前，将原来结构体数组的内容清空，这样，读文件结束后，再调用 PrintScreen 显示的内容就一定是刚刚从文件中读出的新的数据信息，而不是之前读其他文件保留在数组中的内容。

⑦ **Menu** 函数只是显示菜单，提供良好的人机交互界面，在 main 函数的循环体中被调用，作为用户每一次输入选项的提示。

⑧ **main** 函数：定义了对象数组、文件名对象，定义整型变量 num 存实际对象个数、整型变量 choice 用于输入选项编号。函数主体部分是一个 do…while 循环，在循环体中，首先调用 Menu 显示菜单，然后要求读入 choice 变量值提供选择依据，接着用 switch 语句根据 choice 的不同值调用①～⑥的不同函数完成相应功能。整个程序的代码简洁清晰，值得大家开发大型程序时借鉴。

整个程序的运行无需从键盘输入数据，而是直接读取事先编辑好的文本文件“**d:\\studentT.txt**”的内容，因此该程序运行的第一步应当选择菜单“1”执行。

“**d:\\studentT.txt**”文件的内容如下。

```
101  吕玲珑  女   92
102  艾美丽  女   78.5
103  刘佳    女   85.5
104  南极朱  女   96
105  东平    男   99
106  李广源  男   89.5
107  何钦鸣  男   96.5
108  季节    男   88
```

在实际编程中，需批量从键盘输入信息时，都可以预先建立一个文本文件存储数据。

本例的源程序为 li08_11.cpp，具体如下，注意注释。

```
1   //li08_11.cpp:文件的综合运用示例
2   #include <iostream>
3   #include <fstream>
4   #include <string>
5   using namespace std;
6   const int N = 100 ;
7
8   class Student           //定义学生类
9   {
10      int ID;             //学号
11      string name;        //姓名
12      string sex;         //性别
13      double score;       //成绩
14  public:
15      friend ostream & operator << (ostream & out , const Student &stu);
16      friend istream & operator >> (istream & in , Student &stu);
17      friend void Clear(Student stu[] , int n ) ;   //清空对象数组
18  };
19
20  ostream & operator << (ostream & out , const Student &stu)
21  {   //输出流重载
22      out << stu.ID << "\t" << stu.name << "\t" << stu.sex
23      << "\t" << stu.score <<endl ;     //输出所有成员
24      return out;
25  }
```

```
26  istream & operator >> (istream & in , Student &stu)  //输入流重载
27  {
28      in >> stu.ID >> stu.name >> stu.sex >> stu.score;
29      return in;
30  }
31  /*函数功能：清空对象数组的内容
32  函数参数：两个形式参数分别为对象指针和记录条数
33  函数返回值：无返回值
34  */
35  void Clear( Student stu[] , int n )
36  {
37      for ( int i = 0 ; i < n ; i++ )    //清空所有对象每个成员的值
38      {
39          stu[i].ID=0;
40          stu[i].name = "" ;
41          stu[i].sex = "" ;
42          stu[i].score = 0.0;
43      }
44  }
45
46  void Menu( );                            //显示菜单，提示用户选择操作
47  int ReadTextFile (string fname , Student stu[ ]) ;
48  void PrintScreen (Student stu[] , int n ) ;
49  void WriteBiFile( string fname , Student stu[] , int n ) ;
50  void ReadBiFile (string fname , Student stu[] , int n ) ;
51  void CopyFile (string fname1 , string fname2 ) ;
52
53  int main( )
54  {
55     Student stu[N];    //定义对象数组
56     string filename1,filename2; //可接受两个文件名
57     int num=0 ;        //存对象个数
58     int choice;        //选项变量
59     do                //一次运行可以多次选择执行不同功能
60     {
61         Menu( );       //显示菜单
62         printf( "input your choice:  " ) ; //提示输入选项
63         cin >> choice ;       //根据菜单提示输入选项
64         switch ( choice )     //根据 choice 的值选择以下某个分支执行
65         {
66         case 1:cout << "Please input source text file name:  " ;
67                cin >> filename1 ;              //输入文本文件名
68                num = ReadTextFile ( filename1 , stu ) ;//读文本文件
69                break;
70         case 2:PrintScreen( stu , num ); //将所有对象显示在屏幕上
71                break;
72         case 3:printf("Please input binary file name:  ");
73                cin >> filename1 ;    //输入二进制文件名
74                WriteBiFile( filename1 , stu , num ) ;//写二进制文件
75                break;
76         case 4:printf("Please input binary file name:  ");
77                cin >> filename1 ;    //输入二进制文件名
78                ReadBiFile ( filename1 , stu , num ); //读二进制文件
79                break;
80         case 5:printf("Input two filenames:  ");
81                cin >> filename1 >> filename2 ;
82                CopyFile( filename1 , filename2 );//调用函数文件复制
```

```
83                  break;
84          case 6:Clear( stu , num ) ;          //调用函数清空对象数组的值
85                  break;
86          case 0:printf( "running program success! \n " ); //结束循环
87                  break;
88          default: printf( " Error input\n " ) ;  //输入[0.6]之外的值
89          }
90      } while ( choice ) ;       //选择 0 才能终止循环，也就是终止程序运行
91      return 0;
92  }
93  /*函数功能：显示菜单
94  函数参数： 无形式参数
95  函数返回值：无返回值
96  */
97  void Menu( )    //菜单函数，提示用户选择操作
98  {
99       printf("------0. 退出                 ------\n");
100      printf("------1. 从文本文件中读取信息------\n");
101      printf("------2. 屏幕显示所有对象的信息------\n");
102      printf("------3. 将信息写入二进制文件------\n");
103      printf("------4. 从二进制文件读取信息------\n");
104      printf("------5. 原样复制文件        ------\n");
105      printf("------6. 清空对象数组的内容------\n");
106 }
107 /*函数功能：屏幕显示所有对象信息
108 函数参数： 两个形式参数分别为对象指针和记录条数
109 函数返回值：无返回值
110 */
111 void PrintScreen( Student stu[] , int n )
112 {
113      for ( int i = 0 ; i < n ; i++ )
114           cout << stu [i] ;  //直接调用重载的插入运算符<<
115 }
116 /*函数功能：从文本文件读出数据
117 函数参数： 两个形式参数分别为文件名和对象指针
118 函数返回值：从文件中实际读出来的记录条数
119 */
120 int ReadTextFile( string fname , Student stu[])//从文本文件中读对象
121 {
122      int i=0;
123      ifstream fin ( fname ) ; //建立文件流对象同时打开文件
124      if ( !fin )                   //判断文件是否正常打开
125      {
126           cout << "source text file error\n" ;
127           return 0 ;
128      }
129      fin >> stu[i] ;        //直接调用重载的提取运算符>>读入一条记录
130      while( !fin.eof( ) )  //文件未结束就循环
131      {
132           i++;
133           fin >> stu[i] ;   //直接调用重载的提取运算符>>读入下一条记录
134      }
135      fin.close(  ) ;        //关闭文件
136      return i;
137 }
```

```
138 /*函数功能：将所有数据写入二进制文件
139 函数参数：3 个形式参数分别为文件名、对象指针、记录的条数
140 函数返回值：无返回值
141 */
142 void WriteBiFile(string fname , Student stu[] , int n )
143 {
144     ofstream fout( fname , ios::binary |ios::out );//打开二进制文件
145     if ( !fout )                 //判断文件是否正常打开
146     {
147         cout << "open binary file error\n" ;
148         return ;
149     }
150     fout.write( (char *)stu , sizeof(Student) * n);//一次性写入对象
151     fout.close( );               //关闭文件
152 }
153 /*函数功能：从二进制文件中读出所有对象信息
154 函数参数：3 个形式参数分别为文件名、对象指针、记录的条数
155 函数返回值：无返回值
156 */
157 void ReadBiFile (string fname , Student stu[] ,int n)//读二进制文件
158 {
159     ifstream fin( fname , ios::binary |ios::in ) ; //打开二进制文件
160     if ( !fin )                      //判断文件是否正常打开
161     {
162         cout << "open binary file error\n" ;
163         return ;
164     }
165     fin.read ((char * )stu , sizeof(Student)*n);//一次性读出所有对象
166     fin.close( );                    //关闭文件
167 }
168 /*函数功能：文本文件原样复制
169 函数参数： 两个形式参数分别是源文件名和目标文件名
170 函数返回值：无返回值
171 */
172 void CopyFile( string fname1 , string fname2 ) //文件复制
173 {
174     ifstream fin ( fname1 ) ; //建立文件输入流对象，同时打开源文件
175     ofstream fout ( fname2 ) ;//建立文件输出流对象，同时打开目标文件
176     char ch;
177     if ( !fin || !fout )       //判断文件是否都正常打开
178     {
179         cout << "File open error\n" ;
180         return ;
181     }
182     while( fin .get( ch ) )    //从源文件中读入一个字符
183         fout.put( ch ) ;       //将变量 ch 写入目标文件
184     fin.close( ) ;             //关闭文件
185     fout.close( ) ;            //关闭文件
186 }
```

请读者自行上机运行程序查看结果，建议按表 8-4 的顺序依次测试各功能。

表 8-4　　　　例 8-11 运行测试的选项顺序建议

菜单选项	需提供的文件名建议	测试目的或运行效果
1	d:\\studentT.txt	从初始的文本文件中读出原始数据，对象数组 stu 中有 num 条记录了

续表

菜单选项	需提供的文件名建议	测试目的或运行效果
2	无需提供	显示从文件中读出来的所有对象的值，验证读文本文件成功
3	d:\\studentD.dat	将对象数组 stu 的 num 条记录一次性地写入一个二进制文件中
6	无需提供	清空对象数组的内容，为下一次读文件做准备
2	无需提供	显示被清空的所有对象的值，验证对象数组中的内容已经清空更新
4	d:\\studentD.dat	从刚生成的二进制文件中读出数据，对象数组 stu 中有 num 条记录了
2	无需提供	显示从文件中读出来的所有对象的值，验证二进制文件的读写成功
6	无需提供	清空对象数组的内容，为下一次读文件做准备
2	无需提供	显示被清空的所有对象的值，验证对象数组中的内容已经清空更新
5	d:\\studentT.txt d:\\studentT2.txt	提供源文件名和目标文件名，执行文本文件的复制，屏幕无输出
1	d:\\studentT2.txt	从复制后的文本文件中读出数据，对象数组 stu 中有 num 条记录了
2	无需提供	显示从文件中读出来的所有对象值，验证文本文件复制及读文件成功
6	无需提供	清空对象数组的内容，为下一次读文件做准备
2	无需提供	显示被清空的所有对象的值，验证对象数组中内容已经清空更新
5	d:\\studentD.dat d:\\studentD2.dat	提供源文件名和目标文件名，执行二进制文件的复制，屏幕无输出
4	d:\\studentD2.dat	从复制后的二进制文件中读出数据，对象数组 stu 中有 num 条记录了
2	无需提供	显示从文件中读出来的所有对象值，验证二进制文件复制及读文件成功
0	无需提供	屏幕显示 running program success! 程序运行结束，正常退出

本章小结

本章全面介绍了 C++语言为输入/输出提供的一组流类、格式控制方法，以及 C++语言中对文本文件和二进制文件操作的方法和步骤。本章主要内容如下。

（1）C++语言的 I/O 流库含有 streambuf 和 ios 两个平行类，这两个类是基本类，所有的流类都可以由它们派生出来。

ios 类有 4 个直接派生类，即输入流（istream）、输出流（ostream）、文件流（fstreambase）和串流（strstreambase），这 4 种流作为流库中的基本流类。

标准输入流对象 cin 默认定义为键盘，标准输出流对象 cout 默认定义为显示器。

（2）C++语言提供了两种控制格式的方法：一种是使用 ios 类中的有关格式控制的成员函数；另一种是使用操纵符。

（3）对于系统的预定义类型，用户可以使用提取运算符“>>”和插入“<<”进行输入和输出。同样，用户可以采用重载运算符“>>”和“<<”的方法，实现用户自定义类型数据的输入/输出。

（4）C++语言可以将程序产生的数据信息以磁盘文件的形式长久保存，磁盘文件中的数据又可以作为程序中处理数据的来源。进行文件操作一般经过定义流、打开文件、读写操作、关闭文件这 4 个步骤，前两步可以利用构造函数合并成一步。

（5）可以直接使用提取运算符“>>”和插入运算符“<<”对文件进行读写操作，也可以使用流类的成员函数 get()与 put()函数或 read()与 write()函数进行文件的读写操作。

（6）文件不仅可以顺序访问，还可以随机读写，这时需要使用文件指针函数来实现。

本章内容非常实用，输入/输出是每个程序必不可少的操作，而文件则提供了一种永久保存数据的手段。

习 题 8

一、单选题

1. 在 C++语言程序中进行文件操作时应包含标准名空间 std 中的哪一个文件？________

A. fstream　　B. iomanip　　C. string　　D. iostream

2. 当用 ifstream 流类对象打开文件时，其默认打开方式是________。

A. ios::app　　B. ios::in　　C. ios::out　　D. ios::ate

3. 在 ios 类中提供的控制格式的标志位中，八进制形式的标志位是________。

A. showbase　　B. dec　　C. oct　　D. hex

4. 在下列读写函数中，进行写操作的函数是________。

A. getline()　　B. read()　　C. put()　　D. get()

5. 已知 in 为 ifstream 流类的对象，并打开了一个文件，下列能表示将 in 流对象的读指针移到距离当前位置后 100 字节处的语句是________。

A. in.seekg(100,ios::beg);　　B. in.seekg(100,ios::cur);

C. in.seekg(100,ios::end);　　D. in.seekg(-100,ios::cur);

二、填空题

1. 使用操纵符控制格式，可以将数据分别用控制符________转换基数为十六进制形式，用转换基数为十进制形式，用________转换基数为八进制形式。

2. 在输入/输出流类文件 iostream 中定义的流对象 cin 和 cout。用 cin 代表________设备，cout 代表________设备。

3. 在文件输入/输出中建立流类的对象后，使某一文件与对象相联系的方法有________和________。

4. 在 C++语言中进行文件操作的一般步骤包含________、________、________和________。

三、问答题

1. 什么是流？在 C++语言中用什么方法实现数据的输入/输出？

2. C++语言的 I/O 流库由哪些类组成？其继承关系如何？

3. 在 C++语言中进行格式化输入/输出的方法有哪几种？它们是如何实现的？

四、读程序写结果

1. 写出下面程序的运行结果。

```
//answer8_4_1.cpp
#include <iostream>
#include <iomanip>
```

```
using namespace std;
int main()
{
    int a = 5, b = 7, c = -1 ;
    float x = 67.8564f, y = -789.124f ;
    char ch = 'A' ;
    long n = 1234567 ;
    unsigned u = 65535 ;
    cout << a << b << endl;
    cout << setw(3) << a << setw(3) << b <<"\n";
    cout << x << "," << y << endl;
    cout << setw(10) << x << "," << setw(10)<< y << endl;
    cout << setprecision(2);
    cout << setw(8) << x << "," << setw(8 ) << y;
    cout << setprecision(4);
    cout << x << "," << y;
    cout << setprecision(1);
    cout << setw(3) << x << "," << setw(3) << y << endl;
    cout << "%%" << x << "," << setprecision(2);
    cout << setw(10) << y << endl;
    cout << ch<< dec << "," << ch;
    cout << oct << ch << "," << hex << ch << dec << endl;
    cout << n<< oct << "," << n << hex << "," << n << endl;
    cout << dec << u << "," << oct << u << "," << hex;
    cout << u << dec << "," << u << endl;
    cout << "COMPUTER" << "," << "COMPUTER" << endl;
    return 0 ;
}
```

2. 写出下面程序的运行结果。

```
//answer8_4_2.cpp
#include <iostream>
#include <iomanip>
using namespace std ;
class three_d
{
    int x , y , z ;
public:
    three_d(int a,int b,int c): x( a ) , y( b ) , z( c )  { }
    friend ostream & operator<< ( ostream & , three_d &ob ) ;
};
ostream & operator<<( ostream &out , three_d &ob )
{
    out << "  x=  " << setw(4) << ob.x ;
    out << "  y=  " << setw(4) << ob.y ;
    out << "  z=  " << setw(4) << ob.z << endl;
    return out;
}
int main()
{
    three_d ob1(3,6,9) , ob2(5,55,555) ;//创建对象 ob1、ob2
    cout << ob1 ;                   //用重载运算符“<<”输出对象的数据成员
    cout << ob2 ;
    return 0;
}
```

3. 下面程序执行后，myfile 文件中的内容是什么？

```
//answer8_4_3.cpp
#include <fstream>
using namespace std ;
int main( )
{
    ofstream fc( "d:\\myfile.txt" );
    fc << "Constructs an ofstream object.\n"
      << "All ofstream constructors construct a filebuf object. \n";
```

```
    fc << 23 << '*' << 4 << '=' << 23*4 <<endl;
    fc << "file complete!\n" ;
    return 0;
}
```

五、编程题

1. 编写程序：从键盘上输入一个十六进制数，分别以八进制、十进制、十六进制形式右对齐输出，格式如下。

```
    Octal          Decimal         Hex
    xxx            xxx             xxx
```

2. 以八进制形式从键盘输入一个数，以十六进制形式输出，十六进制数中的字母要大写。

3. 设有如下的类定义。

```
#include <iostream>
#include <string>
using namespace std;
class Person
{
private:
    string name ;
    int id ;
public:
    friend istream& operator >> (istream& is, Person& pe);
    friend  ostream& operator << (ostream& os, const Person& pe);
};
```

根据上面的类，将程序补充完整，实现以下功能。

（1）重载运算符“>>”和“<<”实现输入、输出一个对象。

（2）定义函数 createFile 创建一个文本文件 person.txt，将 n 个 Person 对象写入文件。

（3）定义函数 readFile 再将文本文件 person.txt 中的信息读出显示在屏幕上。

（4）在主函数中定义类的对象数组，含 4 个元素，从键盘读入 4 个元素然后在屏幕上输出。接着调用 createFile 创建文件，最后调用 readFile 读取文件，再次输出的是从文件中读出的内容，两次输出结果应该完全一样。

4. 编写程序：定义文件流对象，将当前 c++源程序文件作为读入文件，区分其中的字母和其他字符，分别写入两个文件。再分别将分类文件中的信息读出显示在屏幕上。

附录 A ASCII 表

ASCII 值	控制字符	ASCII 值	控制字符	ASCII 值	控制字符	ASCII 值	控制字符
0	NUL	32	(space)	64	@	96	、
1	SOH	33	!	65	A	97	a
2	STX	34	”	66	B	98	b
3	ETX	35	#	67	C	99	c
4	EOT	36	$	68	D	100	d
5	ENQ	37	%	69	E	101	e
6	ACK	38	&	70	F	102	f
7	BEL	39	,	71	G	103	g
8	BS	40	(	72	H	104	h
9	HT	41	)	73	I	105	i
10	LF	42	*	74	J	106	j
11	VT	43	+	75	K	107	k
12	FF	44	,	76	L	108	l
13	CR	45	-	77	M	109	m
14	SO	46	.	78	N	110	n
15	SI	47	/	79	O	111	o
16	DLE	48	0	80	P	112	p
17	DC1	49	1	81	Q	113	q
18	DC2	50	2	82	R	114	r
19	DC3	51	3	83	X	115	s
20	DC4	52	4	84	T	116	t
21	NAK	53	5	85	U	117	u
22	SYN	54	6	86	V	118	v
23	ETB	55	7	87	W	119	w
24	CAN	56	8	88	X	120	x
25	EM	57	9	89	Y	121	y
26	SUB	58	:	90	Z	122	z
27	ESC	59	;	91	[	123	{
28	FS	60	<	92	\	124	|
29	GS	61	=	93	]	125	}
30	RS	62	>	94	^	126	～
31	US	63	?	95	—	127	DEL

其中符号的含义如下。

NUL 空字符（Null）	VT 垂直制表	SYN 空转同步
SOH 标题开始	FF 走纸控制	ETB 信息组传送结束
STX 正文开始	CR 回车	CAN 作废
ETX 正文结束	SO 移位输出	EM 纸尽
EOT 传输结束	SI 移位输入	SUB 换置
ENQ 询问字符	DLE 空格	ESC 换码
ACK 承认	DC1 设备控制 1	FS 文字分隔符
BEL 报警	DC2 设备控制 2	GS 组分隔符
BS 退一格	DC3 设备控制 3	RS 记录分隔符
HT 横向列表	DC4 设备控制 4	US 单元分隔符
LF 换行	NAK 否定	DEL 删除

附录B C++语言的关键字

asm	const_cast	extern	mutable	short	true	volatile
auto	default	false	namespace	signed	try	wchar_t
bool	delete	float	new	sizeof	typedef	while
break	do	for	operator	static	typeid	
case	double	friend	private	static_cast	typename	
catch	dynamic_cast	goto	protected	struct	union	
char	else	if	public	switch	unsigned	
class	enum	inline	register	template	using	
const	explicit	int	reinterpret_cast	this	virtual	
continue	export	long	return	throw	void	

附录C

C++语言运算符的优先级与结合性

优先级	运算符	含义	举例	结合方向
1	()	改变优先级	(a + b) / 4;	从左至右
	[]	数组元素下标	array[4] = 2;	
	–>	通过指针选择成员	ptr->age = 34;	
	.	通过对象选择成员	obj.age = 34;	
	::	作用域运算符	class::age = 2;	
	++	后自加 1	for(i = 0; i < 10; i++) ...	
	—	后自减 1	for(i = 10; i > 0; i– –) ...	
	–>*	通过指针成员指针选择	ptr->*var = 24;	
	.*	通过对象成员指针选择	obj.*var = 24;	
2	!	逻辑求反	if(!done) ...	从右至左
	～	按位求反	flags = ~flags;	
	++	前自加 1	for(i = 0; i < 10; ++i) ...	
	—	后自减 1	for(i = 10; i > 0; – –i) ...	
	–	取负数	int i = –1;	
	+	取正数	int i = +1;	
	*	到内容	data = *ptr;	
	&	取地址	address = &obj;	
	(type)	强制类型转换	int i = (int) floatNum;	
	sizeof()	取所占内存字节数	int size = sizeof(floatNum);	
	new	申请动态空间	int *p=new int;	
	delete	释放动态空间	delete p;	
3	*	乘法	int i = 2 * 4;	从左至右
	/	除法	float f = 10 / 3;	
	%	整除求余	int rem = 4 % 3;	
4	+	加法	int i = 2 + 3;	从左至右
	–	减法	int i = 5–1;	
5	<<	左移位	int flags = 33 << 1;	从左至右
	>>	右移位	int flags = 33 >> 1;	

续表

<table>
<tr><th>优先级</th><th>运算符</th><th>含义</th><th>举例</th><th>结合方向</th></tr>
<tr><td>6</td><td><
<=
>
>=</td><td>小于
小于等于
大于
大于等于</td><td>if(i < 42) ...
if(i <= 42) ...
if(i > 42) ...
if(i >= 42) ...</td><td>从左至右</td></tr>
<tr><td>7</td><td>==
!=</td><td>相等
不相等</td><td>if(i == 42) ...
if(i != 42) ...</td><td>从左至右</td></tr>
<tr><td>8</td><td>&</td><td>按位与</td><td>flags = flags & 42;</td><td>从左至右</td></tr>
<tr><td>9</td><td>^</td><td>按位异或</td><td>flags = flags ^ 42;</td><td>从左至右</td></tr>
<tr><td>10</td><td>|</td><td>按位或</td><td>flags = flags | 42;</td><td>从左至右</td></tr>
<tr><td>11</td><td>&&</td><td>逻辑与</td><td>if(ch>='A' && ch<='Z') ...</td><td>从左至右</td></tr>
<tr><td>12</td><td>||</td><td>逻辑或</td><td>if (x<0 || x>10) ...</td><td>从左至右</td></tr>
<tr><td>13</td><td>? :</td><td>条件运算符</td><td>int i = (a > b) ? a : b;</td><td>从右至左</td></tr>
<tr><td>14</td><td>=
+=
–=
*=
/=
%=
&=
^=
|=
<<=
>>=</td><td>赋值运算符
复合的赋值运算符</td><td>int a = b;
a += 3;
b–= 4;
a *= 5;
a /= 2;
a %= 3;
flags &= new_flags;
flags ^= new_flags;
flags |= new_flags;
flags <<= 2;
flags >>= 2;</td><td>从右至左</td></tr>
<tr><td>15</td><td>,</td><td>逗号运算符</td><td>A=2,b=a*2,c=a+b;</td><td>从左至右</td></tr>
</table>

参考文献

[1] 朱立华，俞琼，郭剑，朱建．面向对象程序设计及 C++（第 2 版）．北京：人民邮电出版社，2012.

[2]（美）Bjarne Stroustrup．C++语言的设计与演化．邱宗燕，译．北京：科学出版社，2012.

[3]（美）Bruce Eckel, Chuck Allison．C++编程思想．刘宗田，袁兆山，潘秋菱，刁成嘉，译．北京：机械工业出版社，2011.

[4] 钱能．C++程序设计教程（第 3 版）．北京：清华大学出版，2019.

[5]（美）Richard Johnsonbaugh，Martin Kalin．面向对象程序设计——C++语言描述（原书第 2 版）．蔡宇辉，李军义，译．北京：机械工业出版社，2011.

[6]（美）Savich W．C++面向对象程序设计（第 5 版）．周靖，译．北京：清华大学出版社，2005.

[7] 郑莉．C++语言程序设计（第 4 版）．北京：清华大学出版社，2018.

[8] 王石磊，韩海玲．C++开发从入门到精通．北京：人民邮电出版社，2016.

[9]（美）Herb Sutter. C++编程剖析问题、方案和设计准则．刘未鹏，译．北京：人民邮电出版社，2016.

[10] 袁晓洁．全国计算机等级考试二级教程——C++语言程序设计．北京：高等教育出版社 2017.

[11] 陈维兴，林小茶．C++语言面向对象程序设计教程（第 4 版）．北京：清华大学出版社，2018.

[12]（美）Ivor Horton．Visual C++ 2010 入门经典（第 5 版）．苏正泉，李文娟，译．北京：清华大学出版社，2011.